W0275240

WUPPERTAL PAPERBACKS

Friedrich Hinterberger
Fred Luks
Marcus Stewen

Ökologische Wirtschaftspolitik

Zwischen Ökodiktatur und Umweltkatastrophe

Springer Basel AG

Bildnachweis
Seite 15: Archiv für Kunst und Geschichte, Berlin
Seite 29: Karikatur von Stefan Bringezu und Agim Meta
Seite 149: Bildstelle Wuppertal Institut
Seite 235: Karikatur von Emil Shukurow

Die Deutsche Bibliothek – CIP-Einheitsaufnahme

Hinterberger, Friedrich:
Ökologische Wirtschaftspolitik : zwischen Ökodiktatur und Umweltkatastrophe / Friedrich Hinterberger ; Fred Luks ; Marcus Stewen.

(Wuppertal Paperbacks)
ISBN 978-3-7643-5366-7 ISBN 978-3-0348-6024-6 (eBook)
DOI 10.1007/978-3-0348-6024-6

NE: Luks, Fred:; Stewen, Marcus:

Ursprünglich erschienen bei Birkhäuser Verlag GmbH 1996

Umschlaggestaltung: Matlik und Schelenz, Essenheim
Gedruckt auf säurefreiem Papier, hergestellt aus chlorfrei gebleichtem Zellstoff. TCF∞

ISBN 978-3-7643-5366-7

9 8 7 6 5 4 3 2 1

Inhaltsverzeichnis

Vorwort

«If the Economy is Up, Why is America Down?» war vor kurzem eine sehr ernst gemeinte Frage in der Harvard Business Review. Längst pfeifen es die Spatzen von den Dächern: die noch immer übliche Bemessung der Wirtschaft mit Hilfe des BIP spiegelt weder die wirtschaftliche Situation von Menschen und schon gar nicht die ökologische Wahrheit.

Wir wissen, daß unser Krankseinbehebungssystem, die Sozialversicherung, die vielfältigen direkten und die Schatten-Subventionen sowie die öffentlichen Haushalte in der bisher üblichen Weise nicht mehr finanzierbar und die Kosten für Arbeit bei uns im internationalen Vergleich viel zu hoch sind. Die Transportintensität der meisten Produkte auf dem deutschen Markt hat märchenhafte Ausmaße angenommen. Unser Unterrichtssystem genügt den heutigen Anforderungen nicht, obschon es aufwendiger ist denn je. Wir nehmen zur Kenntnis, daß die Freizeitgestaltung der Deutschen international nicht kopierfähig ist und weltweit zu verheerenden Folgen geführt hat. Wir wissen auch, daß unser Arbeitslosenproblem vom Markt selbst nicht gelöst werden kann, auch nicht durch weiteres «Wirtschaftswachstum». Und schließlich ist es kein Geheimnis, daß Nationalstaaten die Kontrolle über internationale Geldströme in Trillionenhöhe verloren haben. Das Vertrauen der Bürger in Politik und Wirtschaft ist entsprechend gering.

Wo findet die umfassende Diskussion hierüber statt? Wo bleibt der dringend benötigte Rat der Wissenschaften für systemische Lösungen und ganz besonders der Wirtschaftswissenschaften für die Bewältigung dieser instabilen Situation? Wir müssen offenbar massive und doch behutsame, richtungssichere, transparente und korrigierbare Schrittfolgen erarbeiten, um die Zukunft der Menschheit auf eine verläßlichere Basis zu stellen.

Und dabei haben wir noch gar nicht von der Tatsache gesprochen, daß wir seit Jahrzehnten mit ungeheuer viel technischem Können dabei sind, unser ökologisches Trägersystem zu zerstören! Angesichts der real existierenden Lage in westlichen Wirtschaften mutet es nachgerade wie ein schlechter Witz an, wenn aus ökologischen Gründen besorgten Menschen noch immer von Experten aus Wirtschaft, Politik und insbesondere von vielen Wirtschaftswissenschaftlern ungeduldig das Recht abgesprochen wird, Veränderungen in der Wirtschaft zum Schutze künftigen Lebens einzufordern.

Friedrich Hinterberger, Fred Luks und Marcus Stewen legen jetzt ein Buch vor, das viele der angesprochenen Facetten beleuchtet. Sie entwickeln die Grundlagen einer ökologischen Wirtschaftspolitik auf der Basis einer bestechend einfachen Idee, die ich vor etwa fünf Jahren in die ökologische Debatte einbrachte: Die Wirtschaften der industrialisierten Länder müssen ihre Ressourcenproduktivität um etwa das Zehnfache verbessern, wenn sie ökologisch zukunftsfähig gestaltet werden sollen. Was zunächst allseitig belächelt wurde, wird heute beim Statistischen Bundesamt, bei der UNEP, bei der OECD, beim World Business Council for Sustainable Development und vielerorts sonst sehr ernsthaft erwogen. Friedrich Hinterberger und seine Kollegen haben mit diesem Buch entscheidende Argumente vorgelegt, um zu zeigen, daß dies in wirtschaftsverträglicher Art und Weise möglich ist und daß die Umsetzung einer Dematerialisierungsstrategie nicht nur ökologisch, sondern gerade auch aus wirtschaftswissenschaftlicher Sicht entscheidende Vorteile gegenüber der herkömmlichen Umweltpolitik aufweist.

Es ist nicht die Absicht der Autoren, bereits heute Antworten auf Detailfragen zu geben. Sie könnten dies auch gar nicht allein bewerkstelligen. Es ist unser gemeinsames Ziel, einen dringend notwendigen, sehr breiten und unvoreingenommenen Dialog über die zukünftige Gestaltung und den Weg dorthin für eine überlebensfähigere Menschheit anzuregen und mitzumachen.

Insofern ist das jetzt vorliegende Buch «nur» ein erster Schritt. Möge es Widerspruch erzeugen, Zustimmung, Betroffenheit und Nachdenklichkeit.

Professor Friedrich Schmidt-Bleek
Wuppertal, im Februar 1996

Dank

Die Geschichte dieses Buches begann vor etwa einem Jahr mit einem Beitrag für den Band «Wirtschaftspolitik im theoretischen Vakuum». Schließlich wird in praktisch allen Bereichen der Wirtschaftspolitik konstatiert, daß die althergebrachten Konzepte, die in den Wirtschafts- und Sozialwissenschaften heute gelehrt werden, nicht mehr ausreichen, um die Probleme zu lösen, mit denen unsere Gesellschaft konfrontiert ist. Die Umweltpolitik befindet sich also in guter Gesellschaft. Ungefähr zur gleichen Zeit begannen wir mit dem Projektteam der Studie «Zukunftsfähiges Deutschland», die gerade am Wuppertal Institut entstand, über das Kapitel «Wirtschaftsverträglichkeit» zu diskutieren. Beide Male das gleiche Problem: zu wenig Platz, um das Thema wirklich zu entwickeln. So ist parallel zu diesen und anderen Projekten, an denen wir in der Abteilung «Stoffströme und Strukturwandel» gerade arbeiten, dieses Buch entstanden.

Vorarbeiten und Teile dieses Buches wurden in den unterschiedlichsten Zusammenhängen ausführlich diskutiert und kritisiert. Nennen möchten wir hier die Projektgruppe «Zukunftsfähiges Deutschland», die Teilnehmer des Workshops «Dematerialisierung und ökologische Ökonomik» (vor allem Ulrich Witt, Birger Priddat und Gerhard Wegner). Daneben haben wir schon vorab in etlichen Veranstaltungen unsere Thesen vor- und zur Diskussion gestellt; so etwa bei Vorträgen und Veranstaltungen des VÖW, der Friedrich-Ebert-Stiftung, der IG Metall und des Max-Planck-Instituts zur Erforschung von Wirtschaftssystemen. Wir haben von all diesen Diskussionen sehr profitiert.

Von der Idee bis zur Fertigstellung dieses Buches war es ein langer Weg – selten unerträglich, oft anstrengend und doch fast immer auch vergnüglich und vor allem sehr lehrreich. Die Zusammenarbeit von drei unterschiedlichen Charakteren auf engem Raum und in dichter Zeit hat uns nicht nur in dem Glauben bestätigt, daß das Wuppertal Institut auch eine «Schule des Lebens» ist. Sie hat uns auch gezeigt, welche Energien freigesetzt werden können, wenn man zu dritt an einem Projekt arbeitet. Viele Menschen haben uns geholfen, dieses Buch zu schreiben. Kritische und sehr hilfreiche Anmerkungen zu Textentwürfen haben die folgenden Personen beigetragen: Silvia Agnoli, Kerstin Altendorf, Renate Aumann, Hermann Bartmann, Joachim Bechtel, Dagmar Brednich, Stefan Bringezu, Michael Buss, Siegfried Frick, Doris Gerking, Ulrike Horst, Matthias Jung, Michael Lassert, Christa Liedtke, Jürgen Malley, Christopher Manstein, Andreas Mündl, Reinhard Penz, Clemens Rettberg, Wolfgang Sachs, Nicole Schonard, Helmut Schütz, Thomas Sikor, Joachim Spangenberg, Heike Steinkamp, Christine und Hans-Dieter Stewen, Michael Stumpf, Siegfried Timpf, Jola Welfens, Uta von Winterfeld, Maik Wiese, Harald Woeste, Nese Yavuz und alle, die Anmerkungen zu unserem ersten Artikel «Ökologische Wirtschaftspolitik in einer komplexen Welt» gemacht haben. Vielen Dank ihnen allen.

Karim Nauphal und Thomas Sikor danken wir für die Mithilfe bei der transatlantischen Kommunikation. Nese Yavuz hat uns ihre Wohnung zur Verfügung gestellt, was nicht nur sehr komfortabel war, sondern auch zu einer Reduzierung der Materialintensität dieses Buches beigetragen hat. Dietmar Müller danken wir für ein Fax nach Kirgisien. Für sonstige fachliche, tatkräftige und/oder moralische Unterstützung danken wir außerdem Petra Bäcker, Hartwig Bartling, Arnold Berndt, Ulrike Eggers, Günter Elsholz, Gerhard Horst, Gisela Horst, Gisela Menstell Torsten Reetz, Udo Reinhardt, Martin Renz, Nadja Schiemann, Silke Schuback, Uschi Tischner, Mathis Wackernagel, Manfred Wetzel, Claudia Wildner, Harald Woeste, Werner Zohlnhöfer und allen, die wir hier vergessen haben sollten. Fred Luks dankt der Friedrich-Ebert-Stiftung und Marcus Stewen dem Cusanuswerk für die Förderung ihrer Dissertationen.

Besonders hervorheben möchten wir aber Friedrich Schmidt-Bleek. Er hat in mehrfacher Hinsicht zur Entstehung dieses Buches beigetragen. Unser Konzept einer ökologischen Wirtschaftspolitik basiert auf seinen Ideen zur Dematerialisierung, und er war es, der uns zu diesem Buch angespornt hat. Außerdem haben wir in der von ihm geleiteten Abteilung für Stoffströme und Strukturwandel Arbeitsbedingungen und vor allem eine Atmosphäre gehabt, ohne die dieses Buch nicht hätte entstehen können.

Einen besonderen Dank Herrn Wolfram Huncke vom Wuppertal Institut und Frau Dorothée Engel vom Birkhäuser Verlag, die dieses Buch ermöglicht haben. Vielen Dank auch Hans Kretschmer und Agim Meta von der Bildstelle des Wuppertal Instituts. Ganz herzlich möchten wir uns schließlich bei Herrn Dietmar Hoos bedanken. Er hat nicht nur dafür gesorgt, daß unsere manchmal sehr «wissenschaftliche» Diktion in einen lesbaren Stil übersetzt wurde, sondern hat uns in kritischen Momenten aufgemuntert und bestärkt. Ohne seine Hilfe wäre dieses Buch so nicht entstanden.

Besonderen Dank an Bärbel und Ulli für Geduld und fürs Aufbauen und für vieles mehr sowie an unsere Eltern.

«The usual disclaimers apply»: für alle verbleibenden Fehler und Unzulänglichkeiten sind allein wir verantwortlich.

Wuppertal, im Februar 1996

Friedrich Hinterberger
Fred Luks
Marcus Stewen

Als wir jetzo der Insel entruderten, sah ich von ferne
Dampf und brandende Flut und hörte dumpfes Getöse.
Schnell entfligen den Händen der zitternden Freunde die Ruder
Rauschend schleppten sie alle dem Strome nach, und das Schiff stand
Still, weil keiner mehr das lange Ruder bewegte.
Aber ich eilte durchs Schiff und ermahnte meine Gefährten,
Trat zu jeglichem Mann und sprach mit freundlicher Stimme:

«... Ihr, schlagt alle des Meers hochstürmende Woge mit Rudern,
Sitzend auf euren Bänken! Vielleicht verstattet Kronion
Zeus, daß wir durch die Flucht doch diesem Verderben entrinnen.
Aber dir, o Pilot, befehl ich dieses, verschließ es
Tief im Herzen, denn du besorgst das Steuer des Schiffes!
Lenke das Schiff mit aller Gewalt aus dem Dampf und der Brandung
Und arbeite gerade auf den Fels zu, daß es nicht dorthin
Unversehens sich wende und du ins Verderben uns stürzest!»

Also sprach ich, und schnell gehorchten sie meinem Befehle.
Aber von Scylla schwieg ich, dem unvermeidlichen Unglück ...

Seufzend ruderten wir hinein in die schreckliche Enge;
Denn hier drohete Scylla, und dort die wilde Charybdis,
Welche die salzige Flut des Meeres fürchterlich einschlang, ...

(Aus dem Neunten Gesang der Odyssee von Homer, zitiert nach der ersten Ausgabe 1781 der deutschen Übersetzung von Johann Heinrich Voß, gekürzte Ausgabe von Heinrich Vockeradt, 8. Auflage, 1902.)

1 Zwischen Scylla und Charybdis

Odysseus, einer der bekanntesten Helden der griechischen Sagenwelt, mußte viele Gefahren bestehen. Er kämpfte gegen Riesen und Zauberinnen, und auch der Blick in die Unterwelt blieb ihm nicht erspart. Bei einer seiner zahlreichen Reisen war er gezwungen, eine berüchtigte Meerenge zu durchqueren (die man heute zwischen Sizilien und dem italienischen Festland vermutet). Auf der einen Seite lauerte Scylla – ein Meerungeheuer mit zwölf Füßen und sechs Mäulern – und wartete darauf, die Seeleute zu verschlingen. Auf der anderen drohte Charybdis, ein gewaltiger Strudel, der dreimal am Tage Wasser einsog und es mit lautem Gebrüll wieder ausspie.

Längst vergangene Geschichten, könnte man meinen? Nun – die Situation, vor der wir heute stehen, ist mit dieser durchaus vergleichbar und brisanter als manch einer denken mag ...

«Zwischen Scylla und Charybdis» bezeichnet noch heute eine Situation, in der die Wahl zwischen zwei Übeln unausweichlich scheint. Viele konstruieren angesichts der drohenden ökologischen Katastrophe einen solchen Konflikt. Aber muß die Menschheit aufgrund der durch sie selbst ausgelösten Umweltveränderungen wirklich wählen? Auf der einen Seite gefressen zu werden von Scylla, dem ökologischen Diktat und der Einengung unserer individuellen Freiheiten, auf der anderen Seite verschlungen von Charybdis, dem Strudel einer ökologischen und damit auch sozialen und wirtschaftlichen Katastrophe? Dieser Frage wollen wir in diesem Buch nachgehen. Und sie eindeutig beantworten: es ist möglich, zwischen den Übeln hindurchzukommen, oder besser, einen anderen Weg zu finden. Dazu ist es aber notwendig, daß die Passagiere nicht lediglich danach rufen, die Musik möge lauter spielen, um das Grollen des Strudels zu übertönen.

1.1 Das Dilemma der Umweltpolitik

Die Gefahren, denen die Menschen heute zumindest im wohlhabenderen Teil unserer Welt ausgesetzt sind, sind in der Regel weniger spektakulär als in der Homerschen Sagenwelt, sieht man einmal von den global allgegenwärtigen Kriegen oder militärischen Spannungen ab. Sie drohen von weitem, schleichen sich unmerklich heran und treten manchmal plötzlich und unerwartet ins Rampenlicht. Man schreckt auf – und verdrängt sie doch schnell wieder. Arbeitslosigkeit und «neue Armut» sind die eine Kehrseite unserer Zivilisation und Alltag für eine immer größere Zahl von Menschen, verdrängt oder unbemerkt von dem Großteil der übrigen. Scheint für viele der materielle Erfolg immer noch durch individuelle Anstrengungen erreichbar, so fühlt sich der einzelne angesichts der anderen großen Schattenseite unserer modernen Gesellschaft oft machtlos: der schleichenden ökologischen Katastrophe. Die Unmerklichkeit, mit der sich unsere (Über-)Lebensbedingungen verschlechtern, scheint alle Anstrengungen dagegen vergeblich werden zu lassen – so als wolle man gegen den Sog eines charybdischen Strudels anrudern.

Die Symptome breiten sich aus: Man sieht Bilder von chilenischen Schafen mit Sonnenhüten, Kinder verbringen den Sommer mit Fernsehen, weil sie wegen der Ozonbelastung nicht mehr ins Freie dürfen. Der Ruf nach effizienteren Maßnahmen wird immer lauter, das Versagen der Politik immer deutlicher. Das Virus der Politikverdrossenheit bekommt zusätzlich Nahrung durch widersprüchliche Argumente. Die Folge: Resignation – oder vielleicht der Ruf nach einer starken Hand, die endlich durchgreift, die Ökologie über alles stellt? Die Angst vor diesem Ruf, die Angst vor Freiheitseinbußen und Einengung, genährt durch Rufe nach Askese, Zurückhaltung und Selbstbegrenzung, gleicht der Angst vor dem Ungeheuer, das alles verschlingen wird. Diese Angst führt dazu, die schleichenden Umweltprobleme zu verdrängen, läßt viele Menschen zurückfallen in das *business as usual,* zurück in das traute Fahrwasser, welches jeden, zunächst unmerklich, allmählich aber immer kräftiger, in die Richtung des Strudels zieht. Noch kündet nur ein fernes Grollen von seiner Existenz.

Heute sind Art und Ausmaß der ökologischen Gefahren umfänglich beschrieben und ins Bewußtsein der Öffentlichkeit gerückt. Mit dem Erscheinen des Brundtland-Berichts im Jahr 1987 und der Konferenz von Rio 1992 ist eine Debatte ausgelöst worden, welche die Forderung nach *Sustainability,* zu deutsch «Nachhaltigkeit» oder «Zukunftsfähigkeit», unserer Wirtschaftsweise zu konkretisieren versucht. Zunehmend werden Konzepte diskutiert, die eine weitgehende Begrenzung menschlicher Eingriffe in die Natur fordern. Da jede Bewegung von Materie in der Natur ökologische Systembedingungen verändert, wird eine drastische Senkung der im wirtschaftlichen Prozeß umgesetzten Stoffe verlangt. Alles, was in unsere Wirtschaft und Gesellschaft an Naturverbrauch hineingeht, kommt in veränderter Form wieder heraus. Würden unserer Wirtschaft daher weniger Stoffe einverleibt, kämen wir einer Zukunftsfähigkeit bedeutend näher. Am weitesten gehen Forderungen nach einer umfassenden *Dematerialisierung* unserer Wirtschaftsweise, wie sie Friedrich Schmidt-Bleek am Wuppertal Institut formuliert hat: eine Reduktion des gesamten Ressourcenverbrauchs der industrialisierten Welt im Verlauf der nächsten 50 Jahre um den «Faktor 10», das heißt um 90 Prozent. Die Einsicht, daß der hohe Ressourcenverbrauch unserer Wirtschaft ein vordringliches ökologisches Problem darstellt, scheint zunehmend international akzeptiert zu werden. In Österreich schreibt der Nationale Umweltplan eine Reduzierung der Stoffströme um den Faktor 10 fest. Ähnliche Forderungen finden wir in den Niederlanden, Kanada und neuerdings sogar in den Vereinigten Staaten. Diese umweltpolitische Aufgabe erscheint jedoch vielen als unlösbar. Soweit die schlechte Nachricht.

Die gute Nachricht: Eine Reduzierung der Materialintensität in solchen Größenordnungen scheint zumindest technisch möglich zu sein. Die Studien «Sustainable Europe» und «Zukunftsfähiges Deutschland» zeigen dies deutlich. Bücher wie diejenigen von

Friedrich Schmidt-Bleek «Wieviel Umwelt braucht der Mensch?», Wouter van Dierens «Mit der Natur rechnen» oder Ernst Ulrich von Weizsäcker «Faktor 4» demonstrieren dies ebenfalls. Die ökologisch-naturwissenschaftlichen Argumente, die für diese Ansätze sprechen, werden in einem späteren Kapitel ausführlich dargestellt. Sie stehen aber nicht im Zentrum dieses Buches, sondern bilden den Ausgangspunkt für weitere Überlegungen, die von der sozioökonomischen Umsetzbarkeit dieser Konzepte handeln: den *Grundlagen einer ökologischen Wirtschaftspolitik*.

Für die folgenden Überlegungen ist wichtig, daß ökologische Politik vom «Hier und Heute» ausgehen muß. Wollen die Industriestaaten einen Ausweg aus dem oben skizzierten Dilemma finden, müssen sie die historischen Ausgangsbedingungen (parlamentarische Demokratie, marktwirtschaftliche Wirtschaftsordnung) berücksichtigen. Menschen machen zwar ihre eigene Geschichte – aber eben unter vorgefundenen Bedingungen, die ihrerseits wiederum Ergebnisse dieser Geschichte sind – daran haben uns bereits Adam Smith und Karl Marx erinnert. Es ist unrealistisch, die vor uns liegenden ökologischen und sozioökonomischen Bedingungen durch einen «großen Sprung vorwärts» von heute auf morgen lösen zu wollen; denn neben der Belastungsfähigkeit ökologischer Systeme ist auch diejenige sozioökonomischer Zusammenhänge zu beachten. «Man kann nur verlangen, anzufangen, *wo wir stehen, und in der Zeit, in der wir stehen*; das heißt, abgewogenen Gebrauch von den Ideen zu machen, die uns in unserer gegenwärtigen lokalen Situation zur Verfügung stehen, und von unseren Erfahrungsdaten, wie sie im Lichte dieser Ideen gedeutet werden.»[1]

Um die Herausforderungen, vor denen eine ökologische Wirtschaftspolitik zwischen Ökodiktatur und Umweltkatastrophe steht, zu meistern, sind aber – kommen wir zu unserer Sage zurück – Untiefen und Klippen zu umschiffen und große Manövrierkünste erforderlich. Ziel eines solchen Buches kann es nicht sein, eine genaue «Seekarte» zu entwerfen. Eher geht es darum, eine «gute Praxis des Navigierens» zu vermitteln, Leitbilder und Strategien aufzuzeigen, die ein sicheres Manövrieren erlauben – und zwar aus einer *sozioökonomischen* Sicht. Warum diese Perspektive, fragen Sie sich vielleicht als Leser oder Leserin, und greifen aus Angst vor komplexen Modellierungen lieber doch zu einem der zahlreichen Bücher aus der naturwissenschaftlichen Sparte. Uns geht es um Fragen der *wirtschaftlichen und sozialen Erreichbarkeit* ökologisch begründeter Forderungen sowie von Barrieren der Umsetzung, die tief in unserer Gesellschaft verankert sind. Aber gerade an der Hürde der Ausgestaltung und Umsetzung beginnen hehre ökologische Forderungen in unserem *demokratischen* und *sozial-marktwirtschaftlichen* System zu wanken und zu scheitern. Wir wissen heute bereits relativ viel darüber, wie wir verhindern können, in den Strudel gerissen zu werden. Wie dies aber sozial- und wirtschaftsverträglich geschehen kann, darüber geben naturwissenschaftliche und technische Analysen und Konzepte keine Antwort. Während Naturwissenschaftler uns unsere Lage vergegenwärtigen und Ingenieure bessere Ruder konzipieren, erlaubt auf dieser Grundlage gerade ein ökonomischer Ansatz Antworten auf die zentralen Fragen der Schiffsbesatzung:

- Wie soll gesteuert werden, um nicht unterzugehen (zukunftsfähig zu bleiben)?
- Wie bleibt genügend Freiraum, um manövrieren zu können?
- Wie bleibt genügend Spielraum für ein selbstbestimmtes, freiheitliches und gerechtes Zusammenleben an Bord?

Im Gegensatz zur Bedeutung dieser Fragen ist die Stimme der meisten Ökonomen in der umweltpolitischen Debatte bislang nur sehr leise und unscheinbar zu vernehmen. Dieses Buch möchte die Stimme lauter erheben – und einen Beitrag dazu leisten, den Fokus auf einen wichtigen Baustein der umweltpolitischen Debatte zu richten: den unabdingbaren Beitrag der Ökonomik[2] zur Diskussion um eine zukunftsfähige, sozial und ökologisch nachhaltige Entwicklung. Dies ist auch deshalb nötig, weil die Kritik an der Umweltpolitik überhaupt und dem Konzept der Dematerialisierung im speziellen schärfer wird. Von der Forderung nach einem umweltpolitischen Moratorium (jetzt müsse endlich Schluß sein mit der Umweltpolitik und wieder Geld verdient werden) bis zum Vorwurf eines «Ökofundamentalismus» reicht die Palette einer Angriffswelle, die – wie so vieles – aus den USA kommend, nun auch in die deutschsprachige Debatte herüberschwappt. Die Kritiker stammen keineswegs nur aus den Betonfraktionen von Unternehmensverbänden und Gewerkschaften. Der Schritt in eine «Zuteilungsgesellschaft» (G. Voss) wird befürchtet, die Gefahr einer Öko-Diktatur beschworen und das Ende des marktwirtschaftlichen Systems prophezeit. Dagegen ist es Zielsetzung dieses Buches zu zeigen, daß das zunächst ökologisch fundierte Konzept der Dematerialisierung gerade in ökonomischer und politischer Hinsicht anderen umweltpolitischen Strategien überlegen ist.

Eine Fortführung der bisherigen Politik nämlich ist kaum adäquat und riskiert, unter Beibebehaltung des bisherigen nicht nachhaltigen Pfades in die (ökologische) Katastrophe zu führen. Immer in Gefahr, ökologisch bedenklichen Entwicklungen wie in einem Hase-und-Igel-Spiel hinterherzurennen, wird die Entwicklung einer langfristigen Perspektive vernachlässigt. Wir befinden uns also umweltpolitisch gesehen in einem *Dilemma*: Untätigkeit verschlimmert die Situation, eine konsequente Ausweitung der bisherigen Umweltpolitik aber führt zu immer mehr Regulierung in allen gesellschaftlichen und wirtschaftlichen Bereichen und langfristig in die *Ökodiktatur*. Nur eine Umweltpolitik, die sich eine drastische und allgemeine Reduzierung der globalen Stoffströme zum Ziel setzt, kann sowohl ökologisch als auch ökonomisch erfolgreich sein. Als *ökologische Wirtschaftspolitik* sollte sie untrennbarer, aber auch unabdingbarer Teil der allgemeinen Wirtschaftspolitik sein.

1.2 Ein Wegweiser durch das Buch

Dieses Buch ist in drei Hauptteile gegliedert. Im ersten (Kapitel zwei bis fünf) stellen wir das Dilemma der Umweltpolitik zwischen Ökodiktatur und Umweltkatastrophe aus ökologischer und ökonomischer Sicht dar. Im zweiten (Kapitel sechs bis acht) präsentieren wir verschiedene wirtschafts- und sozialwissenschaftliche Ansätze zu dessen Lösung. Im dritten Teil (Kapitel neun bis elf) diskutieren wir konstruktive Umsetzungsmöglichkeiten für eine Dematerialisierung der Wirtschaft.

Im ersten Teil wird zunächst die gegenseitige Abhängigkeit von Umwelt und jeglicher menschlicher Aktivität in Wirtschaft und Gesellschaft (der Anthroposphäre) verdeutlicht und erläutert, was sich hinter der Forderung nach Zukunftsfähigkeit verbirgt. Ein Überblick über die Ursachen der heutigen Umweltproblematik schließt sich an (Kapitel zwei). In diesem Zusammenhang werden die wesentlichen Ideen anderer Bücher, wie etwa «Wieviel Umwelt braucht der Mensch?», «Faktor 4» oder «Zukunftsfähiges Deutschland» noch einmal dargestellt. Auf diesen basiert dieses Buch insoweit, als daß es die dort formulierten ökologischen Zielvorstellungen aus ökonomischer Sicht beleuchtet. In Kapitel drei wird das Konzept der Dematerialisierung erläutert und aus ökologischer und erkenntnistheoretischer Sicht begründet. Grundlegend für die Umsetzung dieses Konzeptes ist die Notwendigkeit einer ungeheuren Fülle technischer und sozialer Innovationen. In Kapitel vier werden dann zusätzliche – nicht umweltbezogene – Werte benannt, auf deren Grundlage das nachfolgende Konzept entwickelt wird, nämlich: Entscheidungsfreiheit, Pluralismus, Demokratie und Gerechtigkeit. Da all diese Forderungen auf einem breiten Konsens treffen dürften, stellt sich die Frage, warum wir uns dann nicht schon längst auf einem solchen Weg «in die beste aller Welten» befinden. In Kapitel fünf befassen wir uns daher mit (ökonomischen, aber auch anderen) Hindernissen, die einer Umweltpolitik im Wege stehen. Unsere These hierbei ist, daß jeder Steuerungsversuch einem *doppelten Komplexitätsproblem* gegenübersteht. Einerseits macht die Komplexität der Natur eine sichere Abschätzung der Folgen menschlicher Eingriffe in die Natur nahezu unmöglich. Andererseits bedingt die Komplexität des sozioökonomischen Systems, daß jeder politische Eingriff zahlreiche Rückwirkungen und Nebeneffekte nach sich zieht, was einen Steuerungserfolg sehr unsicher macht, insbesondere dann, wenn an den *Folgen* unseres Wirtschaftens und nicht an den Ursachen angesetzt wird.

Um nicht im Vakuum zu manövrieren, bedarf eine adäquate Wirtschafts- und Umweltpolitik einer geeigneten theoretischen Basis. Der zweite Teil unseres Buches setzt sich daher intensiv mit unterschiedlichen Theorieangeboten aus den Wirtschafts- und Sozialwissenschaften auseinander. Die umwelt*ökonomische* Debatte findet – soweit sie die hier behandelte Problematik überhaupt zur Kenntnis nimmt – bisher vorwiegend in wissenschaftlichen Fachjournalen und -büchern und zumeist in englischer Sprache statt. Unser Anliegen ist es daher, diese Diskussionen einem breiteren deutschsprachigen Leserkreis zugänglich zu machen und zu fragen, welche Aspekte davon für die Umsetzung einer ökologischen Wirtschaftspolitik fruchtbar gemacht werden können (Kapitel sechs). Daneben unternehmen wir aber auch einen Ausflug in andere Sozialwissenschaften (Kapitel sieben) und stellen neuere sozioökonomische Ansätze vor (Kapitel acht). Die vorliegenden Konzepte sind aus unserer Sicht für sich alleine genommen nicht ausreichend. Weiterführender ist ein methodischer Pluralismus, der bisher unverbundene, ja sogar oft einander widersprechende Einsichten und Ansichten zu einem kohärenten und insgesamt brauchbareren Ganzen verbindet.

Für den Erfolg einer ökologischen Wirtschaftspolitik ist es entscheidend, ein umsetzbares Konzept zu entwerfen, das einerseits in einer langfristigen Perspektive eine ökologische Zukunftsfähigkeit unserer Wirtschaftsweise gewährleistet, andererseits aber auch der Komplexität der sozioökonomischen Systeme Rechnung trägt. Im Mittelpunkt des dritten Teils dieses Buches steht daher die Frage nach der Umsetzung eines derartigen Konzeptes in einer Demokratie und Marktwirtschaft. Auf Grundlage der im zweiten Teil des Buches referierten Überlegungen beschäftigen wir uns hier mit den Chancen und Grenzen, eine zukunftsfähige Entwicklung zu erreichen. Ein Konzept *ökologischer Leitbilder* und *ökologischer Leitplanken* wird skizziert, wobei die aus der Theorie gewonnenen Erkenntnisse Anwendung finden (Kapitel neun). Grundidee ist, schon im gesellschaftlichen Ordnungsrahmen die ökologischen Einwirkungsmöglichkeiten des Menschen und damit den ihm zur Verfügung stehenden Umweltraum zu begrenzen. Wir beschreiben also eine umweltpolitische Option, die eine Einschränkung der menschlichen Eingriffe in die natürliche Umwelt sicherstellt und *gleichzeitig langfristig weniger Eingriffe in sozioökonomische Prozesse* bedeutet. Dies impliziert *nicht*, daß in anderen Bereichen wie der Sozialpolitik nicht ein *größerer* Handlungsbedarf besteht. Angestrebt wird eine Umweltpolitik, die Freiheit vermehrt – und damit auch die poten-

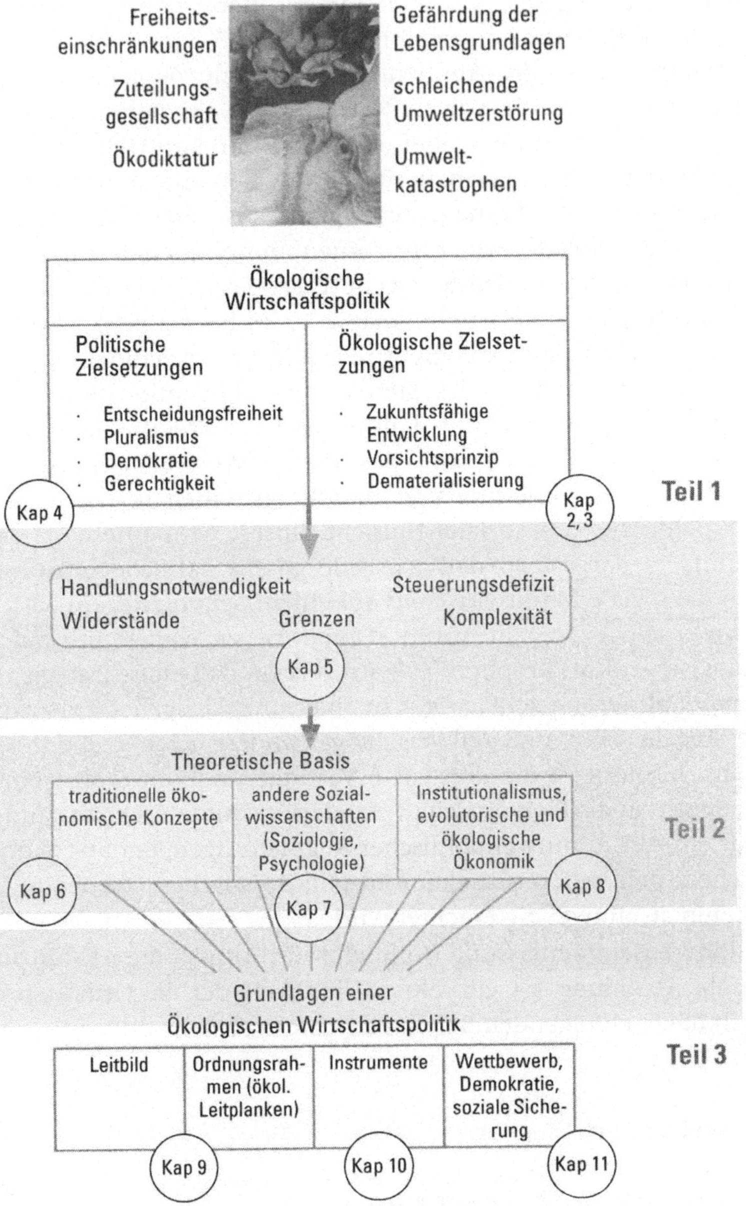

Freiheits-
einschränkungen

Zuteilungs-
gesellschaft

Ökodiktatur

Gefährdung der
Lebensgrundlagen

schleichende
Umweltzerstörung

Umwelt-
katastrophen

Abbildung 1.1: Überblick über das Buch

tiellen Gestaltungsspielräume in anderen Bereichen, wie etwa der Sozial- und Beschäftigungspolitik.

Darauf bauen die Ansatzpunkte für eine ökologische Wirtschaftspolitik auf, die wir in Kapitel zehn skizzieren. Darunter verstehen wir die Summe aller wirtschafts- und umweltpolitischen Maßnahmen, die eine Dematerialisierung der gesamten Wirtschaft zum Ziel haben. Im Sinne unseres pluralistischen Grundverständnisses wird ein ökologischer Instrumentenmix skizziert, mit dessen Hilfe wir eine Dematerialisierung unserer Wirtschaft erreichen können: Dazu gehört die Unterstützung eines bestimmten Leitbildes und die Verbreitung ökologisch relevanter Informationen ebenso wie eine Umgestaltung des Steuer- und Subventionssystems. In Kapitel elf widmen wir uns dann der Vereinbarkeit einer solchen Strategie mit unseren eingangs postulierten Wertvorstellungen, der Erhaltung und Förderung von Handlungsfreiheit in wirtschaftlicher, politischer und sozialer Hinsicht. Unsere Grundthese ist, stark vereinfacht dargestellt, daß wie jede gesellschaftliche Institution auch die soziale Marktwirtschaft auf einem Set von Regeln basiert. Zu viele solcher Regeln wären «Diktatur», zu wenige führten zu ökologischen Katastrophen. Es wird gezeigt, daß eine Strategie der Dematerialisierung gerade *nicht* zu einer unzulässigen Vermehrung von Regeln führt und teilweise sogar andere Regeln überflüssig macht. Insofern ist die drastische Verringerung von Stoffströmen *kein* Schritt in die Planwirtschaft, sondern erlaubt unter Umständen sogar ein Abbau umweltpolitischer Regulierungen, der aus ökonomischen, politischen, sozialen und philosophischen Überlegungen ohnehin als notwendig erachtet wird.

Eine Zusammenfassung (Kapitel zwölf) rundet die Ausführungen ab. Abbildung 1.1 gibt einen Überblick, der die Orientierung durch die nachfolgenden Seiten erleichtern soll.

Anmerkungen

1 Toulmin 1994, S. 286; Hervorhebung im Original.
2 Wir verwenden in diesem Buch den Begriff «Ökonomik» für die Lehre von der Wirtschaft (der «Ökonomie»).

I Das Problem
Zwischen Handlungsnotwendigkeit und Steuerungsdefiziten

(Karikatur: Bringezu/Meta 1993)

2 Mensch, Umwelt und Zukunftsfähigkeit

Diesem Buch liegt ein wirtschafts- und sozialwissenschaftlicher Zugang zu einer Debatte zugrunde, die heute noch vorwiegend von Naturwissenschaftlern dominiert wird und in der sich Ökonomen vor allem durch Kritik – oder zumindest als kritische Warner – hervortun. Dies nicht ganz zu unrecht. Nicht etwa, weil der naturwissenschaftliche Zugang falsch wäre, sondern weil die ökonomische Seite der Medaille oft zu wenig Beachtung findet. Dabei können gerade auch ökonomische Begründungen für umweltpolitische Forderungen gefunden werden, die Naturwissenschaftler seit längerem artikulieren. Diese Begründungen entsprechen zwar vielleicht nicht dem inhaltlichen Kern des in unserer Profession verwendeten Lehrbuchwissens. Unsere Herangehensweise erweitert aber das allgemeine Blickfeld und bezieht dabei den Kern der traditionellen Umweltökonomik durchaus in die Betrachtungen mit ein.

In diesem Kapitel geht es zunächst vorwiegend um naturwissenschaftliche Argumente in der Diskussion um eine zukunftsfähige Entwicklung. In Abschnitt 2.1 stellen wir unsere Definition von Zukunftsfähigkeit vor und skizzieren dann eine unseres Erachtens angemessene Beschreibung des Zusammenhangs zwischen Ökonomie und Ökologie (2.2). Eine Übersicht über die wesentlichen ökonomischen Gründe für die Umweltprobleme, vor denen wir heute stehen, folgt in den beiden letzten Abschnitten (2.3 und 2.4).

2.1 Die Forderung nach einer zukunftsfähigen Entwicklung

Treibhauseffekt, Zerstörung der Ozonschicht, Verlust an Artenvielfalt, die Schädigung der Umweltmedien (Boden, Wasser, Luft), Waldsterben – all diese Probleme legen beredtes Zeugnis darüber ab, daß die von Menschen verursachten Umweltveränderungen reduziert werden müssen. Lange Zeit wurden diese Umweltveränderungen als unabhängig voneinander betrachtet. Der Brundtland-Bericht brachte im Jahre 1987 einen umfassenden Begriff in die breite Öffentlichkeit, der die Debatte um die Umweltpolitik seitdem beherrscht wie kein anderer: die Forderung nach *Sustainability*, die im deutschen mit *Zukunftsfähigkeit, Nachhaltigkeit* oder *Dauerhaftigkeit* übersetzt wird. Wir bevorzugen hier den von Udo Simonis geprägten Begriff der *Zukunftsfähigkeit.*

Leider ist ein Grund für die Erfolgsgeschichte dieses Begriffs seine Allgemeinheit, die sehr verschiedene Interpretationen erlaubt. Soll ein Schlagwort wie *Sustainability* aber in der wirtschaftspolitischen Praxis merkliche Spuren hinterlassen, so muß es konkretisiert werden. In der dem Brundtland-Bericht folgenden Debatte sind gerade in der Frage einer Konkretisierung von Zukunftsfähigkeit all die Gräben wieder aufgebrochen, die die Konsensformel *Sustainability* verschleierte. Das Spektrum reicht dabei von sogenanntem nachhaltigem Wachstum bis zur Forderung nach Wachstumsverzicht.[1]

Deshalb wollen wir kurz darlegen, was wir unter «Zukunftsfähigkeit» verstehen. Allgemein wird *Sustainability* definiert als Entwicklung, die die Befriedigung gegenwärtiger Bedürfnisse zuläßt, ohne zu riskieren, daß zukünftige Generationen ihre Bedürfnisse nicht mehr befriedigen können. Vielen gilt dafür eine *deutliche Senkung des menschlichen Ressourcenverbrauchs und die allgemeine Reduktion der Stoffströme durch unsere Gesellschaft* als Voraussetzung (wir kommen darauf noch ausführlich zurück; siehe Kapitel drei). Obwohl die Forderungen nach einer *zukunftsfähigen Entwicklung* von vielen Ökonomen noch immer mit großer Skepsis betrachtet werden, erlangen sie einen zunehmenden Einfluß auf die umweltpolitische Debatte. Dabei scheint sich herauszukristallisieren, daß der Begriff Sustainability neben dem Schutz der Ökosphäre zwei weitere konstitutive Elemente aufweist: Zukunftsfähigkeit müsse nicht nur *ökologisch* verstanden werden, in dem Sinne, daß nachfolgenden Generationen eine intakte natürliche Umwelt zu übergeben ist. Von gleichwertiger Bedeutung sind auch die *soziale* und *ökonomische* Komponente (siehe Abbildung 2.1).

Abbildung 2.1: Ein Dreieck der Zukunftsfähigkeit (nach Hinterberger/Welfens, 1994)

Manch Skeptiker mag an die Quadratur des Kreises denken. Eine solche Konzeption, ökologisch und sozial zukunftsfähig, ökonomisch vorteilhaft und politisch wünschenswert – eine Utopie kühner Phantasten? Als Befürworter dieses Konzepts behaupten wir hingegen, daß es gerade die Verbindung dieser Aspekte ist, die es zielführend macht. Ökologische Zukunftsfähigkeit alleine ist schlicht nicht zu erreichen, wenn die sozialen und wirtschaftlichen Bedingungen nicht stimmen. Dies bedeutet andererseits nicht, daß diese unterschiedlichen Ziele immer gleichzeitig erreicht werden können. Es kommt viel mehr darauf an, *wie* sie formuliert und ausgestaltet sind. Insbesondere die «Wirtschaftsverträglichkeit» ökologisch orientierter Maßnahmen wird uns in diesem Zusammenhang beschäftigen.

Bevor jedoch über den Kurs gestritten wird, muß die Besatzung wissen, wo sich das Schiff befindet. Wo steht der Mensch im Vergleich zur Natur, was sind eigentlich die Ursachen der «Umweltkrise»? Und vor allem: Was folgt daraus für die Umweltpolitik? Im weiteren Verlauf dieses Kapitels wird darum der grundlegende Zusammenhang zwischen dem «Haushalt der Natur» (Ökologie) und dem «Haushalt der Menschen» (Ökonomie) skizziert und die Diskussion um wesentliche Ursachen der Umweltkrise zusammengefaßt. Wir beschäftigen uns also zunächst mit den *naturwissenschaftlichen* Grundlagen dessen, was wir «*ökologische* Zukunftsfähigkeit» nennen.

2.2 Zur wechselseitigen Abhängigkeit von natürlicher Umwelt und Anthroposphäre

Jede sozioökonomische Entwicklung hat eine unersetzliche Grundlage – die natürliche Umwelt. Sie erfüllt eine Reihe lebens- und erhaltungswichtiger Funktionen für den Menschen.[2] Erstens werden aus ihr Rohstoffe (Material und Energieträger) entnommen. Dies wird oft als *Quellenfunktion* bezeichnet. Quellen in diesem Sinne sind zum Beispiel Ölfelder, Grundwasserreservoirs, Kiesgruben oder Wälder. Die Quellenfunktion bezieht sich auf erneuerbare und nicht-erneuerbare Ressourcen. Diese sind die materielle Grundlage jeder wirtschaftlichen Produktion. Haben die aus der Verwendung natürlicher Rohstoffe hergestellten Erzeugnisse der industriellen Produktion ihren Dienst in der menschlichen Gesellschaft erfüllt, so dient die natürliche Umwelt zweitens als *Senke*, d.h. als Endlager für die nicht mehr benötigten Produkte. Beispiele für die Nutzung natürlicher Senken sind die örtliche Mülldeponie oder Kohlendioxidemissionen in der Atmosphäre.

In den siebziger Jahren wurde vermutet, daß die Erschöpfung der Rohstoffquellen das entscheidende Problem sei. So argumentierten vor allem Dennis und Donella Meadows mit ihren Kollegen im ersten Bericht des Club of Rome im Jahre 1972, der auf die Grenzen des Wachstums hinwies und für weltweite Aufmerksamkeit sorgte. Heute weiß man, daß es vielmehr die Aufnahmefähigkeit der Senken ist, die der wirtschaftlichen Expansion Grenzen setzt. Die bekanntesten Beispiele solcher Überbeanspruchungen natürlicher Senken sind derzeit das sogenannte Ozonloch, der Treibhauseffekt, das Waldsterben, die Eutrophierung (Überdüngung) von Gewässern und die Gefahren durch bodennahes Ozon.

Die dritte Funktion der natürlichen Umwelt ist deren *ästhetische* Dimension, die unmittelbar zum menschlichen Wohlbefinden beiträgt. Ein Großteil des Wochenendverkehrs ist darauf zurückzuführen, daß Stadtbewohner, die von ihrer Arbeit und Wohnumgebung gestreßt sind, Zuflucht im grüneren Umland nehmen und auf der Suche nach einem Fleckchen unberührter Natur oder für den Anblick eines (scheinbar noch) gesunden Waldes nicht selten weite Strecken zurücklegen. Ebenso erfüllt ein unverbauter Blick aus dem Wohnzimmerfenster oder der Urlaubsgenuß weißer, unvermüllter Mittelmeerstrände eine *ästhetische* Funktion für den Menschen.

Eine Betonung der Umweltfunktionen basiert offensichtlich auf einer streng *anthropozentrischen* und teilweise auch *ökonomistischen* Sicht der natürlichen Umwelt. Das heißt, der *Mensch* und seine *Bedürfnisse* stehen im Mittelpunkt der Betrachtung. Die Forderung nach Nachhaltigkeit wird in einer anthropozentrischen Sicht damit gerechtfertigt, daß es das Ziel ist, die Umwelt *dem Menschen* zu erhalten, damit auch zukünftige Generationen ihre *Bedürfnisse* befriedigen können. Dem kann eine *biozentrische* Perspektive gegenübergestellt werden, die den *Eigenwert* der Natur und ihrer Bestandteile betont. Statt als «Umwelt» solle – so der Philosoph Klaus M. Meyer-Abich – die Natur als «Mitwelt» begriffen werden und die Beziehung zwischen Mensch und Natur als Lebensgemeinschaft. Diese Positionen können wir hier nicht ausführlich diskutieren.[3] In der Diskussion um eine zukunftsfähige Entwicklung haben biozentrische Positionen bisher eine eher untergeordnete Rolle gespielt. Im Zentrum stand und steht die Bedeutung der Umwelt für die Befriedigung der Bedürfnisse heutiger und zukünftiger Generationen. Meist wird davon ausgegangen, daß im Kontext der Debatte um die Nachhaltigkeit eine anthropozentrische Umweltethik ausreicht, um die natürlichen Lebensgrundlagen zu schützen und Gerechtigkeit zwischen den Generationen sicherzustellen.[4] Wenn wir im folgenden von einem solchen Standpunkt ausgehen, so bedeutet das nicht, daß wir andere Sichtweisen negieren. Alles, was wir sagen, ist, daß es schon ausreichen kann, einen solchen Standpunkt zu vertreten, wenn damit nahezu das gleiche Ergebnis wie mit einem biozentrischen erreicht wird, nämlich der Erhalt der Entwicklungsbedingungen der Natur – und ein Erhalt ihrer Entwicklungsbedingungen hilft eben nicht nur dem Menschen (*allen* Menschen), sondern auch der Natur.

Der Stoffwechsel der Gesellschaft

Um den Zusammenhang zwischen Mensch und Natur besser verstehen zu können, bedarf es einer Modellvorstellung oder zumindest eines groben Bildes darüber, wie die menschliche Gesellschaft und die Natur, in der sie lebt, miteinander verknüpft sind. Begriffe wie *Metabolismus, Stoffströme* oder *Stoffwechsel der Gesellschaft* helfen dabei, die Zusammenhänge zu veranschaulichen. So spricht man davon, daß der *industrielle Metabolismus* Material und Energie aus den Quellen der Umwelt entnimmt und diese in veränderter Form an die Senken zurückgibt. Der Begriff *Metabolismus* umschreibt den Stoffwechsel der industriellen Gesellschaft: Alles, was in die menschliche Sphäre eintritt, kommt in einer veränderten Art wieder «heraus» und damit zurück in die Natur. Nichts anderes sagt der erste Hauptsatz der Thermodynamik: «In einem geschlossenen System bleibt die Summe aller Energiearten konstant.» Überträgt man diesen Satz auf Materie, so ist nach dem Massenerhaltungssatz die aus der Umwelt «importierte» Menge an Materie mit der an sie zurückgegebenen Menge identisch – abgesehen von den in der menschlichen Sphäre gespeicherten und akkumulierten Stoffen, etwa in Form von Häusern, Autos und Infrastrukturanlagen. Schließlich ist die Erde, was die Materie angeht, ein geschlossenes System (sieht man von gelegentlichen Meteoriteneinschlägen einmal ab). Die Sphäre des Menschen, die *Anthroposphäre*, also die Gesellschaft und die Wirtschaft als Teil dieser Gesellschaft, ist eingebunden in die natürliche Umwelt, ohne die sie nicht existenzfähig ist. Durch die gesellschaftliche Sphäre fließt eine stetig wachsende Menge an Materie; Wissenschaftler sprechen von (andauernd wachsenden) *Stoffströmen*. Während das Teilsystem Gesellschaft unter Einschluß der Wirtschaft ständig wächst, ist das globale Ökosystem begrenzt. Fand Wirtschaften noch vor einigen wenigen Jahrhunderten in einer «leeren» Welt statt, in der die menschlichen Eingriffe relativ bedeutungslos waren, stößt die Anthroposphäre allmählich an die Grenzen des Ökosystems – die Welt wird «voll» (siehe *Abbildung 2.2*). Nicht die Zahl der Fischerboote begrenzt die Möglichkeit der Menschen zu fischen, sondern das Fortpflanzungsvermögen der Fischbestände, wenn die Menschen immer mehr Fische fangen wollen.[5]

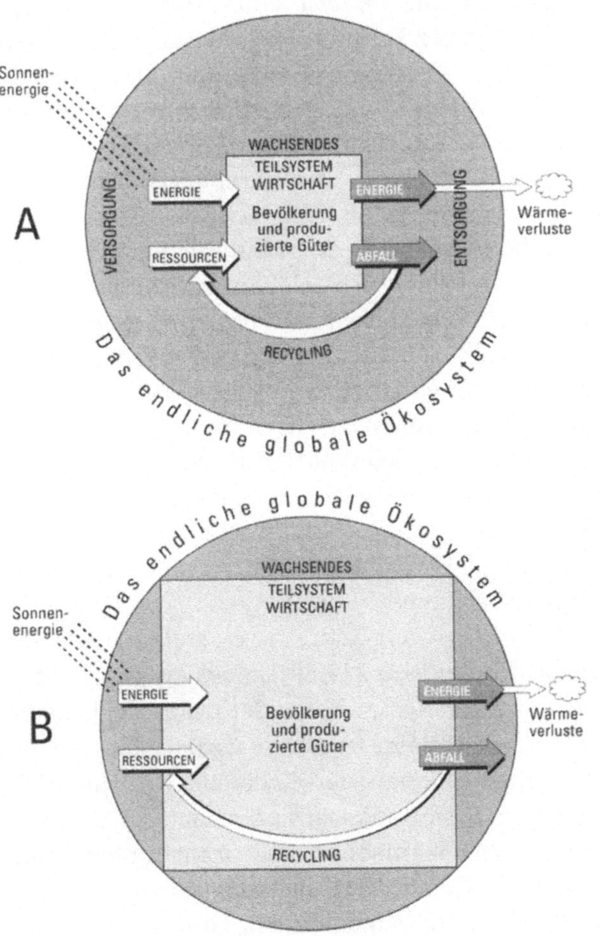

Abbildung 2.2: Wirtschaften in einer «vollen» und in einer «leeren» Welt
(Quelle: Goodland, Daly, 1992)

Alles, was der Umwelt entnommen wird, gelangt letztlich in derselben Menge in anderer Form in die Senken. Während die Menge identisch bleibt, ändert sich die Qualität von Material und Energie durch die Verarbeitung im industriellen Metabolismus. Der zweite Hauptsatz der Thermodynamik – der Entropiesatz – verweist auf die Gerichtetheit jedes Eingriffes in die Natur. In der unbelebten Welt strebt alles auf einen Zustand immer größerer Unordnung zu (z.B. bei der gleichmäßigen Durchmischung zweier Gase). Oder anders ausgedrückt, die *Entropie* eines Systems nimmt zu. Nach dem zweiten Hauptsatz kann die Entropie in einem geschlossenen System niemals ab-, sondern nur zunehmen. Damit ist die Gerichtetheit z.B. von Wärmevorgängen bestimmt: Wärme kann nicht von selbst von einem kälteren auf einen wärmeren Körper übergehen (der Ofen kühlt ab, das Zimmer erwärmt sich – nicht umgekehrt).[6] Das aber heißt, daß nicht nur jeder Stoffstrom aus der menschlichen Sphäre in die Natur, also alle Abfälle, Emissionen, Abwasser etc. ökologisch relevant ist, sondern daß *jeder* Eingriff in die Natur, also auch der Abbau von Ressourcen und der Anbau sogenannter erneuerbarer Rohstoffe in der Landwirtschaft, ökologische Zusammenhänge beeinflußt. Faßt man die Konsequenzen der beiden Hauptsätze zusammen, so bleiben im Zuge der industriellen Produktion von Gütern in der Gesellschaft nicht nur alle Massen erhalten und gelangen wieder in die Natur zurück, sondern sie tun dies auch in einer hochentropischen Form, sei es als unwiederbringlich verstreute Materie oder als nicht genutzte Abstrahlung von Wärme.

Gesellschaft, Wirtschaft und Umwelt stehen – wie verdeutlicht – in einem wechselseitigen Abhängigkeitsverhältnis. Störungen in einem Bereich wirken sich in den anderen aus. Jegliche Produktion verursacht Umweltschäden, und diese verursachen wiederum wirtschaftliche und gesellschaftliche Schäden. Die Umweltbelastung, insbesondere durch die Industrieländer, hat heute ein Niveau erreicht, das mit hoher Wahrscheinlichkeit nicht mehr zukunftsfähig ist. Es besteht die Gefahr, daß die Menschheit in «ökologischen Gleichgewichten» landet, in denen der einzelne nicht (über-)leben kann. Die Natur stellt immer wieder eine Gleichgewichtssituation her. Die Frage ist aber, ob (und gegebenenfalls wie) diese Situation

Menschen das Überleben ermöglicht. Beispielsweise wird die Verschiebung von Klimazonen aufgrund des anthropogenen Treibhauseffektes zu Problemen hinsichtlich der Nahrungsmittelversorgung führen; Hautkrebsraten werden im Zuge wachsender Ozonlöcher steigen. Der Mensch als biologisches Wesen ist das Produkt eines langen und langsamen Evolutionsprozesses, er kann sich einer veränderten Umwelt nur sehr allmählich anpassen. Und diese Anpassungsgeschwindigkeit läßt sich auch nicht durch technische Neuerungen verändern.[7]

Konsequenzen

Auch wenn ein besseres Verständnis, wie Gesellschaft und Wirtschaft von der Umwelt abhängen, entscheidend für den Erfolg der Umweltpolitik ist, können naturwissenschaftliche Erkenntnisse einen gesellschaftlichen Diskurs darüber, welche Umwelt gewollt ist, nicht ersetzen. Es ist eine *politische* Frage, ob wir das Überleben zukünftiger Generationen sichern wollen oder nicht. Das Konzept des *Umweltraumes* setzt sich zunehmend als Richtgröße dafür durch, wieviel Umwelt ein Land oder eine Region aus ökologischer Sicht verbrauchen «darf». Dieses ursprünglich von Hans Opschoor an der Freien Universität von Amsterdam entwickelte Konzept wurde durch die Studien «Sustainable Netherlands», «Sustainable Europe» und «Zukunftsfähiges Deutschland» erweitert und einer breiten Öffentlichkeit vorgestellt. Präzise definiert, bezeichnet der Umweltraum «den Ort aller möglichen Kombinationen von Umweltnutzungen, die ein stabiles Niveau an relevanter Umweltqualität und erneuerbaren Ressourcen gewährleisten».[8] Neben naturwissenschaftlichen Erkenntnissen über die Belastbarkeit der natürlichen Quellen und Senken beruht dieses Konzept auf einem globalen Gleichheitsprinzip. Mit Gleichheit ist hier gemeint, daß alle Menschen dasselbe Recht auf die Nutzung der natürlichen Quellen und Senken haben. Davon sind wir heute meilenweit entfernt. Die Menschen im «Norden» haben einen vielfach höheren Umweltverbrauch als die im «Süden». Deshalb mündet die Verwendung des Umweltraums auch in der Forderung, daß gerade die *industrialisier-*

ten Länder ihren Verbrauch an Material, Energie und Fläche drastisch senken müssen.

Das Umweltraumkonzept besagt auch, daß das *absolute* Ausmaß des Umweltverbrauches entscheidend ist und es nicht *relative* Verbesserungen und monetäre Einheiten sind, auf die es im Verhältnis von Wirtschaft und Natur ankommt. Die unter Ökonomen so beliebten Produktivitätsverbesserungen und die Bewertung von Umweltschäden in Geldeinheiten «bemerkt» die Natur nicht. Der Einsatz benzinsparender Automobile nützt wenig, wenn er dazu führt, daß immer mehr Auto gefahren wird (weil dann z.B. eine Autofahrt weniger kostet und der einzelne ein besseres Gewissen hat). Um ein Bild von Herman Daly zu verwenden: Es hilft nichts, das Boot optimal zu beladen, wenn die Ladung zu schwer ist: das überladene Boot würde sinken. Ein «optimaler Untergang» bleibt aber ein Untergang. Deshalb müsse der *scale*, die Größe der Wirtschaft im Verhältnis zur Umwelt, zunächst reduziert und dann stabilisiert werden. Das heißt, daß nicht der spezifische, auf ein Konsumgut bezogene, sondern der *gesamte* Umweltverbrauch in Grenzen gehalten werden muß. Dies ist die zentrale ökologische Ausgangsthese dieses Buches, die jedoch – wie bereits erwähnt – in der Zunft der Ökonomen immer noch auf große Skepsis stößt.

Die Umwelt und die ökonomische Theorie

Während sich die klassischen Ökonomen wie Adam Smith, Thomas R. Malthus und David Ricardo der Bedeutung natürlicher Ressourcen – soweit sie diese damals im Blick haben konnten – bewußt waren, scheint diese Grundlage jeglichen Wirtschaftens heute aus dem Blickfeld eines großen Teils der Wirtschaftswissenschaften geraten zu sein. Dieser eingeschränkte Blick hängt mit dem «paradigmatischen Charakter» wissenschaftlichen Denkens zusammen und mit der Art und Weise, in der Wissenschaftlerinnen und Wissenschaftler ausgebildet werden. Schon der Wissenschaftstheoretiker Thomas S. Kuhn hat festgestellt: «Was ein Mensch sieht, hängt sowohl davon ab, worauf er blickt, wie davon, worauf zu sehen ihn seine visuell-begriffliche Erfahrung gelehrt hat.»[9] Dies erklärt auch zum Teil die Umwelt-Blindheit weiter Teile der Ökonomik und anderer Wissenschaften. Wer (nur) durch die Brille von Kreislaufmodellen und Pareto-Optimalitäten – dem Basiswerkzeugkasten der Lehrbuchökonomik – blickt, übersieht leicht, daß Wirtschaften ohne Umwelt nicht funktionieren kann. Oder, etwas drastischer formuliert: Mit dem Hammer in der Hand sieht vieles nach Nägeln aus ...

Die Wirtschaft ist in die Umwelt eingebunden (und nicht umgekehrt), sie ist ein «Subsystem» des größeren Zusammenhanges «Ökosphäre». Alles Materielle, das in der Wirtschaft verarbeitet wird, ist der Umwelt entnommen. Alle uns umgebenden Artefakte (von der Zahnbürste bis zur Straßenbahn, vom Faxgerät bis zu diesem Buch) sind aus Material hergestellt, das aus der Umwelt stammt – und diese Umwelt ist begrenzt. Das klingt schrecklich banal, ist aber basal, also grundlegend für den Zusammenhang zwischen Wirtschaft und Umwelt. Daraus folgt keineswegs, daß wissenschaftlich genau vorherzusagen ist, wo die Belastungsgrenzen der Natur liegen. Die Annahme, die seit der industriellen Revolution exponentiell gewachsene Umweltnutzung sei unbegrenzt fortsetzbar, wird sich als Illusion erweisen. Kenneth Boulding hat darauf hingewiesen, daß eine der größten Gefahren ökonomischen Denkens die Annahme von Kontinuität ist. Für die Analyse des Zusammenhangs Wirtschaft-Umwelt gilt dies ganz besonders.

Die Antwort auf die Frage, welche Umwelt gewollt ist, kann weder naturwissenschaftlich noch philosophisch noch ökonomisch geklärt werden – sie muß von einer Gesellschaft politisch beantwortet werden. Zum Beispiel ist es durchaus denkbar, daß sich eine Gesellschaft für ein Leben unter einer Glaskugel entscheidet – doch sollte dies dann eine bewußte politische Entscheidung sein. Allerdings muß auch hierbei zumindest eines beachtet werden, die Möglichkeit nämlich, daß menschliche Eingriffe eine Umwelt «schaffen», in der die Menschen ihre Überlebensfähigkeit selbst bedrohen. Zukünftige Generationen, denen dadurch das Überleben verwehrt wird, sind an einer solchen Entscheidung aber gar nicht beteiligt. Aufgrund der begrenzten Anpassungsfähigkeit des Menschen an durch ihn selbst verursachte Naturveränderungen halten wir einen verantwortlichen und vorsichtigen Umgang mit der Umwelt für zwingend, zumindest als langfristiges Ziel. In diese Richtung gilt es schon heute, erste Schritte zu unternehmen. Bevor wir aber versuchen, solche Schritte zu beschreiben, wollen wir einige Blicke auf die Ursachen der Umweltkrise werfen.

2.3 Warum gibt es eine Umweltkrise? Märkte «versagen»

Warum gibt es überhaupt eine Umweltkrise? Was begründet die zerstörerische Kraft unserer Lebensweise? Stetig wachsende Stoffströme fließen durch unsere Gesellschaft und drohen, die Belastungsfähigkeit der Natur zu überfordern (bzw. haben dies schon an vielen Stellen getan). Um eine den Ursachen angemessene Strategie zu formulieren, ist es notwendig, die Wurzeln unserer Umweltprobleme sichtbar zu machen. Um Fieber zu bekämpfen, reicht es nicht aus, das Thermometer ins Eisfach zu legen. Eine Ursachenanalyse ist unerläßlich, will man nicht nur im Nebel herumstochern und an Symptomen ansetzen. Im folgenden werden Antworten, die uns wesentlich erscheinen, zusammengefaßt und daraus die Konsequenzen gezogen. Wir werden zunächst grundlegende Argumente beleuchten, die in der traditionellen Umweltökonomik diskutiert werden (und mit denen nahezu jeder Ökonomiestudent konfrontiert wird). Im Anschluß daran wenden wir uns alternativen Begründungsmustern zu.

«Externe Effekte»: Was für den einzelnen gut ist, ist nicht immer auch für alle gut

Die Beschäftigung mit dem Umweltproblem hat in der Philosophie eine lange Tradition. Schon um die Jahrhundertwende hat sich Jacob von Uexküll intensiv mit dem Begriff der «Umwelt» auseinandergesetzt. Jedes Lebewesen lebt in einer eigenen, spezifischen Umwelt, die es verschieden wahrnehmen und beeinflussen kann. So besteht die Umwelt einer Zecke, die blind und taub allein auf Schweißausdünstungen reagiert, ausschließlich aus Buttersäuregerüchen. Uexküll differenziert zwischen einer «Merk-» und einer «Wirkwelt» der Lebewesen: Die «Merkwelt» umfaßt alle wahrgenommenen Eindrücke eines Lebewesens (für die Zecke sind dies die Schweißausdünstungen). Die «Wirkwelt» hingegen ist die durch das Lebewesen beeinflußbare Umgebung (die Haut des ahnungslosen Hundes, der von der Zecke gestochen wird). Beide bilden die individuelle «Umwelt» des Lebewesens.[10] Uexküll untersuchte darüber hinaus auch die Folgen der sich wandelnden Gesellschaft auf die individuelle Umweltwahrnehmung. So sieht er im Zuge der Industrialisierung und der zunehmenden Unüberschaubarkeit der Einwirkungen auf die Natur die menschliche Fähigkeit schwinden, die Auswirkungen des eigenen Tuns wahrzunehmen. Die zunehmende Beschleunigung und die zunehmenden Möglichkeiten der Fortbewegung führen dazu, daß die Natur immer weniger als «Umwelt» wahrgenommen wird, sondern vielmehr als Raum, den es zu überwinden gilt; sie entschwindet damit immer mehr aus der direkten «Merkwelt» des Menschen. Die Folgen des eigenen Tuns auf die Umgebung (die «Wirkwelt») werden unterschätzt.

Derartige Zusammenhänge beschreiben auch Ökonomen, wenn sie Umweltprobleme als *externe Effekte* kategorisieren. Auswirkungen des eigenen Tuns schlagen sich auch bei anderen nieder und werden insoweit von den Verursachern in ihren Entscheidungen nicht mit berücksichtigt. Diese Auswirkungen können Vorteile für die Allgemeinheit oder andere Individuen sein, zum Beispiel die Freude des Nachbarn an den im Vorgarten gepflanzten Blumen oder die Mitbenutzung des Wiesbadener Hallenbades durch die Mainzer Stadtbevölkerung. Ökonomen sprechen dann von *positiven* externen Effekten. Sind die Auswirkungen individueller Handlungen auf Dritte aber weniger erfreulich, siechen die Blumen etwa unter den Abgasen des nachbarlichen Motorrades dahin oder belästigen die Chlorgerüche des Wiesbadener Hallenbades die Nasen der angrenzenden Mainzer, so liegen *negative* externe Effekte vor.

Mit Hilfe dieses Instrumentariums ist es der Wirtschaftswissenschaft gelungen, Umweltverschmutzung in ihrer allgemeinen Theorie als externen Effekt zu integrieren und als Marktversagen zu interpretieren. Die Umweltverschmutzung geht nicht in die Kosten-Nutzen-Abwägungen der einzelnen Akteure ein und wird deshalb nicht handlungsbestimmend. Diejenigen, die Kosten durch Umweltverschmutzung verursachen, haben keinen Anreiz, diese bei ihrer Entscheidung zu berücksichtigen. Diejenigen, die von den Kosten getroffen werden, haben keine Möglichkeit, sie zu reduzieren. Umweltverschmutzung kann so den anderen Gesellschaftsmitgliedern aufgebürdet werden, ohne daß die Verursacher dafür bezahlen müßten. Bereits 1920 hat der englische Ökonom Arthur C. Pigou in seinem berühmten Buch «The Economics of Welfare» das Problem so formuliert: «Hier liegt das Wesentliche der Angelegenheit darin, daß eine Person A, indem sie einer zweiten Person B gegen Bezahlung einen Dienst leistet, zugleich anderen Personen, die selbst derartige Dienste nicht leisten, Vor- oder Nachteile verschafft, die so geartet sind, daß den begünstigten Parteien keine Zahlung auferlegt oder von seiten der geschädigten Parteien keine Kompensation erzwungen werden kann.»[11] Auch Pigou erwähnt positive wie negative externe Effekte. Positiv ist etwa die eines Leuchtturms, der auch denjenigen Schiffen nutzt, die nicht dafür bezahlen (der klassische Fall eines *öffentlichen Gutes*). Hinsichtlich der Umweltverschmutzung erwähnt Pigou interessanterweise zunächst den Fall einer Emissionsverringerung («resources devoted to the prevention of smoke from factory chimneys»), also *positive* externe Effekte, die der Allgemeinheit zugute kommen: «denn in größeren Städten belastet dieser Rauch die Gemeinschaft mit einem schweren, unkompensierten Verlust in Form von Beschädigungen von Gebäuden und Pflanzen, Ausgaben für die Installierung von zusätzlichem Kunstlicht und auf vielfältige andere Weise».[12]

Pigou trifft damit den Kern dessen, was man heute etwas volkstümlicher so ausdrückt: «Die Preise sagen nicht die ökologische Wahrheit» (Ernst Ulrich von Weizsäcker). Es gelingt einzelnen Akteuren, einen Teil der Kosten, die sie verursachen, anderen aufzubürden. Die Kosten tragen dabei auch

- die *zukünftigen Generationen*, welche die heutigen Entscheidungen nicht beeinflussen können, und
- eine wenig homogene, schlecht organisierte *Allgemeinheit*, die sich zunächst über ihr *Geschädigtsein* verständigen und sich dann gegenüber den *Schädigern* artikulieren müßte.

Im internationalen Rahmen beziehen sich externe Effekte auch auf das Problem, daß einige Länder sich ökologieverträglicher verhalten als andere und die, die sich umweltschädlicher verhalten, daher ihre Umweltkosten den «Vorreiterländern» aufbürden können.

Pigou und seine Nachfolger haben es ermöglicht, das Problem in den größeren Kontext wirtschaftlicher Wahlhandlungen einzuordnen. Die Betonung externer Effekte ist aber eine sehr *ökonomistische* Sichtweise der ökologischen Probleme und sicherlich nur im Zusammenhang mit anderen Paradigmen vertretbar. Gerhard Meier-Rigaud meint dazu: «Niemand anderes als die Ökonomen selbst müssen der verwirrten Öffentlichkeit klarmachen, daß aus ihrem Interesse an Märkten und der darauf zugeschnittenen Begriffsbildung kein Werturteil ableitbar ist und insbesondere eine Diskriminierung des Gutes Umwelt im Vergleich zu handelbaren Gütern ein gravierender Fehler ist. Sie müssen sich gegen die von ihnen selbst genährten Fehler wenden. Das ist keine leichte Aufgabe, besonders weil die Konfusion inzwischen fester Bestandteil des ökonomischen Alltagswissens geworden ist.»[13]

Die Klassifizierung der Umweltzerstörung als «extern» von unseren wirtschaftlichen und sozialen Systemen suggeriert eine Verharmlosung systembedingter Ursachen dieser Effekte (durch Fehler der Märkte bzw. des Ordnungsrahmens, durch unökologische Verhaltensweisen und Werte). Ein Minderheitsvotum im Endbericht der Enquetekommission «Schutz der Erdatmosphäre» spricht angesichts möglicher, vom Menschen verursachter Klimaänderungen, von einer Verharmlosung, wenn die durch Industrialisierung, Konsum- und Lebensstile, Konkurrenz und unkorrigierte Marktwirtschaft systembedingten Umwelt- und Klimarisiken als «externe Effekte» bezeichnet werden. Auch Reinhard Pfriem weist darauf hin, daß die Umweltzerstörung weniger ein «externer» Effekt sei, denn das «Resultat spezifischer Produzenten und Konsumenten übergreifender Nutzungsmuster».[14] Ein methodologischer Pluralismus, der verschiedene Sichtweisen als zulässige Wege des Erkenntnisgewinns zuläßt, wäre in diesem Zusammenhang hilfreich. Denn die Möglichkeit, «externe Effekte» abzuwälzen, ist bei weitem nicht das einzige Hindernis auf dem Weg in eine zukunftsfähige Entwicklung. Beschäftigen wir uns also erst einmal mit anderen Gründen der Umweltkrise.

Fehlende Eigentumsrechte und öffentliche Güter

Eng mit der Problematik externer Effekte ist ein weiterer Erklärungsstrang verknüpft, mit dem Ökonomen die Entstehung von Umweltproblemen erklären: In den meisten Fällen bietet die Umwelt ihre Dienste, z.B. als Aufnahmeort von Luftschadstoffen, kostenlos an. Das Fehlen von Umweltpolitik vorausgesetzt, muß niemand für die Verschmutzung der Atmosphäre bezahlen. Ökonomen reden dann von einem *öffentlichen Gut,* wenn dieses jedermann zugänglich ist (niemand von dessen Nutzung ausgeschlossen werden kann) und eine Nutzung des einen nicht die Nutzung durch andere behindert (sogenannte «Nicht-Rivalität im Konsum»). So würde in einer politikfreien Gesellschaft niemand davon ausgeschlossen, Abwasser in einen Fluß zu leiten; die Verschmutzung durch den einen hindert andere nicht daran, das gleiche zu tun. Umgekehrt werden öffentliche Güter, die positiven Nutzen haben, der Theorie zufolge nicht freiwillig von Privaten angeboten. Vom Angebot eines einzelnen würden alle anderen kostenlos profitieren, weil keiner vom Konsum ausgeschlossen oder durch den anderen beeinträchtigt würde. Einfach gesagt bedeutet dies, daß niemand auf dem Markt ein Gut wie «öffentliche Sicherheit» nachfragen würde, weil jeder einzelne sich als *free rider* (Trittbrettfahrer) nach dem Motto verhält: sollen doch die anderen bezahlen. Da die Nutznießer (zum Beispiel eines Wachmannes in einem Wohngebiet) ihre Nachfrage nicht bekunden, um nicht mit den Kosten belastet zu werden, könne keine private Nachfrage und damit kein Angebot zustande kommen. Weil von den positiven Effekten (etwa der gestiegenen Sicherheit) aber dennoch alle profitieren würden, kann der Staat ersatzweise den (annahmegemäß) von allen gewünschten Dienst anbieten und über Zwangsabgaben (zu denen nur er berechtigt ist) finanzieren.[15] Hieran zeigt sich die enge Verbindung der Problematik *öffentlicher Güter* mit *externen Effekten.* Gerade diese sind es, die eine Mit-Nutzung erlauben. Der für den einzelnen spürbare Nutzen einer sehr wohl mit spürbaren Kosten verbundenen Vermeidungsaktivität ist zu gering, um den einzelnen dazu zu veranlassen, sich entsprechend zu verhalten. Zum Beispiel trifft den einzelnen die Nutzeneinbuße, etwa auf ein Auto zu verzichten, sehr viel stärker als die dadurch insgesamt kaum merkliche Verbesserung der Umwelt.[16]

Mangelnde Information und psychologische Barrieren

Ein vollständiges Funktionieren des Marktmechanismus basiert in der ökonomischen Theorie auf der Voraussetzung, daß alle Marktteilnehmer sich entsprechend ihren Präferenzen rational zwischen gegebenen Alternativen entscheiden. Wie wir gesehen haben, führt auch unter der Annahme rationalen Verhaltens die Summe der individuellen Entscheidungen nicht in jedem Fall zu einem für die gesamte Gesellschaft optimalen Ergebnis. Aber auch wenn derartige Dilemmata nicht vorliegen, ist der Markt von sich aus nicht in der Lage, für eine zukunftsfähige Entwicklung zu sorgen. Dies kann darin begründet sein, daß die Voraussetzungen, auf denen das theoretische Marktmodell basiert, nicht zutreffen. Zu diesen Voraussetzungen gehört, daß alle wirtschaftlich handelnden Akteure über ausreichende *Informationen* verfügen.

Wenn auch in Kreisen der Wissenschaft und engagierter Laien, der sogenannten «extended peer community», das Wissen und die Sorge um den Zustand der natürlichen Umwelt ständig zunehmen, scheint in großen Teilen der Bevölkerung immer noch ein sehr weitreichendes Unwissen über die anstehenden ökologischen Probleme vorzuherrschen. Dazu kommt oft ein «Unglaube» über die Dramatik der Umweltprobleme («es wird doch alles übertrieben») und vor allem ein Unwissen darüber, wie das eigene Verhalten zu diesen Problemen beiträgt. Wer die Notwendigkeit, umweltgerecht zu handeln, nicht einsieht, wird sich weder als Konsument oder Konsumentin, noch als Wähler oder Wählerin, in Politik oder Wissenschaft oder im Produktionsprozeß für eine Umsetzung ökologischer Konzepte einsetzen. Ein einigermaßen sicheres Wissen über die ökologische Problematik und vor allem über die Möglichkeiten, ihr zu begegnen, ist Voraussetzung dafür, daß auf dem Markt die «richtigen» Entscheidungen getroffen werden können. Die Annahme des sich frei entscheidenden, rational abwägenden *Homo oeconomicus* als Maß aller Dinge, versagt spätestens dann, wenn keine vollständige Information über die ökologische Relevanz des eigenen Handelns zum Zeitpunkt der Kauf- oder Produktionsentscheidung vorliegt.

Doch es fehlen nicht nur Informationen. Selbst wenn diese vorhanden sind oder sein könnten, werden sie oft entweder nicht wahrgenommen oder weggeschoben und verdrängt. In Anbetracht der heutigen Informationsflut fällt es schwer, das relevante Wissen herauszufiltern. Doch nicht nur die individuellen Kapazitäten zur Verarbeitung von Information können überfordert sein. Auch *psychologische* Faktoren beeinflussen, was zu welchem Zeitpunkt, an welchem Ort und in welcher Menge herausgefiltert wird. Zudem wird vieles wieder vergessen oder verdrängt. Dies trifft vor allem auf Informationen über längerfristige, unterschwellige Entwicklungen zu.

An gravierende Belastungen gewöhnt sich der Mensch durchaus, wenn diese sich über längere Zeiträume einschleichen. Ein plastisches Beispiel ist die Motorisierung unserer Gesellschaft. Von 1953 bis 1986 kostete der Straßenverkehr in der alten Bundesrepublik mehr als eine halbe Million Menschenleben. Nehmen wir einmal an, die Bevölkerung hätte zu Beginn der fünfziger Jahre bewußt, z.B. in einer Volksabstimmung, über die Art des Infrastrukturnetzes entscheiden können und es wären entsprechende Informationen verfügbar gewesen, so hätte damals die Wahl eines öffentlichen Transportsystems mit gleicher Transportleistung, aber deutlich geringerer Unfallwahrscheinlichkeit, wohl recht große Chancen gehabt.[17] Zudem wird der Mensch auch eher dann aktiv, wenn sein Wohlbefinden gestört ist, als wenn es darum geht, daß sein Wohlbefinden auch in Zukunft erhalten bleibt. Präventive Umweltpolitik scheint also ähnlichen psychologischen Problemen gegenüberzustehen wie Gesundheitsvorsorge oder Anti-Raucher-Kampagnen.

Hinzu kommt: Vieles, was über einen bestimmten Zeitraum hinausgeht, wird ignoriert oder als (noch) nicht relevant zu den

Akten gelegt. So wundert es nicht, daß zwar die Relevanz ökologischer Langzeitprobleme verbal erkannt und registriert wird – aber daraus nur in vergleichsweise geringem Umfang direkte Handlungserfordernisse abgeleitet werden. Dieter Birnbacher nennt unter anderem zwei Voraussetzungen (die in der Motivation des einzelnen Individuums begründet liegen), unter denen Menschen bereit sind, Verantwortung zu übernehmen: eine geringere «moralische Distanz» zu den Betroffenen (bei uns Nahestehenden reagieren wir weniger gleichgültig) und die *zeitliche Nähe* der Auswirkungen unseres Tuns. Die Beeinflußbarkeit der Zukunft, so wie sie von den gegenwärtig Handelnden wahrgenommen wird, nimmt mit zunehmender zeitlicher Entfernung ab, die «moralische Distanz» zu nachfolgenden Generationen nimmt zu.[18]

Der Zeithorizont in Unternehmen ist oftmals nicht nennenswert größer (auch dort sitzen Individuen). In vielen Fällen ist eine Vermeidung umweltschädigender Aktivitäten auch ökonomisch sinnvoll, was aber von den unternehmerischen Entscheidungsträgern oft nicht entsprechend wahrgenommen wird. Empirisch kann man feststellen, daß sich Unternehmen, wenn es etwa um den Materialeinsatz geht, bei weitem nicht gewinnmaximierend verhalten. Tradition sowie Transaktions- und Informationskosten scheinen dazu zu führen, daß höhere Einstandspreise und gleichzeitige Dematerialisierungspotentiale keineswegs automatisch dazu führen, daß in Vermeidungstechnologien investiert wird, selbst wenn diese sich innerhalb weniger Jahre amortisieren würden. Oft verfügt das Management eines Unternehmens nur über unzureichende Informationen, um einen Betrieb ökologisch umzustrukturieren. Nicht umsonst beklagen sich immer mehr Betriebswirte über fehlendes strategisches Langzeitdenken in Unternehmen und fordern gerade in bezug auf ganzheitliche Unternehmensführungskonzepte eine Hinwendung zu verstärkten strategischen Orientierungen.[19]

(Vermeintliche) Nachteile ökologischen Verhaltens aus Sicht der Haushalte sind schwerer zu fassen als die vermeintlichen und tatsächlichen Nachteile aus Sicht der Unternehmen. Allerdings fehlen den Konsumenten heute nicht nur hinreichende Information über die ökologische Bedeutsamkeit ihrer Kaufentscheidungen, sondern vielfach Informationen über simple Qualitätseigenschaften. Wer weiß beim Kauf eines Radioweckers oder eines Pullovers schon etwas über seine potentielle Nutzungsdauer? Wenn wir langlebige Produkte, wie etwa ein Automobil oder eine Bohrmaschine, nur zu einem kleinen Teil ihrer technischen Lebensdauer nutzen, ist das sowohl ökologisch als auch ökonomisch wenig rational. Mangelnde Informationen über das, was überhaupt «umweltschädlich» ist, und psychologische Verdrängungseffekte erleichtern oder ermöglichen es erst, ökologische Kosten abzuwälzen. Die Geschädigten würden dies sonst gar nicht zulassen. Da die Diskussion um umweltpolitische Maßnahmen immer noch sehr stark von naturwissenschaftlichem, ökonomischem und politischem Glauben an Machbarkeit und kausale Zusammenhänge geprägt ist, mag es aber schwierig sein, Verständnis für Konzepte zu gewinnen, deren wesentliches Fundament es ist, zu akzeptieren, daß wir wesentliche Teile des Ökonomie-Ökologie-Zusammenhangs gar nicht kennen. Dabei ist es wichtig, noch einmal zu betonen, daß jegliches Wissen über die Brisanz ökologischer Probleme grundsätzlich beschränkt und unvollständig ist, daß wir aber bereits genug wissen, um aktiv zu werden.

Wir fassen zusammen

Unter Marktversagen wird eine Situation verstanden, in der die Märkte Ergebnisse hervorbringen, die aus der Sicht der einzelnen und/oder der Gesellschaft so nicht gewünscht ist. Erstens ist, was für den einzelnen gut ist, nicht immer auch für die Gemeinschaft gut. Ökonomen sprechen in diesem Zusammenhang davon, daß Konsumenten und Produzenten «externe Effekte» verursachen. Das bedeutet, daß Auswirkungen ihrer Handlungen andere treffen. Dies ist zum Beispiel dann der Fall, wenn die Verursacher von Umweltschäden dafür nicht unmittelbar aufkommen müssen. Folge dieser fehlerhaften oder mangelnden Bewertung ist ein zu großes Ausmaß an Umweltverbrauch. Zweitens können sich wirtschaftlich handelnde Akteure, wie Konsumenten und Produzenten – auch wenn sie über genügend Umweltbewußtsein verfügen – nicht umweltfreundlich verhalten, wenn sie nicht über bessere Informationen darüber verfügen, was die Umwelt wie schädigt. In diesem Fall greift – in den Worten Friedrich Schmidt-Bleeks – «die ‹unsichtbare Hand› ins Dunkel». Es sind aber nicht nur die fehlenden oder falschen Informationen selbst, die die wirtschaftlich handelnden Akteure von dem gewünschten Verhalten abhalten, sondern die Art und Weise, wie sie diese Information *wahrnehmen*. Aber auch wenn wir Informationen über das haben, was ökologisch richtig ist und diese richtig wahrnehmen, fehlt oft die Kenntnis darüber, wie sich ökologisch richtiges Verhalten auf die eigene Position auswirkt. Häufig stellt man fest, daß sich die Einsparung von Material und Energie rechnet und dennoch entsprechende Maßnahmen nicht ergriffen werden. Wenn der Markt versagt, bedeutet das nicht automatisch, daß der Staat Abhilfe schaffen kann. Wir kommen darauf in unserem fünften Kapitel zurück. Zunächst beschäftigen wir uns aber noch mit weiteren Gründen für den zu hohen Ressourcenverbrauch in industriellen Gesellschaften.

Wir fragen dabei nicht nach der *eigentlichen* Ursache. Vielmehr sehen wir die unterschiedlichen Begründungen eher komplementär denn alternativ. Erst zusammen ergeben sie ein kohärentes und umfassendes Bild der Gründe ökologischer Schäden.

2.4 Eine Ursache kommt selten allein: gesellschaftliche und makroökonomische Begründungen

Neben den bisher besprochenen Ursachen der Umweltkrise gibt es andere Gründe, die mehr auf die Lebens- und Versorgungsmuster unserer Gesellschaft hinweisen, auf ihre Produktionsweise und ihr Normengefüge. Demnach berührt die «Nachhaltigkeitskrise» den Kern des industriellen *way of life*; die ökologischen Probleme könnten nur durch eine genaue Bewertung der bestehenden Fortschrittsmodelle gelöst werden. (Mit-)Ursache der ökologischen Probleme sei die eng mit dem modernen Fortschrittsbegriff verknüpfte Ausbreitung des «industriell-konsumeristischen Wohlstandsmodells», das durch eine Arbeits-, Versorgungs- und Lebensweise geprägt ist, die viel (zu viel) Material und Energie verbraucht. Wieder andere sehen im Wachstumsparadigma die Ursache der

Krise unseres Wohlstandsmodells und münden in eine generelle Kritik am Paradigma der modernen Industriegesellschaft. Einige der Argumente, die sich hinter diesen unterschiedlichen Terminologien verbergen, sollen im folgenden betrachtet werden.[20]

Fehlorientierung des technischen Fortschritts

Ein wesentlicher Ausgangspunkt dieser Überlegungen ist die *Richtung* des (technischen und sozialen) Fortschritts, der spätestens seit der industriellen Revolution zu der gegenwärtigen Umweltkrise geführt hat. Der technische Fortschritt ist seither auf die Steigerung der Arbeitsproduktivität gerichtet, ohne Rücksicht auf die damit verbundenen Umweltfolgen. Allein in den letzten 150 Jahren stieg die Produktivität um das Zwanzigfache. Dies hat auch ökonomische Ursachen, wie etwa das Verhältnis von Arbeitskosten zu Kapitalkosten und zu den Kosten des Naturverbrauchs. Auch diese Frage wird uns in diesem Buch noch mehrmals begegnen. Es gibt aber darüber hinaus sehr viele soziale, kulturelle und institutionelle Gründe, die die technische Entwicklung bestimmen und nur zusammengenommen erklären, wie es zur heutigen Entwicklung gekommen ist.[21]

Richard Norgaard vertritt in seinem Buch «Development Betrayed» die Auffassung, daß es vor allem der Wandel zu einem mechanistischen Weltbild ist, der die technologisch-industrielle Entwicklung so und nicht anders möglich gemacht hat. René Descartes, der die Welt als erster als ein einziges Ursache-Wirkungs-Geflecht dargestellt hat, und erst recht Isaak Newton, der die Grundlagen für die mechanische Physik legte, haben den westlichen Gesellschaften ein kulturelles Grundbild vermittelt, das alle Zusammenhänge in der Natur als mechanisch-lineare Ursache-Wirkungs-Beziehungen darstellt. Dieses Grundmuster ist einerseits verantwortlich für den ungeheuren «Erfolg» der industriellen Gesellschaften im Vergleich zu anderen, die dieses kulturelle Grundbild *nicht* angenommen haben. Es blendet aber andere Arten von Zusammenhängen in der Natur aus, die nur in einer komplexeren Sichtweise angemessen zu erfassen sind. Der technische Fortschritt hat eine Richtung genommen, die immer mehr Natur in Anspruch nimmt.

Dazu kommt das bis dato unvorstellbare wirtschaftliche Wachstum, das uns genau dieser technische Fortschritt ermöglicht hat. Solange dieses wirtschaftliche Wachstum eng an den Naturverbrauch gekoppelt ist, jede zusätzliche Mark also auch zusätzlichen Naturverbrauch verursacht, ist diese Entwicklung langfristig nicht zukunftsfähig. So gesehen sind die Ursachen der ökologischen Krise tief verwurzelt in unserer modernen Industriegesellschaft.

Die Moderne, so Norgaard, versprach die Kontrolle über die Natur mittels Wissenschaft, materiellen Überfluß durch Technologie, und effektives Regieren durch rationale soziale Organisation. Neben den bestehenden sozialen Problemen belegen nicht zuletzt auch die ökologischen, daß der Glaube an den Fortschritt trügerisch war. Durch den Machbarkeitsglauben und das Vertrauen in moderne Wissenschaft und Technologie sei aber die eigentliche Bedeutung der miteinander verflochtenen Probleme im organisatorischen, kulturellen und im Umweltbereich aus dem Blick geraten.[22] Die Vorstellung, nach der der Beginn der Moderne mit seinen Idealen von Fortschritt und Wachstum «ein neues Erwachen für die Menschheit» war, so der Club of Rome in seinem letzten Bericht, unterliegt «seit dem Beginn der Postmoderne (...) zunehmender Kritik».[23] Ob wir das «Hier und Heute» nun Postmoderne nennen wollen oder nicht: die lange Zeit unreflektierten Vorstellungen von Fortschritt und Wachstum – und auch die von Machbarkeit und Steuerbarkeit – erodieren.

Die Dynamik der Wirtschaft und die Kritik am Wachstumsparadigma

Andererseits werden in den technischen und sozialen Wandel auch große Hoffnungen gesetzt, wenn es um die Lösung der ökologischen Problematik geht. Dieser Wandel müßte dann aber zu einer deutlichen «Entkopplung» von Wohlstand und Umweltverbrauch führen. Gemeint ist damit ein Anstieg des Wohlstands, während der Umweltverbrauch sich von dem Wachstum des Bruttosozialproduktes loslöst. Martin Jänicke und sein Forschungsteam haben an der Freien Universität Berlin anhand verschiedener Indikatoren für den Umweltverbrauch für bestimmte Sektoren eine solche Entkoppelung für den letzten Teil der achtziger Jahre festgestellt; neuere Ergebnisse allerdings zeigen, daß diese Tendenz sich zu Beginn der neunziger Jahre wieder umgekehrt hat. Studien von Mathias Binswanger belegen ebenfalls, daß die Entwicklung des Umweltverbrauchs keineswegs einheitlich verläuft. So sind von 1970 bis 1990 die SO_2-, CO-, Staub-, Ruß- und Bleiemissionen ebenso deutlich zurückgegangen wie der Eisen- und Stahlverbrauch oder die Phosphatbelastung der Gewässer. Weiterhin zugenommen haben allerdings der Energieverbrauch, die Bodenbeanspruchung, der Verbrauch von Aluminium, Kunststoffen und Papier, die Nitratbelastung der Gewässer sowie industrielle und nukleare Abfälle.[24] Es stellt sich somit die Frage, ob es bei einem ungebremsten wirtschaftlichen Wachstum langfristig zu einer substantiellen Entkopplung zwischen rein rechnerischem Einkommenswachstum (oder allgemeiner: Wohlstandswachstum) und stofflichem Wachstum kommen kann. Man kann *noch* einen Schritt weiter gehen. Selbst wenn es langfristig zu einer Entkopplung von Wirtschaftswachstum und Ressourcenverbrauch kommen kann, so nützt eine relative Entkopplung noch immer nicht viel, solange der Umweltverbrauch in absoluten Größen zunimmt, d.h. solange die Abfallberge weiter wachsen, die Ressourcenentnahme weiterhin ansteigt. Kontert im Basketball der Gegner auf einen beinahe erfolgreichen Spielzug der eigenen Mannschaft mit einem schnellen Gegenzug und wirft einen Korb, so spricht man von einem *Rebound*. Führt ein effizienter Umgang mit Ressourcen zu mehr Wachstum und wird der Einspareffekt dadurch aufgezehrt, so sprechen auch Ökonomen von *rebound-Effekten*. Je besser es durch geschickte Softwareentwicklung gelingt, immer mehr Fernsehkanäle in einem Frequenzbereich unterzubringen (eine 10fache Produktivitätssteigerung ist hier in wenigen Jahren erreichbar), desto größer ist der Anreiz, immer mehr teure Satelliten ins Weltall zu schießen, die die Einsparung an Material zunichte machen könnten. Die Wirtschaft produziert aus sich heraus eine Dynamik, die den Verbrauch von Ressourcen immer höher schraubt.

Woher kommt diese Dynamik? Eine Begründung liegt in den im Zuge der Industrialisierung entdeckten Vorteilen der Arbeitsteilung. Durch eine Trennung der einzelnen Arbeitsbereiche konnte effizienter, zeit- und kostensparender produziert werden.[25] Größere Produktion bedingt aber wiederum größere Märkte. Zudem erzwang der Wettbewerb und die Konkurrenz der anderen Anbieter eine Steigerung der Produktivität. Um dies zu erreichen, mußten immer größere Mengen an Energie und Masse verfügbar gemacht und bewegt werden, mit den besagten ökologischen Folgen. Ein weiterer wesentlicher Grund für die Wachstumsdynamik moderner Industriegesellschaften scheint in der Existenz unseres Geldsystems mit der Institution des Zinses zu liegen, der ein exponentielles Wachstum monetärer Größen gewissermaßen «eingebaut» hat.[26] Leiht sich ein Investor von der Bank Geld für seine Investition, so muß er dafür Zinsen bezahlen; die Institution des Zinses zwingt ihn, mehr Geld aus seiner Investition zu erzielen, als er eingesetzt hat. Sein Unternehmen muß somit wachsen, um den Zahlungsverpflichtungen nachzukommen. Mathias Binswanger erklärt den Zusammenhang von monetärer und wirtschaftlicher Dynamik so: Eine Wirtschaft funktioniert nur dann, wenn die Mehrzahl der Unternehmen aus einer anfänglichen Geldmenge in bestimmter Höhe über den Umweg der Investition und Produktion von Gütern einen größeren Geldbetrag macht, das heißt einen *Gewinn.* Entscheidend ist dabei die Rolle der Finanzmärkte: Wird damit gerechnet, daß ein bestimmtes Unternehmen in Zukunft nicht mehr wachsen wird, so kommt es zu einem Preisverfall der Wertpapiere dieses Unternehmens (weil die Wertpapierbesitzer aussichtsreichere Papiere kaufen werden) und damit zu einem Vermögensverlust des entsprechenden Unternehmens. Jedes einzelne ist somit zu Wachstum gezwungen – und damit auch die Gesamtökonomie. Wird allgemein kein Wachstum mehr erwartet, kommt es zu einem Vermögensverlust aller Akteure. In boomenden Zeiten dagegen wachsen auch die Erwartungen über zukünftige Gewinne und damit auch der Zwang, diese Erwartungen zu erfüllen und somit zu wachsen.

Andere Autoren verbinden die Erklärung der Wachstumsdynamik moderner Industriegesellschaften mit einer generellen Konsumkritik. So sehen manche Sozialwissenschaftler in den 50er Jahren die «umweltgeschichtliche Epochenschwelle zwischen Industriegesellschaft und Konsumgesellschaft» und sprechen von einem «1950er Syndrom» unserer Gesellschaft. Kennzeichen des vorherrschenden «konsumeristischen» Wohlstandsmodells sei die Reduktion individuellen Wohlergehens auf den Besitz *materieller* Güter. Die prinzipiell unendlichen Wünsche der Menschen und die mit der wirtschaftlichen Expansion der Nachkriegsjahre steigenden Möglichkeiten zu ihrer Erfüllung führten zu immer mehr materieller Nachfrage. So sorgten wachsende Erwerbseinkommen in den vergangenen Jahrzehnten für eine immer stärkere Mechanisierung und Technisierung der Haushalte und führte so zur Ausstattung mit immer mehr langlebigen Konsumgütern (Kühlschrank, Küchengeräte, Telekommunikationsgeräte, Computer etc.). Die Nachfrage nach materiellen Konsumgütern wird zudem durch soziale Faktoren angetrieben. So wird konsumiert, um sich für Probleme oder die Belastung durch das Arbeitsleben zu entschädigen, um den eigenen gesellschaftlichen Status zu halten bzw. zu verbessern oder einfach, um Spaß zu haben und neue Dinge zu erleben. «Die technisch ermöglichte Transformierbarkeit natürlich gegebener Umwelten in produzierte Umwelten hat ... zu einer Lebensweise geführt, in der eine fortschreitende Anreicherung alltäglicher Lebensvollzüge mit Sachgütern und ein permanenter Nachschub neuer, alten Sachgütern augenscheinlich überlegener Sachgüter sozial höchst verbindlich geworden ist.»[27] Zudem dient Konsum als Ausgleich für verlorene menschliche Bindungen oder als Ersatz für Selbstverwirklichung, die nicht auf anderem Wege erzielt werden kann (z.B. durch menschliche Zuwendung oder individuelle Selbstbestimmung im Beruf).

Der ständige Wunsch der einzelnen, ihren eigenen Konsum zu erhöhen, treibt zum einen das quantitative Wirtschaftswachstum an, zum anderen ist das Wachstum in der Produktion nur durch ein Wachstum des Konsums möglich (sonst könnte die durch Produktivitätsfortschritte vergrößerte Menge produzierter Güter nicht abgesetzt werden). Daß dieser am materiellen Konsum orientierte Lebensstil erhebliche ökologische Konsequenzen hat, liegt auf der Hand. Die tägliche Versorgungs- und Lebensweise beruht auf einer hohen Energie- und Materialintensität. Neben der Zunahme des Konsums von Wegwerfprodukten sinkt auch die Lebensdauer an sich langlebiger Produkte, verstärkt durch die schnellere, durch die Mode bedingte Veralterung und dem künstlich erzeugten «Zwang», alte Produkte durch neue, modischere zu ersetzen.

Allerdings werden in den Sozialwissenschaften auch Gegentendenzen diskutiert. Unter dem Schlagwort «Postmaterialismus» werden gesellschaftliche Veränderungen beschrieben, die zu einer veränderten, umweltverträglicheren Orientierung an immateriellen Werten und Konsummöglichkeiten führen. Allerdings haben sich anfängliche Theorien, wonach ein höheres Wohlstandsniveau zu einem immer postmaterielleren Lebensstil führen wird, nicht bestätigt. So haben umweltbewußte Zeitgenossen, die zumeist in besserverdienenden Segmenten der Gesellschaft zu finden sind, ein in absoluten Größen gemessenes hohes Konsumniveau. Zusammenhänge zwischen Einkommenshöhe, persönlichen Einstellungen und tatsächlichem Verhalten können keineswegs eindeutig festgestellt werden. Die Zahlen über das Wachstum des Energie- und Materialverbrauchs der letzten Jahrzehnte belegen deutlich, daß von einem Wandel in eine postmaterielle Gesellschaft trotz steigendem Einkommensniveau noch keine Rede sein kann.[28]

Die Organisationsweise von Produktions- und Sozialstrukturen

Weitere Gründe für den zunehmenden Umweltverbrauch liegen in den modernen Produktions- und Sozialstrukturen. Für unsere Gesellschaft typische Arbeits-, Versorgungs- und Lebensweisen charakterisieren das «täglich praktizierte industriell-konsumeristische Wohlstandsmodell» (Bierter). So hat die Industrialisierung durchgehend zur Verdrängung anderer kultureller Lebens- und Versorgungsweisen, wie etwa der Eigenversorgung, geführt. Die Erwerbsarbeit steht im Mittelpunkt des heutigen Arbeitslebens und führte zu einer Geringerschätzung häuslicher Tätigkeiten und zu einer sozialen Abhängigkeit der im Haushalt Tätigen von der Beschäftigung im offiziellen Erwerbssektor. Durch die weitgehende Trennung von häuslicher und beruflicher Sphäre, der Lebensbereiche Arbeit, Wohnen und Freizeit, mußten immer größere räumliche Distanzen zur Arbeit, zum Einkauf oder in der Freizeit überwunden werden, was zu wachsendem Verkehr führte. Zum anderen verloren auch die Konsumenten immer mehr den Bezug zu Herkunft und Beschaffenheit der konsumierten Güter und damit das Bewußtsein für den Zusammenhang zwischen den konsumierten Gütern und der damit verbundenen Umweltbelastung (von Erzeugung über Transport bis hin zur Entsorgung der Abfälle).[29]

Problemverschärfend kommt hinzu, daß die wachsende Unsicherheit über die Konsequenzen der eigenen Aktivitäten die Verursachung externer Effekte leichter macht. Zum einen fühlt sich der einzelne Produzent und Konsument nicht oder kaum noch verantwortlich für die Folgen seines Tuns, zum anderen sind die Verursacher durch die Komplexität der Strukturen kaum nachweisbar. Ulrich Beck spricht von einer «organisierten Unverantwortlichkeit» innerhalb der Industriegesellschaft. Der einzelne könne für die Folgen seiner Aktivitäten kaum noch verantwortlich gemacht werden. Die Gesellschaft produziere systemimmanent, das heißt aus sich heraus, immer neue ökologische Risiken und werde so zur «Risikogesellschaft».[30] Seien es atomare oder chemische Gefahren, sei es der Treibhauseffekt, das Ozonloch oder das Waldsterben – immer werde die Entscheidungsverantwortung über die in unserer Gesellschaft erzeugten ökologischen Gefährdungen an Sachverständige oder Experten abgegeben; de facto liege sie aber bei Wirtschaft, Forschung und Konsumenten. Eine demokratische Kontrolle ökologischer Gefahren findet nach Beck kaum statt. Die Industrie, die die Technik entwickelt, verweist auf die (angebliche) Wertneutralität der Forschung und auf die Verantwortung der Politik. Die Politik aber – wenn sie überhaupt nach erheblicher Zeitverzögerung einmal in die Verlegenheit kommt, über die Zulässigkeit und Akzeptanz neuer Technologien zu entscheiden – kapituliert oftmals vor schon vollendeten Tatsachen. Technologien, die bereits verwirklicht und etabliert sind, internationale Handlungszwänge (Stichwort: Wettbewerbsfähigkeit) oder machtbedingte Abhängigkeiten (Stichwörter: Verflechtungen mit der Industrie, Gefahr von Arbeitsplatzverlusten, Lobbyismus etc.) verhindern es, rechtzeitig einen verantwortungsbewußten Diskurs über neue Entwicklungen zu beginnen. Das gesellschaftliche System ist so gestaltet, daß es die «Unverantwortlichkeit» selbst «organisiert», das heißt, es gibt eben keine oder nur unzureichend funktionierende Institutionen oder Kontrollmechanismen, um die ökologischen Folgen unserer industriellen Moderne einzudämmen. Ökologische Folgen sind somit auch bei Beck *interne*, systembedingte Effekte, die allein durch einen Wandel des gesamten Gesellschaftssystems (bei Beck hin zu einer «reflexiven Moderne») abgebaut werden könnten.

Das Bevölkerungsproblem – kein Anlaß, Verantwortung weiterzureichen

Die Weltbevölkerung wächst – mit erheblichen ökologischen Konsequenzen. «Während sie diesen Satz in normaler Geschwindigkeit lesen, wächst die Weltbevölkerung um 20 Menschen ... Pro Sekunde verlieren wir gegenwärtig rund 3000 Quadratmeter Wald und 1000 Tonnen Mutterboden.»[31] Mehr Menschen benötigen mehr Lebensraum, mehr natürliche Ressourcen, mehr Anbauflächen für Nahrungsmittel. Auch weniger geeignete Böden werden nutzbar gemacht, auch an immer ungeeigneteren Hängen wird gebaut. Die Folgen sind bekannt: Erosion von Mutterböden, hohe Düngemittelbelastungen der landwirtschaftlichen Produktion, Rodungen etc. Mehr Menschen verursachen einen höheren Energie- und Materieverbrauch und ein erhöhtes Abfallvolumen, und dies bei einer globalen ökologischen Situation, die schon heute nicht mehr durchhaltbar scheint. Die Verknappung ökologischer Ressourcen wiederum führt zu einer Verschärfung sozialer Probleme, zu Flucht und Vertreibung, im Extrem zu blutigen Konflikten. So verbergen sich hinter den nur vordergründig aus ethnischen Konflikten resultierenden Massakern in Ruanda und Burundi Verteilungskonflikte um Macht und Ressourcen, um Land, Wasser und Arbeitskräfte.[32]

Unter Bevölkerungswissenschaftlern herrscht heute weitgehende Einigkeit über die Ursachen des ungleich verteilten Bevölkerungswachstums. Der medizinische Fortschritt führt auch in den ärmeren Ländern zu einer sinkenden Sterberate und einer Verlängerung der Lebenserwartung. Zudem wird die immer noch erhöhte Säuglings- und Kindersterblichkeit in ärmeren Ländern durch eine höhere Geburtenhäufigkeit ausgeglichen. Aus Mangel an sozialen Sicherungssystemen bei Krankheit, Arbeitslosigkeit und Alter wird Kinderarbeit dringend benötigt; nicht zuletzt steigt die Kinderzahl durch den vielfachen Wunsch nach einem überlebenden Sohn.

Der begrenzte Zugang zu Schulen, Informationen und Verhütungsmitteln und vielfach vorherrschende patriarchalische Strukturen, in denen eine hohe Kinderzahl als Zeichen des Reichtums des Mannes angesehen wird, begrenzen die Möglichkeiten von Frauen zu einer selbstbestimmten Geburtenregelung. Weitgehender Konsens herrscht aber darüber, daß die Hauptursache nicht in religiösen oder kulturellen Faktoren zu suchen ist, sondern in der Armut weiter Teile der Erdbevölkerung. Dabei gehorcht Bevölkerungswachstum nicht, wie noch der Ökonom Thomas Malthus vor 200 Jahren vermutete, strengen mathematischen Regeln.

Welche Konsequenzen daraus zu ziehen sind, darüber gehen die Meinungen jedoch weit auseinander. Eine Strategie, die anfänglich insbesondere von den Industrienationen, der UN und der Weltbank propagiert wurde, ist eine stärkere Familienplanung. Forderungen nach Familienplanung dürfen aber nicht dazu führen, die Verantwortung allein auf die ärmeren Länder und vor allem auf die dort lebenden Frauen abzuwälzen. Schon Thomas Malthus erklärte die Armut der englischen Arbeiterklasse aus deren «ungezügelter» Vermehrung und machte sie damit selbst für ihre Verelendung verantwortlich. Die hohe Geburtenrate in den ärmeren Ländern ist aber vor allem *Folge* von Armut und eingeschränkten Lebensperspektiven (die nicht unwesentlich mit dem Wohlstand in den Industrienationen zusammenhängen). Eine angemessenere Strategie setzt neben Zugang zu Verhütungsmitteln vor allem auf eine Verbesserung der sozialen Situation in den ärmeren Ländern (wie Lebenserwartung, Kindersterblichkeit, Alphabetisierung, Schulbildung). Der Zusammenhang von sinkendem Bevölkerungswachstum, verstärktem Gebrauch von Verhütungsmitteln und dem Bildungsniveau und besseren sozialen Bedingungen wird kaum noch bestritten. So ermittelte eine Studie des UN-Bevölkerungsfonds für Brasilien bei Frauen mit höherer Schulbildung eine durchschnittliche Anzahl von 2,5 Kindern, bei Frauen ohne Schulbildung von 6,5 Kindern. Es wird eine veränderte Rolle der Frauen gefordert, eine Verbesserung deren sozialer Lage und Chancengleichheit sowie Selbstbestimmung, verbunden mit dem Abbau patriarchalischer Strukturen.

Sowohl die Verwirklichung einer selbstbestimmten Familienplanung als auch der Aufbau sozialer Sicherungs- und Bildungssysteme bedarf allerdings massiver finanzieller Unterstützung aus den Industrienationen. Zur Zeit eher gegenläufige Trends sprechen jedoch nicht dafür, daß diese Forderungen bislang Gehör gefunden hätten. So sanken 1994 die finanziellen Mittel für die Entwicklungszusammenarbeit auf den niedrigsten Stand seit 21 Jahren.

Den größten Umweltverbrauch verursachen jedoch die Bewohner der Industrieländer. Jeder und jede einzelne verbraucht im Durchschnitt etwa zehnmal mehr Energie als ein Mensch in einem sogenannten Entwicklungsland. Franz Nuscheler bringt die Zusammenhänge auf den Punkt, wenn er sagt: «Es entbehrt nicht der Heuchelei, wenn die größten Umweltsünder vor dem ökologischen Kollaps durch die Vermehrung der Armen warnen, aber selbst nicht bereit sind, ihr ökologisches Katastrophenmodell in Frage zu stellen.»[33]

Der heutige Zustand des globalen Ökosystems ist wohl eher eine Folge des industriellen Wohlstandsmodells des Nordens als des Bevölkerungswachstums im Süden. Dennoch gilt, daß für die Sicherung der Zukunft der Menschen eine Begrenzung des Bevölkerungswachstums dringlich erscheint. Dieses Problem mit seinen zahlreichen Ursachen ist aber sicherlich nicht mit einer einzigen Maßnahme zu lösen. Familienplanung ist als Teil der Förderung von Entwicklung und Armutsbekämpfung wohl unabdingbar. Solange aber unser Lebensstil in allen Teilen der Welt als Vorbild gilt, wird seine weltweite Nachahmung auch bei einer Eingrenzung des Bevölkerungswachstums zu verheerenden Folgen führen. Dabei ist es zwar «richtig, daß eine weltweite Verallgemeinerung des westlichen Lebensstils den ökologischen Kollaps bedeuten würde – aber nicht als Folge der ‹Überbevölkerung› im Süden, sondern der ausbleibenden ökologischen Strukturanpassung im Norden». Auch würde ein ökologischer Strukturwandel in den Industrieländern den ärmeren Ländern den notwendigen ökologischen Spielraum für ihre Entwicklung gewährleisten. Erfolgversprechend kann eine solche Entwicklung eben nur dann sein, wenn sie dezentral vor Ort erfolgt, und nicht durch die Aufoktroyierung der Entwicklungsmodelle der Industrienationen.[34]

Eine abstrakte Zusammenfassung: Die IPAT-Formel

Man kann die Gründe für die durch Menschen verursachte Überlastung der Umwelt in einer sehr vereinfachenden, aber hilfreichen Weise in ein Konzept fassen: mit der sogenannten IPAT-Formel, die oft auch als Ehrlich-Gleichung bezeichnet wird. Danach ergibt sich die Umweltbelastung (*impact*, I) aus der Anzahl der lebenden Menschen (*population*, P), dem «Konsumniveau» (*affluence*, A) und der verwendeten Technologie (*technology*, T). In einer einfachen Form läßt sich dieser Umstand wie folgt beschreiben: $I = f(P, A, T)$.

Die Menge an konsumierten Gütern pro Kopf («A») ist ein Ergebnis der enormen Wachstumsdynamik, die seit der industriellen Revolution zu einer ungeheuren Ansammlung von Waren geführt hat. Der Fortschritt der Technik, mit dem die Warenproduktion vonstatten ging («T»), war stets auf die Erhöhung der Arbeitsproduktivität gerichtet – ein sparsamer Umgang mit den natürlichen Ressourcen und den Senken spielte dabei keine wesentliche Rolle. Eine Steigerung der Ressourcenproduktivität soll dem entgegenwirken. Aber auch wenn «T» (die Technologie) stets verbessert wird, kann das Wachstum von «A» (dem Konsumniveau) diese Effizienzgewinne zunichte machen. Sinkt beispielsweise der durchschnittliche Verbrauch eines PKW («T») von 10 auf 5 l/100 km und wächst gleichzeitig der Bestand an PKW («A») um 100 Prozent, bleibt der Umweltverbrauch («I») konstant. Um eine zukunftsfähige Entwicklung zu ermöglichen, sind also auch beim Konsum Innovationen notwendig.

Mit dem Begriff *Technologie* wollen wir in diesem Zusammenhang nicht nur die technischen Möglichkeiten erfassen, sondern (umfassender) auch den Wissensstand und die Organisation der Gesellschaft, allgemein die gesamte «Wirkungsintensität des Verbrauches auf die Umwelt».[35] Im Zusammenspiel veränderter sozialer Organisationsstrukturen, erweitertem gesellschaftlichem Wissen sowie anderen Produktions- und Konsummustern kann somit über eine Änderung der gesellschaftlichen Technologie «T» Einfluß auf die Menge der Konsumgüter («A») genommen werden. Eine Reduktion von «A» muß demnach nicht mit einer Senkung des Wohlstandsniveaus einer Gesellschaft verbunden sein. Dieser Frage nach «neuen Wohlstandsmodellen» werden wir in Kapitel neun nachgehen.

Mit der IPAT-Formel können die gewaltigen Herausforderungen verdeutlicht werden, vor denen wir stehen. Paul Ekins hat zum Beispiel anhand der ursprünglichen Formulierung von Ehrlich ($I = P \cdot A \cdot T$) vorgerechnet, welche technologischen Anstrengungen notwendig sein werden, wenn man das Ziel einer zukunftsfähigen Entwicklung ernst nimmt. Die große Mehrzahl der Umweltexperten und Umweltpläne[36] weltweit gehen davon aus, daß die Umweltbelastung innerhalb der nächsten 50 bis 60 Jahre um 50 Prozent sinken müßte, will man die Stabilität der Ökosysteme in Zukunft gewährleisten. Nimmt man eine Verdoppelung der Weltbevölkerung auf 10 Milliarden Menschen an (davon sprach die UN 1994) und prognostiziert man eine mäßige Wachstumsrate des weltweiten Güterkonsums von zwei bis drei Prozent jährlich (was in 50 Jahren zu einer Vervierfachung des Pro-Kopf-Verbrauches führen würde), so ergibt ein einfaches Rechenexempel, daß es notwendig ist, die Wirkungsintensität des Verbrauches («T») auf ein Sechzehntel zu reduzieren. Das bedeutet, daß jede Einheit eines konsumierten Gutes im Durchschnitt um mehr als 93 Prozent weniger die Umwelt belasten müßte. Selbst wenn man nur den ärmeren Ländern der Erde ein entsprechendes Wachstum der Konsummenge zubilligen würde, den Industrienationen jedoch nur eine Stabilisierung des heutigen Verbrauches, so ergeben die Berechnungen von Ekins immer noch eine Senkung des Umweltbelastungspotentials der gesellschaftlichen Technologien um 78 Prozent.[37] Ein ohne Frage anspruchsvolles, aber nicht unmögliches Ziel. Es wird aber sehr deutlich, daß auch eine Um-Orientierung des Konsums selbst erfolgen muß.

Während die IPAT-Formel ein hilfreiches Instrument sein kann, um grundlegende Komponenten der Umweltbelastung zu veranschaulichen, ist sie gleichzeitig jedoch mit einigen Problemen verbunden. Eines davon hängt direkt mit der Anschaulichkeit der IPAT-Formel zusammen: ihrer Simplifizierung. Vor allem in der ursprünglichen Formulierung $I = P \cdot A \cdot T$ liegt eine sehr starke Vereinfachung der Zusammenhänge zwischen Bevölkerung, Konsumniveau und Technologie zugrunde. Doch selbst die vorsichtigere Variante $I = f(P, A, T)$ verwischt die komplexen Wechselwirkungen zwischen den einzelnen Komponenten. Die Faktoren P, A und T sind nicht unabhängig, sondern beeinflussen einander. In vielen Fällen verstärken sich die Effekte gegenseitig, was die nicht-lineare Komplexität des Systems deutlich macht. Die Formel ist deshalb mit Vorsicht zu genießen.

Ein anderes Problem liegt darin, daß die Formel suggeriert, alle Bestandteile seien meßbar. Das gilt aber nur für die Bevölkerung, die zählbar ist und über deren Größe relativ verläßliche Schätzungen vorliegen. Schon bei Prognosen für die längere Zukunft wird es allerdings schwierig. Erst recht läßt sich das Konsumniveau nicht so einfach messen. Der Technologiefaktor schließlich läßt sich praktisch nicht in Zahlen fassen. Dies ist übrigens ein grundsätzliches Problem jeder ökonomischen Theorie, die den technischen Fortschritt zu berücksichtigen versucht. Modellrechnungen, die auf dieser Formel basieren, geben daher nur sehr grobe Richtungsaussagen.

Schließlich kann man politische Argumente gegen die Verwendung der IPAT-Formel vorbringen. Kann man die Entwicklung der Bevölkerung wirklich mit dem Stand der Technik auf einer Ebene verhandeln? Verschleiert dies nicht die großen sozialen und wirtschaftlichen Differenzen, die unterschiedlichen Machtverhältnisse zwischen «Nord» und «Süd»? Hier liegt in der Tat ein Problem, das eine allzu einfache Vorstellung über die Zusammenhänge von Wirtschaftsentwicklung und Umweltverbrauch mit sich bringt. All diese Argumente gegen die Aussagekraft und Adäquatheit der IPAT-Formel sind ernst zu nehmen, und man muß diese Einschränkungen berücksichtigen, wenn man mit der IPAT-Formel argumentiert. *Dann* aber ist sie in der Tat ein hilfreiches Instrument, um die groben Zusammenhänge zu verdeutlichen – nicht mehr und nicht weniger. Um es noch einmal zu sagen: es gibt unserer Ansicht nach keine *eigentliche* Begründung für die Umweltzerstörung, die wir beobachten. Verschiedene Gründe kommen zusammen und bilden ein komplexes System von sozioökonomischen und natürlichen Prozessen, die sich überlagern und insgesamt zu dem geführt haben, was wir heute beobachten.

Nachdem wir uns ausführlich mit den Ursachen von Umweltproblemen auseinandergesetzt haben, kommen wir nun zu einer Lösungsstrategie, die wir zunächst aus ökologischer Sicht begründen und im weiteren Verlauf dieses Buches vor allem ökonomisch beleuchten werden.

Anmerkungen

1 Zur Diskussion um den Begriff der «Sustainability» existiert eine geradezu unüberschaubare Menge an Publikationen. Zu nennen ist hier vor allem der Brundtland-Bericht (Hauff [Hrsg.] 1987). Stellvertretend für die umfangreiche Literatur zu seiner Interpretation seien hier genannt: Busch-Lüty, 1992, Busch-Lüty/Dürr, 1993, Vornholz, 1993, Turner/Pearce, 1993, Klemmer, 1994. In Pearce/Markandya/Barbier, 1989, S. 173–185 finden sich auf 13 Seiten mögliche Definitionen von Sustainability. Den Begriff «zukunftsfähige Wirtschaft» hat Udo E. Simonis in die deutschsprachige Literatur eingeführt (Simonis 1993). Der Begriff «Zukunftsfähigkeit» taucht in jüngster Zeit in allen möglichen Zusammenhängen auf. Parteitage beider großen Volksparteien in Deutschland machten ihn 1995 zu ihrem Leitmotiv, allerdings in einer sehr viel allgemeineren Bedeutung. Ein Journalist der Wirtschaftswoche interpretierte das Parteitagthema rein ökonomisch: «Die Zukunftsfähigkeit einer Gesellschaft ist im Kern nichts anderes als die internationale Wettbewerbsfähigkeit ihrer Institutionen» (Stefan Baron in der WirtschaftsWoche vom 16.11.1995).

2 Zu den Umweltfunktionen siehe z.B. Pearce/Turner, 1990, S. 35ff. Wegweisend war der Aufsatz von A. Myrick Freeman III, 1972. «Umweltqualität» bezeichnet nach Freeman die Gesamtheit der Dienstleistungen, die Individuen von der Umwelt in Empfang nehmen können – diese können tangiblen (z.B. Wasser, Mineralien), funktionalen (Natur als Senke oder Produktionsfaktor) oder intangiblen Charakter (z.B. eine schöne Aussicht) besitzen; vgl. Freeman, 1972, S. 245.

3 Die Forderung von Klaus M. Meyer-Abich «Von der Umwelt zur Mitwelt» verdeutlicht den notwendigen Wandel im Grundverständnis gegenüber der

Natur. In «Aufstand für die Natur» (1990) plädiert er darüber hinaus für ein «Eigenrecht der Natur» und eine «Integration der Industriegesellschaft in die Natur». Vgl. für eine neue Ethik gegenüber der Natur auch Altner, 1988. Vgl. zu ethischen Problemen in Zusammenhang mit den Fragen der Zukunftsfähigkeit und des Umgangs mit der Natur auch Daly/Cobb, 1994, Biervert/Held, 1994.

4 So argumentieren beispielsweise Pearce/Turner, 1990, S. 227ff und Vornholz, 1993, S. 105ff.

5 Zum industriellen Metabolismus vgl. Baccini/Brunner, 1991, Ayres/Simonis (Hrsg.), 1994, Meadows et al., 1992, Daly, 1992, Schmidt-Bleek, 1994, Enquete-Kommission «Schutz des Menschen und der Umwelt» (Hrsg.), 1994. Eine Grenzziehung zwischen Anthroposphäre und Umwelt ist konstruiert, in der Alltagserfahrung sind die Grenzen fließend.

6 In der ökonomischen Literatur wird das Entropiekonzept in einem weiteren Sinne gebraucht, als das in der Physik üblich ist. Ökonomen meinen mit Entropie ganz allgemein «die irreversible Entwertung der Natur durch die ökonomischen Aktivitäten. Unter dem Aspekt des Entropiegesetzes ist der gesamte wirtschaftliche Prozeß letztlich nichts anderes als eine Umwandlung von wertvollen natürlichen Ressourcen (niedrige Entropie) in wertlosen Abfall und Abwärme (hohe Entropie)» (M. Binswanger, 1992, S. 21). Der wichtigste Autor für die Diskussion um die ökonomische Bedeutung des Entropiegesetzes ist Nicholas Georgescu-Roegen (1971, 1976). Für einen Überblick über die neuere Diskussion zu diesem Thema vgl. Beckenbach/Diefenbacher (Hrsg.), 1994.

7 Schmidt-Bleek, 1994, Schmidt-Bleek/Liedtke, 1995b.

8 Opschoor, 1994, S. 3 (unsere Übersetzung). Im Original heißt es: «...the environmental space is defined as: the locus of all feasible combinations of environmental servies that represent steady states in terms of levels of relevant environmental quality and stocks of renewable resources.» Der Terminus «relevant» verweist darauf, daß eine Beurteilung der Umweltqualität immer eine gesellschaftliche Bewertung impliziert. Opschoor weist auf die Möglichkeit hin, diese Definition auch auf nichterneuerbare Ressourcen auszudehnen, wonach eine Abnahme nichterneuerbarer eine gleichwertige Zunahme erneuerbarer Ressourcen erfordert. Studien, die auf dem Umweltraumkonzept aufbauen, sind z.B. Milieudefensie/Institut für sozial-ökologische Forschung, 1994, Friends of the Earth Europe, 1995, BUND/Misereor, 1996. Vergleiche zum Umweltraumkonzept Weterings/Opschoor, 1992.

9 Kuhn, 1989/1962, S. 125. Ähnlich argumentiert Priddat, der darauf hinweist, daß es bei der Wahl ökonomischer Theorien «auch auf die Gemütsverfassung der Wissenschaftler an[kommt] (die nicht unabhängig ist vom Stil der ‹Forschung›, in der sie wissenschaftlich sozialisiert wurden)». (Seifert/Priddat, 1995, S. 43.)

10 Der Begriff «Umwelt», um etwa 1800 aus dem Dänischen entlehnt (als Bezeichnung für die umgebende Welt), wurde durch Jacob von Uexküll bekannt. «Umwelt und Innenwelt der Tiere» (1909) und seine «theoretische Biologie» von 1920 ist eine Mischung aus biologischer, anthropologischer, philosophischer und psychologischer Abhandlung. Uexküll grenzt Merk- und

Wirkwelt so voneinander ab: Die «rezeptorische Hälfte empfängt Wirkungen der Umwelt», die «effektorische gibt Wirkungen an die Umwelt ab»; Uexküll, 1973/1909, S. 105.

11 Pigou, 1920, S. 159. Die Übersetzung stammt aus Siebert (Hrsg.), 1979, S. 26.

12 Pigou, 1979/1920 (Original: S. 161; Übersetzung: S. 27).

13 Maier-Rigaud, 1991, S. 31.

14 Pfriem, 1988, S. 118.

15 Paul A. Samuelson hat den Begriff des öffentlichen Gutes geprägt (vgl. Samuelson, 1954). Zur Diskussion um öffentliche Güter und externe Effekte siehe z.B. Siebert, 1992, S. 99ff., Musgrave/Musgrave/Kullmer, 1994. Nach Brümmerhof sind «formal Externalitäten und öffentliche Güter sehr ähnlich, der Übergang ist fließend» (1992, S. 80). Petersen (1988) nennt das Auftreten positiver externer Effekte sogar als *das* Definitionskriterium für ein öffentliches Gut.

16 Neuere ökonomische Erklärungsansätze für die Entstehung von Umweltproblemen bietet die Spieltheorie und ihre Erweiterungen, die erklären können, warum «soziale Dilemmata» dazu führen können, daß selbst eine Situation, die von allen Gesellschaftsmitgliedern als positiv erachtet wird, sich nicht einstellt. Ohne staatliche Intervention oder Kooperation der Individuen untereinander wird ein gesamtgesellschaftlich positives Ergebnis im Falle solcher sozialer Dilemmata nicht erreicht. Siehe z.B. Weimann, 1995.
Entgegen der Theorie zeigen einige empirische Studien, daß Menschen durchaus ihr Interesse an öffentlichen Gütern bekunden.

17 Die Zahlen und das Gedankenexperiment sind von Hartwig Walletschek (1988) entlehnt. 1989 war das Risiko, in einem PKW zu verunglücken, 54mal größer als bei der Fahrt mit der Deutschen Bundesbahn; das Verletzungsrisiko war 59mal, das Todesrisiko gut 9mal höher (die Zahlen stammen aus einer Studie von Planco Consulting, zitiert nach Welfens et al., 1995, S. 17).

18 Kirsch, 1988, S. 260, Birnbacher, 1988, S. 29ff.

19 Vgl. die umfangreiche betriebswirtschaftliche Literatur zu Strategischem Management bzw. Marketing. Es bleibt abzuwarten, inwieweit auch ökologische Ziele verstärkt nicht nur als verbales Element in solchen Managementstrategien an Bedeutung gewinnen. In die aus unserer Sicht richtige Richtung weist beispielsweise Scharmer, 1995.

20 Pirages, 1994, S. 198, Bierter, 1995, S. 10ff., Bartmann, 1994.

21 Joel Mokyr gibt in seinem Buch «The Lever of the Riches» (1990) eine umfassende Darstellung des Zusammenwirkens solch unterschiedlicher Faktoren als Begründung für die technologische Entwicklung in den verschiedenen Teilen der Welt von der Antike bis heute.

22 Norgaard, 1994; er bezieht sich dabei unter anderem auf Carolyn Merchant.

23 van Dieren, 1995, S. 33.

24 Jänicke/Binder/Mönch, 1992, de Bruyn et al., 1996, M. Binswanger, 1995b, S. 13.

25 Schon zur Zeit Adam Smiths konnten 10 Arbeiter an einem Tag 48.000 Stecknadeln herstellen. Würden alle 18 Arbeitsgänge, die zur Herstellung einer Nadel notwendig sind, aber nicht auf mehrere Arbeiter verteilt, sondern

nur von einem Arbeiter durchgeführt, «so hätte der einzelne gewiß nicht einmal 20, vielleicht sogar keine einzige Nadel am Tag zustande gebracht». (Smith, 1993 /1776, S. 10.)

26 H. C. Binswanger, 1991, M. Binswanger, 1995a, 1995b.

27 Joerges, 1982, S. 14f., zitiert nach Gillwald, 1995, S. 28.

28 Zu den Theorien, die mit wachsendem Wohlstandsniveau einen automatischen Wandel zu postmateriellen Werthaltungen prognostizieren, gehören vor allem Inglehart, 1971, und die Theorie der Bedürfnispyramide nach Maslow (1954). Dieser Automatismus hat sich so nicht bestätigt, vgl. z.B. Reußwig, 1993.

Zum Einfluß des gesellschaftlichen Status auf den Konsum siehe vor allem «Die sozialen Grenzen des Wachstums» (1980) von Fred Hirsch. Interessant sind in diesem Zusammenhang die Studien von Gerhard Scherhorn zu postmateriellen Werthaltungen. So macht er neben einem relativ hohen Bildungsniveau vor allem den Grad der persönlichen Selbstbestimmung als wesentlichen konstituierenden Faktor für eine postmaterielle Werthaltung aus; Scherhorn, 1993. Auch Bierter/Winterfeld, 1993, betonen die Bedeutung von Selbstverwirklichung und Suche nach Ersatz für verlorene menschliche Bindungen als Bestimmungsgründe des Konsumverhaltens. Gerhard Schulze, 1992, sieht uns inmitten einer «Erlebnisgesellschaft», in der unsere Haupttätigkeit in der Freizeit daraus besteht, neue Dinge zu erleben. Zum 1950er Syndrom siehe die Beiträge in Pfister (Hrsg.), 1995. Zur Erklärung der Wachstumsdynamik in Verbindung mit einer Konsumkritik siehe auch z.B. Bierter, 1995, Tischler, 1995, 27ff., Bartmann/Borchers, 1993, 37ff.

29 Vgl. Bierter, 1995, 10ff., Bierter/Winterfeld, 1993.

30 So der Titel des Buches, in dem Ulrich Beck 1986 erstmals seine Gesellschaftsanalyse darlegte. Es folgte 1988 «Gegengifte – Die organisierte Unverantwortlichkeit». Ulrich Becks Ideen stehen im Mittelpunkt des dritten Abschnittes des 7. Kapitels dieses Buchs.

31 Leisinger, 1994, S. 42.

32 Nuscheler, 1995, S. 211. Zum Problem der Migration und Wanderbewegungen aus ökologischen Gründen siehe Wöhlke, 1992.

33 Nuscheler, 1995, S. 214. Dort findet sich auch das folgende wörtliche Zitat.

34 Zu den Ursachen des Bevölkerungswachstums siehe z.B. Nuscheler, 1995, S. 209ff., sowie Sadik, 1994. Zum höheren Umweltverbrauch in den Industriestaaten vgl. Leisinger, 1994, S. 43, Bleischwitz/Schütz, 1993. Zu den Widersprüchen globaler Umweltpolitik Sachs, 1993b, 1994. Die verwendeten Daten aus Studien in Brasilien stammen aus Nuscheler 1995, S. 219; die Daten zum Stand der Entwicklungszusammenarbeit aus R. Klüver, «Rasche Übersicht», in Süddeutsche Zeitung, 23./24./25.12.1995, S. V. Der Verweis auf Malthus stammt von Nuscheler, 1995, S. 204.

35 Ekins, 1994, S. 155. Siehe zur IPAT-Formel insbesondere Ehrlich/Ehrlich, 1991, Meadows et al., 1992, Ekins, 1994, Hinterberger/Luks, 1995. Zu einer Kritik am metaphorischen Charakter dieser Formel vgl. Duchin, 1996, Luks, 1996a.

36 Das IPCC (Intergovernmental Panel on Climate Change), einer international anerkannten Zusammenschluß aller wichtigen Klimaforscher, geht von einer

60%igen Reduktionsnotwendigkeit für CO_2 aus. Weitere Treibhausgase wie NO_x oder Methan müßten demnach um mehr als 70% gesenkt werden. Der holländische und der österreichische Umweltplan sprechen von einer Reduktion von Stoffströmen, Emissionen und Abfällen um 80–90%. Eine Senkung von «I» um 50% ist damit eine eher konservative Schätzung, vgl. Ekins, 1994, S. 155.

37 Ekins, 1994, S. 155ff. und 166f.

3 Das umweltpolitische Leitbild der Dematerialisierung

Wir haben uns im vorangegangenen Kapitel ausführlich mit dem umweltpolitischen Problem auseinandergesetzt und (aus sozioökonomischer Sicht) begründet, welche Faktoren zur Bedrohung der Ökosphäre durch den Menschen geführt haben. Im Mittelpunkt dieses Kapitels steht ein Konzept, das unserer Ansicht nach zur Lösung der Umweltprobleme beitragen kann: das Konzept der *Dematerialisierung.*[1] Die Forderung nach Dematerialisierung bedeutet, daß eine drastische Verringerung der vom Menschen verursachten Stoffströme umweltpolitisch vorrangig ist. Auch wenn dieses Konzept von verschiedener Seite heftig kritisiert wird (womit wir uns im folgenden noch ausführlich auseinandersetzen werden), so findet es doch in der internationalen Debatte immer mehr Zustimmung.[2] Traditionelle Umweltpolitik dagegen unterschätzt die Komplexität der Natur und kuriert an Symptomen, statt an den Ursachen der Umweltproblematik anzusetzen. Die Komplexität der Ökosysteme macht es nämlich unmöglich, Umweltschäden und Auswirkungen der Politik auf die Umwelt auch nur einigermaßen exakt zu bestimmen (3.1). Im Mittelpunkt der Begründung des hier vorgestellten Leitbildes stehen also Wissensprobleme, mit denen nur dann in geeigneter Weise umgegangen werden kann, wenn sich die Politik konsequent einem Vorsichtsprinzip verschreibt, was nichts anderes heißt, als so wenig wie möglich in die Natur einzugreifen. Eine derart ausgerichtete Politik geht davon aus, daß umweltgerecht gehandelt werden muß, ohne auf sicheres Wissen zu warten (3.2). Sie fordert unter anderem, die Stoffströme durch die (industrialisierten) Wirtschaften um mindestens den *Faktor 10* zu *dematerialisieren* (3.3). Für die Umsetzung eines solchen Leitbildes wurde am Wuppertal Institut eine Methodik entwickelt, das sogenannte *MIPS-Konzept*, das wir in Abschnitt 3.4 vorstellen. Von entscheidender Bedeutung für eine solche Dematerialisierung sind geeignete technische und soziale Innovationen (3.5).

3.1 Die Komplexität der Natur und das Versagen der Umweltpolitik

Traditionelle Umweltpolitik stößt an ihre Grenzen und versagt. Ein wesentlicher Grund dafür ist die Komplexität der Natur. Dies ist eine der Ausgangsthesen dieses Buches.

Die Komplexität der Natur

Natürliche, insbesondere biologische Systeme sind offene, komplexe Gebilde, die spontan, das heißt aus sich selbst heraus, entstehen und sich weiterentwickeln. Sie reagieren dabei auf Impulse von außen, nehmen etwa die Energie der Sonne auf und benutzen sie zu ihrer eigenen Entwicklung. Diese Energie ist es auch, die es der Natur erlaubt, Ordnung zu erzeugen, obwohl das Entropiegesetz die Welt insgesamt zu immer größerer Unordnung zwingt (siehe 2.2). Die Evolution der Natur ist der bedeutendste dieser ordnenden Prozesse. Sie läßt neue Arten entstehen, sich verbreiten, sich an neue Verhältnisse anpassen und mit anderen Arten in Konkurrenz treten. Sie hat so insgesamt zu der ungeheuren Vielfalt geführt, die wir heute in der belebten Natur beobachten.

Offene komplexe Systeme in der Natur zeichnen sich auch dadurch aus, daß sie gegenüber äußeren Einflüssen eine gewisse Regenerationsfähigkeit besitzen. Flüsse reinigen sich zu einem bestimmten Grade selbst, nach Vulkanausbrüchen sprießt neues Grün. Jeder Einfluß von außen, etwa jeder menschliche Eingriff, führt zu Veränderungen. Da sich ökologische Gleichgewichte von selbst dauernd verändern, kann man oft nicht einmal genau sagen, welche Einflüsse genau welche Wirkung haben. Wenn aber die aufgezwungenen Veränderungen ein bestimmtes Ausmaß übersteigen, kann es sein, daß die dadurch bedingten Änderungen irreversible Schäden hervorrufen. Arten können aussterben, ganze Ökosysteme können umkippen. Wir kennen solche Vorgänge aus vielen Regionen der Erde. Auch die Erwärmung des Erdklimas und das Ozonloch sind solche dramatischen Veränderungen. Die Natur reagiert direkt, oft schon in Bruchteilen von Sekunden auf äußere Einflüsse. Bemerkbar für den Menschen werden diese Reaktionen zeitverzögert – oft erst nach vielen Jahren. Es ist daher nicht der große Knall, den wir befürchten, sondern die schleichende Verschlechterung unserer Umwelt.

Dabei können sich Ökosysteme über die Zeit in einer Weise verändern, an die der Mensch – selbst ein Produkt der natürlichen Evolution – nicht mehr angepaßt ist. Von ökologischen «Schäden» zu sprechen, ist vor allem eine Bewertung des Menschen, eine anthropozentrische Sichtweise. Das Problem globaler Umweltveränderungen liegt aber darin, daß die Grenzen der natürlichen Anpassungsmöglichkeiten kaum vorherzusehen sind. Neue Theorien zur Beschreibung und Erklärung des Verhaltens komplexer Systeme, sogenannte Selbstorganisations- oder Chaos-Theorien, machen uns dies sehr deutlich. Kleine Änderungen können danach große und weit entfernte Wirkungen haben, wenn einmal bestimmte Schwellenwerte überschritten sind. Die Schwellenwerte selbst lassen sich nicht erkennen. Der berühmte japanische Schmetterling, der durch seinen Flügelschlag ein Unwetter in Arizona auslöst, ist dabei nur ein anschauliches Beispiel für die Unwägbarkeiten im Umgang mit komplexen ökologischen Systemen.

Ein Kernpunkt unserer ökologischen Probleme liegt also in dem, was man als *ökologisches Nichtwissen* bezeichnen kann. Die Zusammenhänge in der natürlichen Umwelt sind zu komplex, als daß wir Menschen alle potentiellen Folgen unseres Tuns erkennen könnten – und dieses Problem kann auch durch noch so viel naturwissenschaftliche Forschung nicht gelöst werden. Gleichwohl lassen sich Wahrscheinlichkeiten und Risiken ausmachen, die eine ökologische Wirtschaftspolitik beachten sollte.

Jeder menschliche Eingriff in die natürliche Umwelt hat somit Konsequenzen, die sich in ihren gesamten Auswirkungen nicht abschätzen lassen. Dasselbe gilt für Maßnahmen gegen die Umweltzerstörung. Die Umwelt läßt sich nach einer Überlastung nicht einfach wieder in einen gewünschten Zustand zurückbringen.[3] Genau dieses ignoriert die «real existierende» Umweltpolitik. Sie basiert auf einem ungerechtfertigten *Steuerungsoptimismus* und glaubt, mit administrativen Maßnahmen und sporadischen, unumgänglichen Reaktionen auf besonders gravierende Umweltprobleme der ökologischen Problemsituationen Herr werden zu können. Immer, wenn ein neuer Schadstoff bekannt wird, den es zu bekämpfen gilt, schreckt die Öffentlichkeit auf, werden Aktionen gefordert und die Öffentlichkeit mobilisiert. Vergegenwärtigt man sich jedoch die Zahl der derzeit auf dem Markt befindlichen Chemikalien (ca. 100.000!)[4] und die Vielzahl neuer, täglich auf den Markt strömender Nahrungsmittel, Produktinnovationen und Technologien, so erscheint die heutige Feuerwehr-Umweltpolitik als Wettlauf zwischen Hase und Igel, bei dem der Hase schließlich erschöpft zusammenbricht, weil der Igel (hier: ein neues Umweltproblem) immer schon vorher da war. Die Fixierung auf immer wieder neue, andere Problemlagen, die gerade akut werden, wird in keiner Weise der Komplexität der natürlichen Prozesse gerecht: Die Reaktionen der natürlichen Systeme sind zu überraschend und unabwägbar, als daß ihr Erhalt mit einer reaktiven Stop-and-go-Politik garantiert werden könnte.

Heutige Umweltpolitik basiert auf einer folgenreichen doppelten Illusion. Zum einen wird schlicht erst dann gehandelt, wenn die Probleme offensichtlich oder Zusammenhänge exakt und wissenschaftlich nachweisbar sind, das heißt wenn die Notwendigkeit zum Handeln nicht mehr geleugnet werden kann. Damit hat sie den Charakter eines Krisenmanagements. Waldsterben, Treibhauseffekt, Ozonschichtzerstörung – die Politik *reagiert* lediglich. Neu auftretende Probleme müssen erst eine bestimmte Brisanz erreichen, die eine weitere Aufschiebung nicht mehr zuläßt, bevor die Politik beginnt, sich über mögliche Strategien Gedanken zu machen. Die Vorstellung, allein mit Reaktionen auf den «Schadstoff der Woche» und den «Störfall des Monats» adäquate Umweltpolitik betreiben zu können, ist eine Illusion. Der Komplexität dynamischer ökologischer Systeme können reaktive Politikmaßnahmen kaum gerecht werden.

Zum anderen herrscht in der Umweltpolitik noch immer eine weitere *Machbarkeitsillusion* vor: Schäden erkennen, Maßnahmen treffen, Verantwortliche zur Haftung heranziehen – darin wird nicht selten die Strategie der Zukunft vermutet. Das Zauberwort *Verursacherprinzip* machte (und macht) die Runde – und Umweltprobleme scheinen wieder beherrschbar. Nach diesem Prinzip hat derjenige für Umweltbeeinträchtigungen aufzukommen, der für sie verantwortlich ist, der *Verursacher* eben. Dieser sollte beispielsweise mit Steuern belangt, über ein geeignetes Haftungsrecht zur Verantwortung gezogen oder mit Auflagen an der Verursachung der Schäden gehindert werden. Ein solches Leitbild ist gerade für Ökonomen attraktiv, suggeriert es doch, jeder müsse für die von ihm verursachten externen Effekte bezahlen. Darüber hinaus wird dies von vielen auch als gerecht empfunden.[5]

Aufgrund der Komplexität der Zusammenhänge ist jedoch innerhalb eines komplexen Systems, das auch natürliche Ökosysteme umfaßt, eine verursachergerechte Zurechnung aller Schäden ebenso eine Illusion wie viele andere Machbarkeitsillusionen der Menschheitsgeschichte (man denke für das zwanzigste Jahrhundert an den Glaube der Beherrschbarkeit der Atomenergie oder neuerdings an den der Gentechnik). Ein Aufeinandertreffen von Substanzen, die jede für sich genommen scheinbar ungefährlich sind, kann aufgrund unbekannter Reaktionen die natürlichen Abläufe folgenreich beeinträchtigen; Auswirkungen treten oftmals mit erheblichen Zeitverzögerungen auf und ignorieren dabei räumliche Grenzen (genannt sei das Waldsterben im Bayerischen Wald aufgrund der Luftverschmutzung in Böhmen). Die bislang die Umweltpolitik dominierenden Grenzwerte und Auflagen gaukeln eine Gewißheit über unbekannte ökologische Kausalketten und «Restrisiken» vor und verschleiern dabei, daß auch Grenzwerte nur Ergebnisse politischer Entscheidungen und Kompromisse darstellen. Angesichts von Hunderttausenden im Wirtschaftsprozeß geschaffener Stoffe muß man «es als illusorisch anerkennen, mit Hilfe der schrittweisen

Untersuchung von Einzelsubstanzen jemals komplexe Umweltprobleme erklären, geschweige denn verläßlich vorhersagen zu können. ... Wissenschaftstheoretisch ist es naheliegend, daß der Mensch niemals in der Lage sein wird, alle denkbaren Folgen, alle Synergismen und Antagonismen von Stoffen und Stoffkombinationen in der Umwelt und schon gar nicht die Auswirkungen dieser Zusammenhänge in Raum und Zeit so vorherzusehen, daß politisch rechtzeitig gegengesteuert werden kann.»[6]

Natürlich existiert im Hinblick auf Umweltprobleme auch sehr viel Wissen, mit dessen Hilfe die Umweltpolitik in den letzten Jahren gewisse Fortschritte gemacht hat. Wir wissen um den Treibhauseffekt, die Problematik der Ozonschichtschädigung, das Waldsterben, um die Giftigkeit von Schwermetallen, die Risiken der Atomkraft und um die Ursachen vieler anderer Umweltprobleme. Und dieses Wissen hat auch größere Erfolge gezeitigt. Chemikaliengesetze sind heute unverzichtbar. Die meisten Flüsse in Zentraleuropa sind heute sauberer als vor etwa zehn oder zwanzig Jahren, die Qualität der Luft (gemessen an der Konzentration bestimmter Schadstoffe) hat sich in den urbanen Zentren der meisten OECD-Länder gegenüber den sechziger Jahren verbessert. Dort, wo Wissen vorhanden ist, sollte natürlich auch gehandelt werden. Doch worum es uns geht, ist der Umgang mit Nichtwissen und Unsicherheit.

Ursachen- statt Symptombekämpfung

Noch aus anderen Gründen richtet sich der Vorwurf des Versagens an die derzeit herrschende Umweltpolitik. Statt an den Ursachen der Umweltproblematik anzusetzen, kuriert sie an Symptomen. Sogenannte *End-of-the-Pipe*-Technologie beherrscht das Geschäft mit Umwelttechnik und gilt als deutscher Exportschlager, forciert durch die bestehende Auflagen- und Grenzwertepolitik. Filter werden am Ende der Produktionskette in Schornsteine eingebaut, neue Entsorgungsmethoden für Sonderabfälle ersonnen oder Katalysatoren eingesetzt. Oftmals werden die Probleme jedoch nur von einem Umweltmedium (Luft, Wasser oder Boden) in andere verlagert: Filterstäube gelangen auf Sondermülldeponien (und damit statt in

die Luft in den Boden), Klärschlämme werden deponiert oder verbrannt (und belasten dabei die Luft).
Das modernere Konzept des *produktionsintegrierten Umweltschutzes* setzt nicht mehr am «Ende der Röhre» an, sondern versucht, ganze Produktionsprozesse so umzugestalten, daß Emissionen von vornherein vermieden werden. Dies ist auf alle Fälle ein Fortschritt. Die alleinige Konzentration auf die Auswirkungen von Emissionen führt die Umweltpolitik jedoch in eine Sackgasse. Nicht nur einzelne, sondern *alle* (auch die scheinbar «umweltneutralen») Stoffströme, die von Menschen im «industriellen Metabolismus» bewegt werden, haben Auswirkungen auf die Umwelt. Auch die *irreversiblen* Folgen der vom Menschen verursachten Stoffbewegungen machen es nicht zielführend, sich vorwiegend auf Einzelsubstanzen zu konzentrieren. Die Umwelt läßt sich – ebenso wie die Wirtschaft! – bei «Grenzüberschreitungen» nicht einfach in ein gewünschtes Gleichgewicht zurückbewegen, wie eine mechanistische Sichtweise es nahelegt. Bringt der Mensch industrielle Produkte direkt in die Umwelt ein (wie beim Düngemitteleinsatz in der Landwirtschaft oder beim Schiffsanstrich) oder in Form von Emissionen oder Abfällen, so sind diese teilweise ökotoxischen Einflußnahmen auf die Umwelt nur zu einem geringen Teil reversibel. Vollständig irreversibel ist die Entnahme von Ressourcen und die sogenannte *Translokation von Massen,* die selbst keinen wirtschaftlichen Wert haben, wie der Abraum einer Kiesgrube oder abgepumptes Grundwasser. Diese Störungen der natürlich ablaufenden ökologischen Systemzusammenhänge können technisch nicht rückgängig gemacht werden.[7]

Wir wissen nicht und *können* nicht wissen, ob, wann und mit welchen Folgen die Ökosysteme, von denen Gesellschaft und Wirtschaft abhängen, überlastet werden. Jedenfalls besteht die Gefahr, daß der Mensch mit seinen großräumigen und schnellen Eingriffen die Natur so verändert, daß er selbst immer weniger in diese Natur hineinpaßt. Eine Umweltpolitik, die allein im Vertrauen auf das Verursacherprinzip möglichst genau Umweltstandards erreichen will, muß scheitern. Probleme, die mit einem alten Paradigma geschaffen worden sind, lassen sich – frei nach Albert Einstein – eben nicht innerhalb desselben lösen. Eine Fortführung einer weiterhin an der Nachsorge orientierten Umweltpolitik führt zu einem immer dichter werdenden Regulierungsnetz. Für neu aufgetretene Gefahren und Bedrohungen müssen immer neue Regulierungsmaßnahmen ersonnen werden, um das Überleben auf diesem Planeten zu sichern. Langfristig führt daher eine konsequente Ausweitung der bisherigen Umweltpolitik zu immer mehr Regulierung in allen gesellschaftlichen Bereichen und allmählich in die *Ökodiktatur*. Eine Umorientierung in Richtung einer an dem Vorsichtsprinzip orientierten ökologischen Wirtschaftspolitik dagegen kann eher der Komplexität der Natur (und der Gesellschaft) gerecht werden.[8]

3.2 Das Vorsichtsprinzip als Leitprinzip ökologischer Wirtschaftspolitik

> *«Immer muß der Wissende darauf gefaßt sein, später einmal wünschen zu müssen, er hätte nicht oder anders gehandelt. Nicht auf diese Unsicherheit bezieht sich die Furcht,... und sich von ihr nicht abhalten zu lassen... ist... das, was man den ‹Mut zur Verantwortung› nennt.*
> *Nicht die vom Handeln abratende, sondern die zu ihm auffordernde Furcht meinen wir mit der, die zur Verantwortung wesenhaft gehört, und sie ist Furcht um den Gegenstand der Verantwortung.»*
> *(Hans Jonas)*[9]

Die vorangegangenen Ausführungen haben verdeutlicht, daß traditionelle, an dem Verursacherprinzip orientierte Umweltpolitik, ökologisches Nichtwissen nicht ausreichend miteinbezieht. Die Unkenntnis über die Auswirkungen menschlicher Eingriffe in die Natur legt aus rein naturwissenschaftlicher Sicht eine eher vorsichtige Strategie im Umgang mit der Natur nahe.

Eine erkenntnistheoretische Begründung des Vorsichtsprinzips

Daß eine Orientierung ökologischer Wirtschaftspolitik am Vorsichtsprinzip, aber auch aus anderer als der naturwissenschaftlichen Perspektive, nämlich aus erkenntistheoretischer Sicht gerechtfertigt werden kann, soll im folgenden ein kleiner Exkurs verdeutlichen. Naturwissenschaft geht in der Regel von einer objektiv existierenden Außenwelt aus, über die mit Hilfe des naturwissenschaftlichen Instrumentariums versucht wird, Erkenntnisse über Wirkungszusammenhänge zu gewinnen. In nicht-linearen Systemen, wie der Natur, ist, wie gesagt, das Wissen über diese Zusammenhänge jedoch stark begrenzt. Für einen Philosophen stellt sich darüber hinaus die Frage, wieviel *überhaupt* von der als existierend vermuteten Außenwelt erkannt werden *kann*, *wie* und *was* erkannt wird und ob Erkenntnis überhaupt *möglich* ist. Diese Frage stellt sich die Erkenntnistheorie.[10] Ihre Beantwortung ist nicht unwesentlich für die Prinzipien einer zukunftsfähigen Wirtschaftspolitik. Verweilen wir somit kurz in philosophischen Gefilden.

Spätestens seit Platon wird innerhalb der Philosophie die Frage diskutiert, wieviel von einer objektiv existierenden Außenwelt wirklich erkannt werden kann. Kant wies darauf hin, daß unsere Erkenntnis angeborene Muster aufweisen, und daß das, was wir zu erkennen glauben, nur einen Abdruck unser eigenen Denkstrukturen darstelle. Eine dieser Denkstrukturen sei zum Beispiel das Denken in Kausalitäten (das bedeutet, daß wir davon ausgehen, alle Phänomene, die wir wahrnehmen, müßten eine Ursache haben). Darüber hinaus sind Raum und Zeit nicht von vornherein, so argumentiert Kant, objektiv erfahrbare Eigenschaften der uns umgebenden Realität, sondern *Denkstrukturen, Muster unserer eigenen Wahrnehmung.*[11] Auch zweitausendvierhundert Jahre nach Platon und über zweihundert Jahre nach Kant haben diese erkenntnistheoretischen Fragen keine abschließende Antwort gefunden. Um die Jahrhundertwende wies der schon zuvor erwähnte Jacob von Uexküll darauf hin, daß jeder seine *Umwelt* anders wahrnehme. Umwelt als die den Betrachter umgebende Welt wird von jedem Lebewesen individuell wahrgenommen, determiniert von den Möglichkeiten und Motivationen des Betrachters selbst (erinnert sei an die Zecke, deren *Umwelt* überwiegend aus einem Kosmos von Buttersäure und Infrarotstrahlung besteht). Neuere Entwicklungen in der Biologie haben zu einer Einbeziehung der Naturwissenschaften in den philosophischen Diskurs geführt. Bei der Beschäftigung mit molekularbiologischer Genetik stieß der Biologe Humberto Maturana auf eine Antwort der ihn schon lange beschäftigenden Frage nach den Möglichkeiten menschlicher Erkenntnis.[12] Als er einmal einem Freund die Aufgabe der DNS (Desoxyribonukleinsäure) erklärte, «durchzuckte» es ihn «wie ein Blitz». Die DNS nämlich hat eine entscheidende Rolle bei der Entstehung von genau den Proteinen, die wiederum eine entscheidende Rolle als Enzyme bei der Synthese der DNS selbst haben. Die Entstehung des Lebens findet somit in Gestalt eines «Kreisverkehrs» statt; die molekularen Systeme bilden «Netzwerke der Molekülproduktion», woraus wiederum die Moleküle selbst und die sie erzeugenden Netzwerke hervorgehen – ein dauernder Kreislauf. Maturana prägte aus seinen Erkenntnissen aus der Molekulargenetik den Begriff der *Autopoiesis*, der *Selbstgestaltung* von Systemen. Ein solches sich selbst gestaltendes System erzeugt demnach immer nur sich selbst.[13] Für einen Beobachter, der versucht, über die Außenwelt Erkenntnisse zu gewinnen, heißt dies: Wir beobachten nur das, was wir können, wollen und akzeptieren. Oder in Maturanas eigenen Worten: Wir beobachten und leben «strukturdeterminiert». Maturanas Ergebnisse untermauern damit die Erkenntnisse Kants über die Strukturabhängigkeit unserer Erkenntnis aus biologischer Perspektive. Ähnlich argumentieren Vertreter der *evolutionären Erkenntnistheorie*. Danach haben sich die Werkzeuge, mit denen Menschen erkennen, unsere Sinnesorgane, im Laufe der Evolution an dieser Welt entwickelt und sich an sie angepaßt. So stellt Konrad Lorenz fest: «Unsere ... Anschauungsformen und Kategorien passen aus ganz denselben Gründen auf die Außenwelt, aus denen der Huf des Pferdes ... auf den Steppenboden, die Flosse des Fisches ... ins Wasser paßt.»[14] Dies bedeutet somit noch längst nicht, daß damit die Außenwelt vollständig erkannt werden kann. So nehmen wir beispielsweise nur die Wellen als Licht wahr, die unsere Netzhaut aufnehmen kann, andere Wellen (wie zum Beispiel Infrarotstrahlen) können wir nicht sehen. Dies bedeutet nur, daß unsere Apparaturen, mit denen wir wahrnehmen und erfahren, bisher zum Überleben ausreichend waren. Es gibt keine Garantie dafür, daß auch zukünftig unsere individuellen Wahrnehmungsmechanismen für ein kollektives Überleben ausreichen.

Daß wir der Wirklichkeit, der wir im Alltag so sicher zu sein glauben, nicht gewiß sein dürfen, sondern uns unsere eigenen Anschauungen und Theorien davon machen, darauf weist auch eine andere verwandte philosophische Richtung hin, der *Konstruktivismus*. Danach konstruieren wir uns aus den Informationen, die uns vorliegen, eine für uns passende Theorie über die Wirklichkeit, die solange für uns Gültigkeit besitzt, wie sie funktioniert. Gelingt es einem Kapitän bei dunkler Nacht ohne Hilfsmittel eine stürmische Meerenge zu durchfahren, so wird er vielleicht von sich behaupten, er kenne das Seegebiet. Sein Kurs hat zwar gepaßt wie ein Dietrich in ein Schloß, dennoch kennt er nicht die Beschaffenheit des Seegebietes als Ganzes (so wenig wie man, wenn der Schlüssel paßt, weiß, wie das Schloß aussieht). Es könnte für das Schiff andere, viel bessere Durchfahrtsgebiete gegeben haben.[15] Die Situation des Kapitäns gleicht der des Menschen, der aus den auf ihn einwirkenden Sinneseindrücken Schlüsse für sein zukünftiges Verhalten ziehen muß. Auch er weiß, daß seine Überlebensstrategie bislang funktioniert hat, mehr aber auch nicht.

Alle genannten Positionen führen zu der Erkenntnis, daß der Mensch nicht in der Lage ist, die ihn umgebende Wirklichkeit objektiv zu erfassen und zu erkennen. Er ist gefangen in seinen eigenen Denkstrukturen, in seinen eigenen Theorien über die Realität und determiniert durch die in der Evolution entstandenen Wahrnehmungsapparaturen. Welche Konsequenzen lassen sich aus dem erkenntnistheoretischen Diskurs für ein Leitbild einer ökologischen Wirtschaftspolitik ableiten? Zum einen erinnern uns diese philosophischen Positionen an die Fehlbarkeit menschlicher und damit wissenschaftlicher Erkenntnis. So zeigen etwa der relative Umweltbegriff Uexkülls oder die Positionen des Konstruktivismus, daß eine objektive Beurteilung der Umwelt nicht existieren kann, wenn jeder ausschließlich subjektive Wahrnehmungskriterien verwendet. Diese Erkenntnisse warnen vor der Gefahr, in bestimmten Denkmustern und Theoriegebäuden gefangen zu sein. Sie warnen uns vor dem Glauben an *die eine* Theorie oder an *die* Theorien, die uns die Realität erklären können – eine Position mit entscheidenden Konsequenzen für die Wahl einer adäquaten Theorie, auf der eine ökologische Wirtschaftspolitik fußen sollte (wir kommen darauf im zweiten Teil dieses Buches zurück). Zum anderen, und das ist in diesem Zusammenhang der entscheidende Punkt, verdeutlichen diese Positionen, wie vage unser Wissen über die Zusammenhänge der uns umgebenden Welt tatsächlich ist. Ob wir nun gefangen in den Begrenzungen der uns von der Evolution gegebenen Wahrnehmungsmöglichkeiten und Denkstrukturen oder in einer von uns selbst konstruierten Wahrnehmung der Welt sind – immer implizieren diese Positionen: Es gibt keine Gewähr dafür, daß das, was uns die Evolution bislang an Wahrnehmungsmöglichkeiten bereitgestellt hat, oder daß die Theorien, die wir uns über die Wirkungszusammenhänge konstruiert haben, eine Garantie dafür geben, daß auch gegenwärtige und zukünftige Veränderungen der Umwelt schnell genug wahrgenommen werden können, um unser Überleben zu sichern. Diese erkenntnistheoretische Warnung gilt nicht nur gegenüber den Folgen von Eingriffen in die Natur, sondern ebenso für ökologisch orientierte Gegenstrategien.

Vorsichtsprinzip und ökologische Wirtschaftspolitik

Sowohl die naturwissenschaftliche Sicht als auch erkenntnistheoretische Überlegungen legen also einen vorsichtigen Umgang mit der Natur nahe. Diese Existenz von Unsicherheit über die Folgen des eigenen Tuns, von ökologischem Nichtwissen und der Beschränktheit der subjektiven Wahrnehmung von Realität führt zu einer Abkehr von der Illusion des Machbarkeitsglaubens heutiger Politik, oder dort, wo dieser schon erodiert ist, vom Krisenmanagement einer sich andauernd ändernden *Stop-and-go*-Politik.

Wenn man Maßnahmen zum Schutz der natürlichen Grundlagen für notwendig hält, steht man jedoch vor dem Problem, auf einer sehr unsicheren Basis Entscheidungen treffen zu müssen. Dieses Problem wird noch dadurch verstärkt, daß die westliche Kultur Sicherheit und vorherige Kenntnis von Handlungsfolgen sehr hoch bewertet.[16] Um so schwieriger wird es, eine Politik umzusetzen, die sich auf Unsicherheit und Nichtwissen begründet. Doch gibt es neben den naturwissenschaftlichen auch handfeste ökonomische Argumente für die Umsetzung einer am Vorsichtsprinzip orientierten präventiven Strategie. Nachsorgemaßnahmen zur Korrektur eingetretener Schäden und erst recht Maßnahmen zur Abmilderung der Folgen irreversibler, nachträglich nicht korrigierbarer Schäden sind meistens teurer als Maßnahmen, die Schäden von vorneherein verhindern. Mit *teuer* sind sowohl höhere monetäre Kosten als auch höhere nicht-monetäre gesellschaftliche Kosten gemeint.

Eine an dem Vorsichtsprinzip orientierte präventive Strategie würde angesichts des Nichtwissens über die Umweltfolgen wirtschaftlicher Aktivitäten versuchen, *potentielle* Schäden zu vermeiden, indem der Umweltverbrauch insgesamt gesenkt wird. Dadurch können nachträgliche, teure oder zum Teil gänzlich unmögliche Korrekturen von vornherein unnötig gemacht werden. Bewußt wird hier der englische Begriff *precautionary principle* nicht mit *Vorsorgeprinzip* übersetzt, weil die inflationäre Verwendung des Begriffes dazu geführt hat, seine eigentliche Bedeutung zu verwischen. So meint Vorsorge generell eine Vermeidung zukünftiger Schäden, wird aber als «Etikett auf nahezu alle umweltpolitischen Instrumente geklebt».[17] Es gilt sehr gut zu unterscheiden, welche Politik im einzelnen als vorsorgend bezeichnet wird. Vorsorge im eigentlichen Sinne heißt langfristig ausgerichtetes vorbeugendes Handeln, das auch ohne hundertprozentigen Nachweis einzelner Kausalitäten zu Politikmaßnahmen führt.[18] Es gilt, vorsichtig zu sein und das Potential der zerstörerischen Wirkungen unserer Produktionsweise zu vermindern. Statt dem Glauben an die Machbarkeit von Reparaturen und der Macht von «Fortschrittstechnologien» nachzuhängen, müßte eine präventive Politik versuchen, die Risiken von vornherein zu minimieren.[19] Das hat mit Innovationsfeindlichkeit nichts zu tun. Im Gegenteil: eine vorsichtsorientierte Strategie benötigt fehlerfreundliche und risikoarme Innovationen.[20]

3.3 Dematerialisierung und der Faktor 10

> *«It is better to be approximately right than precisely wrong.»*
> (Dennis Robertson)[21]

Hätten Sie gedacht, daß Sie – statistisch gesehen – derzeit mehr als 70 Tonnen aus der Umwelt entnommenes Material pro Jahr ver-

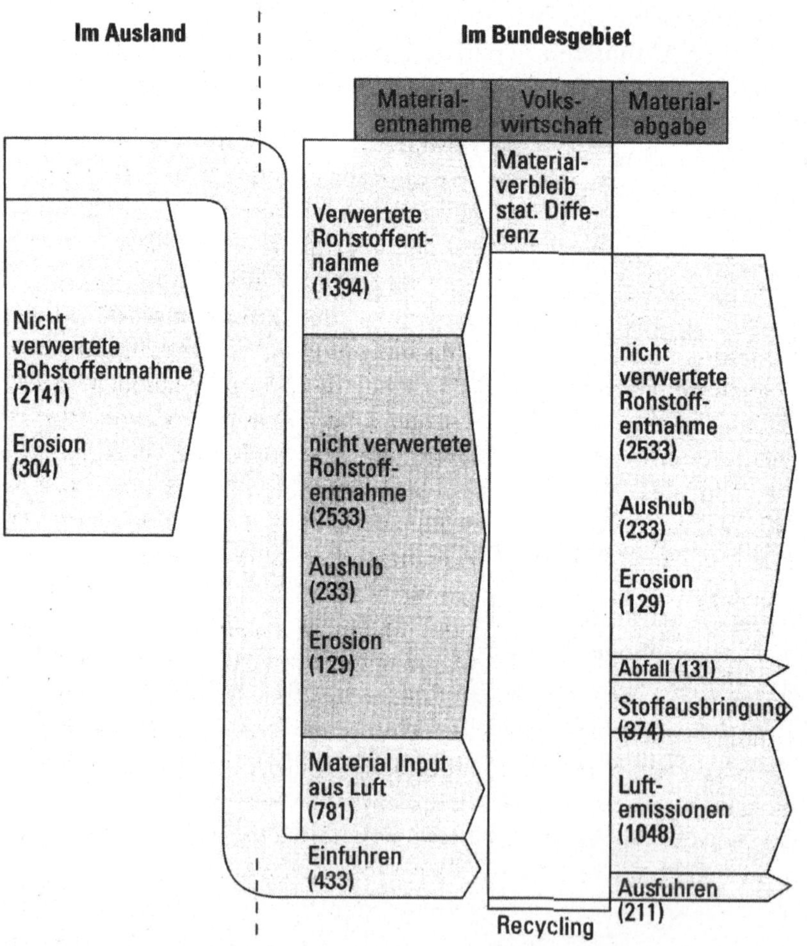

Abbildung 3.1: Materialströme durch die deutsche Wirtschaft (in Mio Tonnen; Berechnungen: Schütz/Bringezu; Quelle: BUND/MISEREOR, 1996; Bezugsjahr 1991)

brauchen?[22] Die gesamte Gesellschaft und Wirtschaft der Bundesrepublik durchliefen 1991 fast fünfeinhalb Milliarden Tonnen Material, das direkt der Umwelt entnommen worden ist – und zwar weltweit. Die *Abbildung 3.1* zeigt ein umfassendes Bild aller Stoffströme, die durch die deutsche Wirtschaft verursacht werden. Ein Teil wird importiert, ein weiterer Teil verbleibt im Ausland. Darüber hinaus sieht man, daß fast das gesamte Material, das in eine Wirtschaft eines Landes innerhalb eines Jahres hinein fließt, aus ihr auch wieder heraus kommt. Ein Teil verbleibt aber auch in der Anthroposphäre und erhöht so die in der menschlichen Sphäre gespeicherten Stoffe.

Die Reduktion dieses gewaltigen Stoffstroms und damit seines Potentials zur Umweltzerstörung steht im Zentrum des Leitbildes der *Dematerialisierung*. Die Forderung nach Dematerialisierung besagt, daß es für eine Stabilisierung der globalen Ökosysteme notwendig ist, die globalen Stoffströme (insgesamt) *um etwa die Hälfte* zu reduzieren.[23] Die oben genannten Dimensionen der von einem Deutschen durchschnittlich induzierten Stoffströme sind der Größenordnung nach in anderen Industrieländern sicherlich ähnlich. In den sogenannten «Entwicklungsländern» liegen sie aber deutlich darunter. So sind die in den Industrieländern lebenden 20 Prozent der Menschheit heute für über 80 Prozent der weltweiten Stoffströme verantwortlich. Die derzeit so ungleiche Verteilung der Umweltnutzung, der begrenzte Umweltraum und ein Postulat, daß alle Menschen ein prinzipiell gleiches Recht auf Nutzung der Umwelt haben, führen zu der Forderung, daß die industrialisierten Länder die von ihnen verursachten Stoffströme um ungefähr den *Faktor 10*, d.h. um ca. 90 Prozent, verringern müßten, um den ärmeren Ländern, auch bei einer Reduzierung der Stoffströme, eine eigene Entwicklungsmöglichkeit zu geben.[24] Dies ist nicht von heute auf morgen notwendig, sollte aber doch zumindest in den nächsten 50 Jahren erreicht werden. Bei einer gleichmäßig-linearen Reduktion würde dies etwa 4,5 Prozent pro Jahr ausmachen. Die *Abbildung 3.2* zeigt ein Beispiel, wie durch unterschiedliche Entwicklungen der Materialverbräuche in den verschiedenen Teilen der Welt ein Faktor 10 erreicht werden kann.

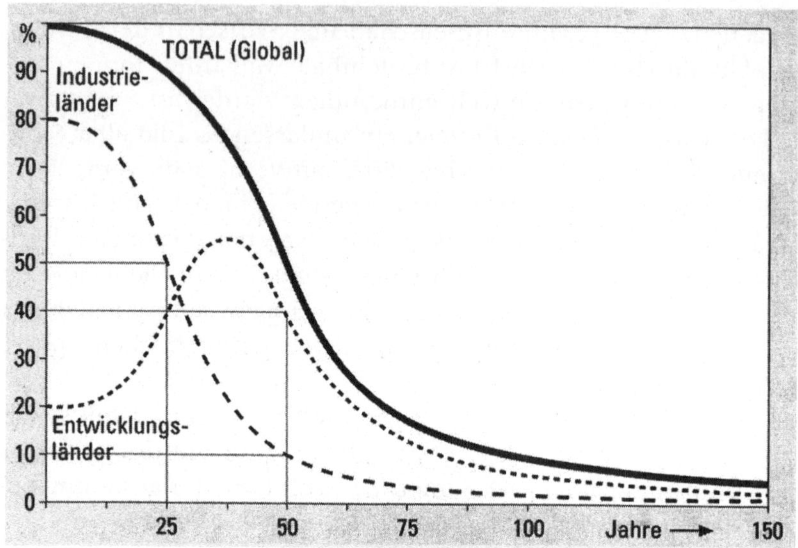

Abbildung 3.2: Mögliche Pfade des Materialverbrauchs auf dem Weg in eine zukunftsfähige Entwicklung (Quelle: Schmidt-Bleek, 1994)

Weniger (Material) ist mehr – keine Utopie ökologischer Phantasten

Die Zielsetzung der Dematerialisierung beruht gerade nicht auf der exakten Berechnung von Reduktionserfordernissen, sondern auf Plausibilität.[25] Es kann genauso gut sein, daß für eine zukunftsfähige Entwicklung eine Reduktion um den Faktor 18 oder 7 erforderlich ist. Wir wissen es nach unserem heutigen Stand einfach nicht. Das Faktor-10-Ziel bietet aber eine plausible *Richtung* an, in die sich der wirtschaftliche und gesellschaftliche Wandel bewegen sollte, um zukunftsfähig zu sein. Solch hohe Reduktionsziele scheinen zunächst unrealistisch. Beachtet werden sollte allerdings zweierlei: Zum einen ist der Zeithorizont entscheidend. Das Faktor-10-Ziel bezieht sich auf einen Zeitrahmen von ungefähr 50 Jahren. Zum Vergleich: Die Produktivität des Faktors Arbeit hat sich in den letzten einhundertfünfzig Jahren verzwanzigfacht. Worum es heute gehen muß, ist, den technischen und sozialen Fortschritt so zu beeinflussen, daß wir von einer Entwicklung, die Arbeit rationalisiert, zu einer Entwicklung kommen, die Natur spart.

Zum zweiten ist es wichtig zu realisieren, daß sich die Forderung der Ressourceneinsparung auf die gesamte Wirtschaft bezieht und nicht auf einzelne Stoffe oder den Verbrauch pro Kopf (x Liter Öl pro Person oder y kg Fleisch). Die bereits erwähnte Studie «Sustainable Netherlands» gelangte etwa rein rechnerisch zu einem bestimmten Pro-Kopf-Konsum, der jedem Niederländer im Umweltraum nur noch zustände. Man kann dort nachlesen, daß nur noch alle 10 bis 20 Jahre ein Fernflug in ein 5000 km entferntes Land und bis zu 60 bis 80 Prozent weniger Fleisch pro Kopf zukunftsfähig seien.[26] Das Einfordern solcher Reduktionsziele pro Kopf und deren Durchsetzung wurde als Einstieg in die Ökodiktatur kritisiert. «Mit der Darlegung angeblich umweltgerechter Konsummuster wird ... individuelles Verhalten vorgeschrieben. – An dieser Stelle operiert die Studie ... jenseits der Steuerungselemente marktwirtschaftlicher Systeme ... Die Umsetzung des Plans würde nicht beim kritischen und mündigen Bürger ansetzen, sondern auf einem Zuteilungsmechanismus eines anonymen Staates beruhen» – so Gerhard Voss vom Institut der deutschen Wirtschaft.[27] Diese Kritik ist insoweit gerechtfertigt, als die niederländische Studie diese Fragen (bewußt?) offenläßt. Die Studie Zukunftsfähiges Deutschland hat es hingegen vermieden, solche Pro-Kopf-Ziele zu formulieren. Denn entgegen der laut geäußerten Kritik, es werde eine Zuteilungsgesellschaft beschworen (wiederum von Gerhard Voss an der deutschen Studie), ist es weder gesellschaftspolitisch, noch wirtschaftlich, *noch ökologisch* wünschenswert, dem einzelnen möglichst genau vorzuschreiben, wie er oder sie sich verhalten sollte. Es kommt auf das Gesamtergebnis an. Zwar wird gesamtgesellschaftlich der Umweltraum begrenzt, eine Abkehr von Pro-Kopf-Größen bringt aber viel größere Freiräume innerhalb der Gesellschaft. So kann ein Fleischliebhaber durchaus seiner Passion frönen, wenn dafür andere die Vielfalt der vegetarischen Küche für sich entdecken, aber hin und wieder auf eine Fernreise nicht verzichten möchten. Zudem kann von vornherein nicht gesagt werden, in welchen Produktionsbereichen die größten Materialeinsparungen zu erwarten sind. Dort wäre dann eine entsprechend niedrigere Verbrauchsreduktion erforderlich.[28] Dies könnte bedeuten, daß in bestimmten Produktionssektoren oder einzelwirtschaftlich durchaus ein hoher Ressourceneinsatz möglich ist, wenn dies in anderen Bereichen ausgeglichen wird, solange – und das ist entscheidend – gesamtwirtschaftlich die allgemeinen Reduktionsziele erreicht werden. Darüber, wie dies erreicht werden kann, wird in diesem Buch noch sehr viel zu berichten sein.

Studien wie «Zukunftsfähiges Deutschland» wollen mit ihrer Postulierung von Reduktionszielen *allgemeiner* Art den Blick für das Umweltraumkonzept öffnen. Entscheidend ist bei der Umsetzung des Konzeptes, daß einerseits genügend individuelle Freiräume und Entscheidungsmöglichkeiten verbleiben, andererseits von vornherein weniger Material in einer Art und Weise verbraucht wird, daß auch die negativen Konsequenzen des gesellschaftlichen Metabolismus minimiert werden.

Dematerialisierung, Verursacherprinzip und externe Effekte

In diesem allgemeinen Sinn entspricht die Dematerialisierung dem Verursacherprinzip. Da alle Stoffströme potentiell «Schäden» verursachen, sollen diejenigen, die heute sehr materialintensiv leben und produzieren, diese potentiellen Schäden dadurch vermeiden, daß sie die Stoffströme reduzieren. Das Verursacherprinzip greift dann zu kurz, wenn es allein auf die bekannten schädlichen Wirkungen von Emissionen bezogen wird. Eine solche Sichtweise bezieht nicht mit ein, daß nicht nur Stoffströme *aus* einer Gesellschaft Schäden und damit externe Effekte verursachen, sondern schon die Stoffströme, die *in* eine Gesellschaft fließen. Häufig wird dagegen gesagt, das Ziel der Dematerialisierung widerspräche dem Konzept der externen Effekte, weil es gerade *nicht* auf konkrete Schäden abstellt.[29] Dem ist entgegenzuhalten, daß zum einen durch den Abbau von Ressourcen direkt externe Effekte entstehen, wie zum Beispiel eine Grundwasserabsenkung nach dem Ausbaggern einer Kiesgrube. Zum anderen wird immer nur ein Teil der tatsächlichen Schäden erkannt. Jede Materialbewegung führt auch zu (potentiellen) Schäden und damit externen Effekten. Diese sind aber weder einfach auf individuelle Geschädigte und Verursacher zuzurechnen, noch auf einzelne Anteile bei den Stoffströmen. Eine Reduzierung von Stoffströmen nach dem Vorsichtsprinzip stellt somit eine pragmatische Alternative zum Verursacherprinzip, also der möglichst genauen Belastung der Verursacher mit den von ihnen verursachten Kosten, dar.[30]

Natürlich sollen den Verursachern dann die Kosten angelastet werden, wenn die Schäden, die sie verursachen, offensichtlich sind und ihnen auch eindeutig zugerechnet werden können. Dies stellt aber nur einen Spezialfall dar; im allgemeinen sind solche Zurechnungen eben schwierig oder gar unmöglich.

Dematerialisierung, Gefahrstoffpolitik und Technologiekritik

Kritiker einer Dematerialisierung könnten schließlich auf den Gedanken kommen, eine solche führe geradewegs in Technologien wie Gentechnik oder in eine Plutoniumwirtschaft, wenn sich diese als ressourceneffizient erweisen sollten (was keineswegs eine immer berechtigte Vermutung ist). Und: Was ist eigentlich mit den Giftstoffen, wenn es nur noch darum gehen soll, undifferenziert, quasi durch eine Art neuer «Tonnenideologie», den gesamten Materialverbrauch zu senken? Zu beiden Vorwürfen soll kurz Stellung bezogen werden.

Das Konzept der Dematerialisierung schließt eine Technologiekritik und -politik, die Gefahren von Großtechnologien (wie der Atom- oder der Gentechnik) verringern will[31], keineswegs aus. Im Gegenteil: Dematerialisierung und Technologiebewertung sind zwei Seiten einer Medaille auf dem Weg zur Zukunftsfähigkeit. Das Konzept der Dematerialisierung darf dabei nicht derart mißverstanden werden, daß eine drastische Senkung des Umweltverbrauches eine Technologiebewertung überflüssig machen würde. Viel eher sollten zu beiden Problemfeldern zunächst unabhängig voneinander Diskurse bzw. öffentliche Debatten stattfinden: ein gesellschaftlicher Diskurs über das Ausmaß der gesellschaftlich vertretbaren und tolerierbaren Risiken (welche Technologien werden als «gefährlich» eingestuft? Welche Entwicklungen sollten gefördert, welche begrenzt werden?) und ein Diskurs über das Ausmaß und die Umsetzung einer Dematerialisierung. Ist das Ziel ökologischer Wirtschaftspolitik die Reduktion der Stoffströme, so erfolgt die Umsetzung dieser Strategie immer vor dem Hintergrund der Ergebnisse des gesellschaftlichen Diskurses über Risiken; die Ergebnisse der gesellschaftlichen Technologiebewertung werden zu begrenzenden Randbedingungen ökologischer Wirtschaftspolitik. Technologiekritik und -politik ersetzt aber andererseits unter keinen Umständen eine ökologische Wirtschaftspolitik. Während sich die eine auf Gefahren und Risiken bezieht, geht es der anderen um das entropische Mengenproblem.

Ähnliches gilt für die Gefahrstoffpolitik. Natürlich trägt eine vorsorgende Untersuchung neuer Chemikalien und ihre regelmäßige Überwachung und Kontrolle, wie sie etwa das Chemikaliengesetz vorschreibt, dazu bei, besonders gefährlich eingeschätzte Einwirkungen zu vermeiden.[32] Alles, was wir sagen (und eingehend begründet haben), ist, daß Gefahrstoffpolitik *alleine* eben nicht ausreicht, um eine ökologisch zukunftsfähige wirtschaftliche Entwicklung zu gewährleisten. Es geht uns nicht um die Infragestellung von bereits vorhandenem Wissen über Umweltbeeinträchtigungen. Liegt dieses vor, sollte dementsprechend die gesellschaftliche Debatte über Maßnahmen beginnen und umweltpolitische Instrumente sollten greifen. Uns geht es um die Reduzierung des *Potentials* der Umweltbeeinträchtigungen. Noch vor einigen Jahren hat kaum jemand an die Gefährlichkeit von CO_2 geglaubt, heute gilt es als *der* Klimakiller. Hätte die Dematerialisierung schon vor 20 Jahren begonnen, wären die Gefahren, die heute von diesen Einzelsubstanzen ausgehen, bedeutend geringer. Sicherlich bräuchten wir dann immer noch ein Chemikaliengesetz, aber das Zerstörungspotential z.B. des CO_2, das sich aus der puren *Menge* unseres Umweltverbrauches ergibt, hätte sich wohl kaum in diesem Ausmaß entfaltet, Gegenmaßnahmen zum Klimaschutz wären vielleicht gar nicht notwendig geworden.

Eine generelle Reduzierung des gesamtgesellschaftlichen Umweltverbrauchs brächte zudem nicht nur eine quantitative Reduktion der Einleitungen und Emissionen insbesondere von Abfällen mit sich, sondern auch eine Reduktion von Synergieeffekten und Risiken, die mit unserer Wirtschaftsweise einhergehen. Gefahrstoffpolitik und Technologiebewertung wären also auch in einer dematerialisierten Gesellschaft nicht überflüssig, die Quantität giftiger

Emissionen und gefährlicher Technologien wäre aber spürbar geringer. Dematerialisierung ist somit kein Ersatz für Technologie- und Gefahrstoffpolitik, sondern alle drei Politiken sind sinnvolle Elemente eines zukunftsfähigen Strategiemixes. Erst die Kenntnis über die Möglichkeiten der Dematerialisierung erlaubt es, eventuelle Widersprüche zu anderen Risikovermeidungsstrategien zu erkennen.

3.4 Dematerialisierung konkret: die Umsetzung

Ein Konzept wird entwickelt

Um das Folgende besser verstehen zu können, seien uns einige technische Vorbemerkungen erlaubt. Friedrich Schmidt-Bleek, einer der «Väter» des deutschen Chemikaliengesetzes, der beim Umweltbundesamt und bei der OECD an leitender Stelle an der Umsetzung und der internationalen Harmonisierung der Schadstoffpolitik gearbeitet hat, war 1992 mit der Idee an das Wuppertal Institut gekommen, die Stoffströme in ihrer Gesamtheit zu erfassen – als «Maß für ökologisches Wirtschaften». Die Arbeit begann mit einigen Wochen intensiver Diskussion über das Problem und möglicher Lösungsvarianten. Seit etwa 3 Jahren sind wir nun in der Abteilung «Stoffströme und Strukturwandel» dabei, MIPS zu entwickeln. MIPS steht für **M**aterial**I**nput **P**ro **S**erviceeinheit und stellt einen Indikator dar, mit dem die Intensität der möglichen Umweltbelastung von Gütern und Prozessen über alle Lebensphasen abgeschätzt werden soll. Der Materialinput (MI) bezeichnet dabei alle für die Produktion, Nutzung und Entsorgung der Güter und Prozesse aufgewendeten Materialien, die der Natur entnommen werden (siehe *Abbildung 3.3*).

So werden, um einen Liter Orangensaft herzustellen, für den die Orangen hauptsächlich in Brasilien angebaut werden, 22 Liter Wasser verbraucht. Außerdem erfordert die Produktion unter anderem einen zehntel Liter Treibstoff, für dessen Produktion ebenfalls wieder Material und Energie aufgewendet werden muß (unter anderem wird dafür noch einmal ein Liter Wasser verbraucht – wie

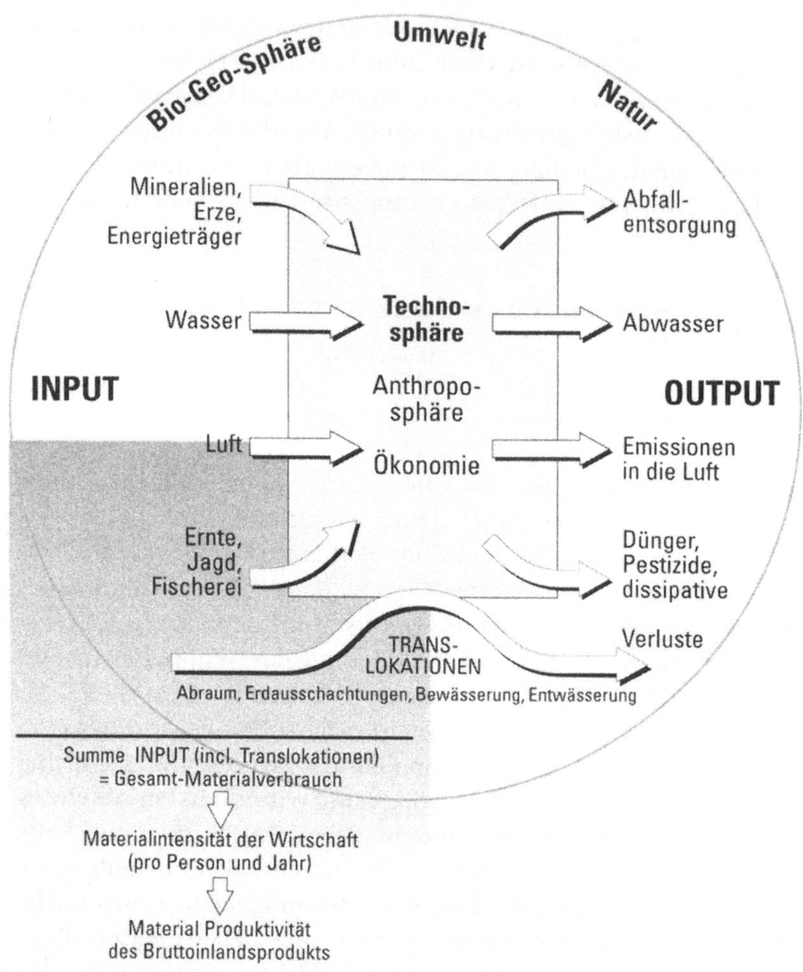

Abbildung 3.3: Stoffströme durch die Wirtschaft (Quelle: Bringezu, 1993a)

gesagt: für einen Liter Orangensaft). Dazu kommt etwa ein Quadratmeter Fläche für jeden Liter. Die Entladung eines einzigen Seeschiffes, etwa eines Öltankers, erfordert heute knapp eine Tonne Erdmassenbewegungen, wenn man die ständig notwendigen Ausbaggerungen auf die entladenen Schiffe umlegt. Wichtig für eine Abschätzung des Umweltbelastungspotentials eines Produktes ist aber nicht nur, wieviel Umwelt für seine Nutzung verbraucht wird, sondern auch wie oft es den Zweck, für den es bestimmt ist, also die jeweilige Dienstleistung, erfüllen kann. Der Materialinput wird damit auf die Anzahl der Dienstleistungseinheiten (Serviceeinheit) bezogen.[33]

Der Materialinput wird in fünf Kategorien unterteilt: abiotische Rohstoffe, biotische Rohstoffe aus Land- und Forstwirtschaft, Erdmassenbewegungen, Wasser und Luft (siehe *Abbildung 3.4*). Diese werden jeweils erfaßt in Gewichtseinheiten (Kilogramm), also innerhalb der einzelnen Kategorien ohne Rücksicht auf qualitative Unterschiede aufaddiert.[34] So weit, so einfach. Wie sind aber konkret die Stoffströme zu erfassen, die in ein Wasserkraftwerk, eine Rinderfarm, ein Stahlwerk oder eine Hotelübernachtung eingehen? Was wird wie gezählt? Bei einem Laufwasserkraftwerk einigte man sich etwa darauf, daß nicht das ganze Wasser als Materialinput gezählt wird, das durch die Turbine fließt, sondern nur derjenige Teil, der vom normalen Fluß (ohne Kraftwerk) abweicht. Bei einem Speicherkraftwerk ist dies in der Regel eine Füllung des Stausees pro Jahr, die während der wasserreichen Zeit zurückgehalten und bei Bedarf durch die Turbine abgelassen wird. Diese Menge wird mit der produzierten Menge Strom ins Verhältnis gesetzt. Dazu kommt der Materialeinsatz für den Bau des Dammes sowie des Kraftwerks. Dieser wird auf die während der gesamten Lebensdauer (voraussichtlich) produzierte Energie umgelegt. Zusätzlich werden indirekte Materialverbräuche berücksichtigt: alle Materialien, die nicht direkt der Natur entnommen, sondern an anderer Stelle produziert worden sind, gehen mit ihrem Materialinput in die Berechnung ein.

Jedes Produkt trägt einen «ökologischen Rucksack» mit sich herum. Das ist diejenige Menge an Material, das zusätzlich zum Eigengewicht für die Produktion, den Gebrauch und die Entsorgung eines Produkts aus der Umwelt entnommen wird. Zum Beispiel ist dies das Material, das irgendwo auf der Erde bewegt wurde, um tausend Meter Kupferkabel zur Baustelle des Kraftwerks anzuliefern. Berücksichtigt werden dabei der Kupferbergbau ebenso wie diverse Herstellungs- und Veredelungsschritte, die vielfältigen Transporte zwischen den Produktionsstufen genauso wie der Energieaufwand der Herstellung. Der «ökologische Rucksack» einer Kilowattstunde Strom aus dem bundesdeutschen Stromnetz beträgt

I. Abiotische Rohmaterialien

a) mineralische Rohstoffe (verwertete Rohförderung, z.B. an Erzen inkl. Uranerz, Sand, Kies, Schiefer, Granit)
b) fossile Energieträger (u.a. Kohle, Erdöl, Erdgas)
c) nicht verwertete Rohförderung (Abraum etc.)
d) bewegte Erde (z.B. Aushub)

II. Biotische Rohmaterialien

a) Pflanzliche Biomasse aus Bewirtschaftung
b) Biomasse aus nicht bewirtschafteten Bereichen

III. Bodenbewegungen (Land- und Forstwirtschaft)

IV. Wasser

a) Oberflächenwasser
b) Grundwasser
c) Tiefengrundwasser

V. Luft

a) Verbrennung
b) Chemische Umwandlung

Abbildung 3.4: Input-Kategorien entsprechend der MAIA-Methodik (Quelle: Schmidt-Bleek, Hrsg., 1996)

demnach 4,7 kg abiotisches Material, 83 kg Wasser und 0,6 kg Luft. Daraus ergibt sich, daß der Stromverbrauch eines Bundesbürgers statistisch die Umwelt mit dem Verbrauch von 27 Tonnen Material, 482 Tonnen Wasser und 3,5 Tonnen Luft belastet. Ein anderes Beispiel: Für eine 15 g schwere Aluminiumdose werden (ohne Wasser und Luft) ca. 1 kg Primärmaterialien bewegt.

Wie es ‹geht›: MIPS und MAIA

Um es noch einmal zu sagen: MIPS ist kein direktes Maß für den Naturverbrauch. Dieses Konzept liefert eine zwar ungenaue, aber umfassende Schätzgröße für die *potentielle* Naturveränderung, die menschliche Tätigkeit verursacht. Dabei sollte *im ersten Schritt* weniger auf qualitative Unterschiede geachtet werden, sondern auf eine möglichst umfassende quantitative Abschätzung. So enthält der Materialinput von Verbrennungsprozessen den gesamten Kohlenstoff (C) des eingesetzten Brennmaterials und die Luft einschließlich des Sauerstoffs (O_2), der zusammen mit dem Kohlenstoff zu Kohlendioxid (CO_2) wird, einem der wesentlichen Klimakiller. Es ist aber nicht möglich, die Auswirkungen von Treibhausgasen auf das Weltklima beispielsweise mit dem ökologischen Schaden zu verrechnen, den ein Staudamm für die Donau-Auen bedeutet. Eine umfassende Berechnung ökologischer Rucksäcke ermöglicht es aber, verschiedene Produkte oder Produktionsmethoden nach ihrem gesamten Ressourcenverbrauch zu vergleichen. Wichtig ist, daß dabei immer alle Inputs von der «Wiege» des Ressourcenabbaus bis zur «Bahre» der endgültigen Deponierung oder anderweitigen Verwertung berücksichtigt werden: also alle Rohstoffe, Zwischenprodukte, Maschinen und Anlagen, Hilfs- und Betriebsstoffe (wie Schmieröl oder Nägel), Kühl- und Prozeßwasser, und vieles andere mehr. Immer werden diese Mengen nur anteilig dem einen betrachteten Produkt zugerechnet, wenn sie nicht direkt in das Produkt eingehen, sondern an der Herstellung mehrerer Produkte beteiligt sind.[35] Umgekehrt macht eine Materialintensitätsanalyse Unterschiede deutlich, die eine Berechnung etwa nur des Energieverbrauchs verwischt: Bei fossilen Energieträgern ergeben sich zum Beispiel unter Berücksichtigung der mit ihrer Gewinnung und späteren Umwandlung verbundenen Materialumsätze frappante Unterschiede: Zur Herstellung einer Kilowattstunde Strom aus Braunkohle werden beispielsweise rund 45mal so viele abiotische Materialien (ohne Wasser und Luft) bewegt wie zur Herstellung der gleichen Menge Strom aus dem Energieträger Erdgas.

Die Rechenvorschriften sind in dem «MAIA-Handbuch» niedergelegt, aus dem auch hervorgeht, wie sich der Materialinput auf bestimmte Dienstleistungen beziehen läßt. MAIA steht für Materialintensitätsanalyse; Dienstleistungseinheiten sind genau zu definierende Nutzungseinheiten, die dazu dienen, unterschiedliche Produkte und auch unterschiedliche Arten, bestimmte Bedürfnisse zu erfüllen, vergleichbar zu machen. So kann eine Dienstleistungseinheit etwa der Transport einer Tonne Fracht oder einer Person von A nach B sein, oder ein kg saubere Wäsche, die nach verschiedenen Verfahren gereinigt wird. So ist etwa die Dienstleistungseinheit eines Glases Orangensaft gleich eins. Es kann nur einmal getrunken werden.

Der Materialinput, wie er gemäß dem MAIA-Handbuch berechnet wird, kann aber nicht nur für einzelne Produkte und Dienstleistungen bestimmt werden, sondern auch für ganze Wirtschaftsregionen, wie zum Beispiel das Ruhrgebiet oder die Bundesrepublik Deutschland. Aus vorläufigen Berechnungen von Ralf Behrensmeier und Stefan Bringezu ergeben sich dann die bereits oben genannten 70 Tonnen, die jede Bundesbürgerin und jeder Bundesbürger pro Jahr an Materialbewegung verursacht (diese Zahl bezieht sich auf Berechnungen des Materialinputs ohne Wasser und Luft). Pro verdienter oder ausgegebener Mark sind das etwa 1,3 kg. Untersucht man darüber hinaus, welche Branchen vorwiegend Umwelt verbrauchen, stellt man fest, daß der Dienstleistungssektor im weitesten Sinn, der ja selbst nur immaterielle Leistungen herstellt, wie Bank- und Beratungsleistungen, Handel und Transporte, etwa ein Viertel aller Materialbewegungen induziert. Dies mag auf den ersten Blick erstaunen, weil vielfach doch von einem Wandel zur Dienstleistungsgesellschaft bedeutende ökologische Erwartungen erhofft werden. Aber jede Dienstleistung hängt auch von physischer Produktion ab. Das zeigt, daß es am Ende davon abhängt, ob und inwieweit es jeder einzelnen Branche gelingt, zu einer gesamtwirtschaftlichen Dematerialisierung (von der Wiege bis zur Bahre) beizutragen.

Die Darstellung von MIPS mag auf den ersten Blick den Eindruck vermitteln, es handle sich um ein abstraktes Meßkonzept, eine Sache für Ingenieure. Aber: im Gegensatz zu den meisten anderen Konzepten lassen sich aus den Prinzipien der MIPS-Berechnung Handlungsempfehlungen für den einzelnen, der sich umweltfreundlich verhalten möchte, auch dann ableiten, wenn wir konkrete Zahlen (noch) nicht kennen. Ein langlebiges Produkt ist besser als ein kurzlebiges, wenn dafür nicht überproportional mehr Material aufgewendet werden muß. Das heißt, es ist nicht unbedingt «ökologisch», ein gebrauchtes Auto zu verschrotten, das einen relativ hohen Benzinverbrauch hat, aber ansonsten noch einwandfrei funktioniert. Für die Produktion eines neuen Autos muß ja wieder Material und Energie aufgewendet werden. Ein leichteres Auto ist vermutlich «besser», weil weniger materialintensiv als ein schwereres. Das gilt nicht unbedingt, wenn die Gewichtsreduktion durch den Einsatz materialintensiverer Werkstoffe erreicht wurde, etwa durch den Ersatz von Stahl durch Aluminium. Ein Multifunktionsgerät, das bestimmte Funktionen, die sonst verschiedene Geräte erfüllen, in einem Gehäuse vereint, ist dann ökologisch besser als viele Ein-Funktionsgeräte, wenn es in der Herstellung, im Gebrauch und bei der Entsorgung insgesamt weniger Ressourcen verbraucht. So haben etwa ein Kopierer, ein Drucker und ein Faxgerät bestimmte Funktionen, die auch ein gemeinsames Gerät erfüllen könnte. So kann beispielsweise ein Faxmodem mit zugehöriger Software in Verbindung mit dem oft ohnehin vorhandenen Scanner und Drucker ein Faxgerät sowie einen Anrufbeantworter ersetzen und zusätzlich Zugriff auf Datennetzwerke, wie das Internet, ermöglichen. Leider sind die heutigen Installationen dieser Art noch wenig benutzerfreundlich.

Andere Konzepte zukunftsfähiger Entwicklung

Neben MIPS gibt es natürlich noch andere einleuchtende Konkretisierungen des *Sustainability*-Konzeptes. Eng verwandt mit dem MIPS-Konzept ist das von Hans Opschoor entwickelte Konzept des *Umweltraumes* (siehe Abschnitt 2.2). Während ein Faktor-10-Ziel in die Richtung weist, in der eine zukunftsfähige Entwicklung gehen könnte, steckt der Umweltraum die Grenzen der Umweltnutzungen ab, deren Überschreitung zu einer Destabilisierung der globalen Ökosysteme führen würden.

Eine sehr anschauliche Darstellung von Grenzen der Umweltnutzung ist das von Mathis Wackernagel und William Rees an der Universität von Vancouver entwickelte Konzept des *ökologischen Fußabdrucks*. Als ökologischen Fußabdruck bezeichnen sie den Flächenverbrauch einer Region, der durch ihre wirtschaftlichen Aktivitäten im In- und Ausland verursacht wird. Übersteigt der Fußabdruck die Größe der Region, so wird zwangsläufig zu Lasten der Umwelt anderer Regionen gewirtschaftet. So belegt zum Beispiel die Niederlande für die Erzeugung der dort konsumierten Güter im In- und Ausland eine Fläche, welche die Landesfläche um das Fünfzehnfache übersteigt. Vor hundert und selbst noch vor vierzig Jahren war nach Rees und Wackernagel unsere Erde noch groß genug, um die Konsumansprüche ihrer Bevölkerung zu erfüllen; heute stehen einem durchschnittlichen ökologischen Fußabdruck von drei bis fünf Hektar Land pro Kopf ca. 2,5 Hektar sich regenerierender Landfläche gegenüber. Berechnungen aus dem Wuppertal Institut stehen in Einklang mit diesen Ergebnissen: So werden für die Produktion des in Deutschland getrunkenen Kaffees etwa 12.000 Quadratkilometer Fläche in tropischen Ländern belegt. Ungefähr gleichviel Fläche nimmt das gesamte Verkehrssystem in Deutschland in Anspruch. Ein anderes Beispiel: Die gesamte landwirtschaftliche Fläche des Saarlandes müßte überdacht und mit Orangenbäumen bepflanzt werden, sollte der Bedarf an Orangensaft durch inländische Produktion befriedigt werden (diese Fläche entspricht dem Dreifachen der gesamten Fläche des Obstanbaus in Deutschland). «Verkleinert Eure Fußabdrücke!» ist somit der Slogan von Wackernagel und Rees, der inzwischen auch bunte Buttons und T-Shirts ziert (siehe *Abbildung 3.5*). Beide Forscher gehen insgesamt davon aus, daß die Fußabdrücke aller Industrienationen ihre Landesfläche insgesamt um ca. das Zehnfache übersteigt. Ein Faktor 10 läßt sich also auch aus dem Konzept des ökologischen Fußabdrucks heraus begründen.

Zu nennen wäre auch noch die vor allem von David Pearce vertretene Vorstellung von einem konstant zu haltenden «Naturkapital» (siehe auch Abschnitt 6.2). Analog zum wirtschaftlichen Kapitalbegriff spricht Pearce vom Naturkapital, das es zu erhalten gilt. Wenn das Kapital sinkt, leben wir von der Substanz – und das ist langfristig nicht zukunftsfähig. Die Diskussion geht dann darum, ob man das Naturkapital allein oder aber nur das Kapital insgesamt erhalten sollte, das Naturkapital also ruhig abnehmen darf, wenn das menschengemachte Kapital entsprechend steigt. Das wesentliche Problem liegt aber auch hier darin, daß wir über die (zukünfti-

Abbildung 3.5: Der ökologische Fußabdruck (Quelle: Wackernagel/Rees, 1996)

ge) Abnahme des Naturkapitals nur sehr wenig wissen. Wir müßten unter anderem über natürliche Regenerationsraten Bescheid wissen, über den Wert der Natur für den Menschen, über das Ausmaß der anthropogen verursachten Schäden etc. etc. Wir möchten es bei diesen eher technischen Bemerkungen belassen und uns wieder der wirtschaftlichen Umsetzbarkeit zuwenden.

All diesen Vorschlägen fehlt die Möglichkeit, sie für die einzelnen Entscheidungsträger (Konsumenten, Unternehmen und den Staat) zu konkretisieren. Diese benötigen Informationen, wenn sie sich umweltfreundlich verhalten möchten. Wie soll man sich konkret verhalten, um eine (wenn überhaupt) rein makroökonomisch faßbare Größe wie zum Beispiel das *Naturkapital* nicht zu verringern? Um sich durchzusetzen, muß ein «ökologisches Maß» zumindest *im Prinzip* von denen verstanden werden, die es anwenden sollen, und zwar bei allen Kauf- oder Investitionsentscheidungen und auch im politischen Prozeß. Damit eine ökologische Steuerreform wirkt, wie sie wirken soll (damit sie also zu einer Verringerung des Material- und Energieverbrauchs führt), müssen die Menschen wissen, wie sie über eine Verringerung der Materialintensität auch die entsprechende Steuer verringern können. Die einzelnen Strategien dazu sind keineswegs neu. Im allgemeinen gilt:

- weniger (materielle) Produkte bedeuten weniger Materialverbrauch;
- wenn zur Produktion einer Autokarosserie weniger Stahl oder Aluminium verbraucht wird, sinkt auch der Energieverbrauch;
- eine geringere Ausschußrate und Abfallintensität bedeutet, daß für ein Endprodukt weniger Material eingesetzt werden muß;
- eine geringere Transport- und Energieintensität führt zu einem geringeren Materialverbrauch;
- ein geringerer Aufwand an Reinigungsmitteln und Instandhaltungsaktivitäten «rechnet» sich wirtschaftlich und auch ökologisch hinsichtlich des Materialaufwandes;
- Einsatz von recycliertem Material verringert den Einsatz von Primärmaterialien und die damit verbundenen «ökologischen Rucksäcke» bei der Rohstoffgewinnung.

Allerdings, so ist zu betonen, ist dies alles nicht *automatisch* so. Wenn für die Rückführung und Wiederaufarbeitung von Rohstoffen mehr Material und Energie aufgewendet werden muß als für die primäre Gewinnung von Rohstoffen aus der Natur, dann ist das Recycling nicht nur ökonomisch, sondern auch ökologisch unsinnig. Die «rohstoffliche Verwertung» zum Beispiel von PVC benötigt etwa 50 Prozent mehr Material als die Produktion aus Erdöl.

Entscheidend neben der Richtigkeit (oder besser: Richtungssicherheit) der Informationen über die ökologische Qualität von

Produkten ist, daß sich möglichst alle Beteiligten auf ein Verfahren *einigen,* wie diese Informationen ermittelt werden, damit sie vergleichbar sind, und daß diese Informationen auch *kontrollierbar* ermittelt werden können. Wenn wir uns vorstellen, daß MI-Werte einmal für alle Produkte vorliegen (man könnte etwa eine Ermittlungspflicht für alle Unternehmen überlegen, so wie es heute Pflicht ist, wirtschaftliche Bilanzen aufzustellen), dann könnten MI(PS)-Werte neben dem Preis auf allen Produkten aufgedruckt werden. Im Vergleich zu anderen Ökobilanzen ist dieses Verfahren vergleichsweise einfach (und damit auch kostengünstig) durchzuführen. Entscheidend ist die Einigung auf eine einheitliche Bewertungsvorschrift. Das MAIA-Handbuch des Wuppertal Instituts macht dazu einen ersten Vorschlag. Probleme sehen wir insbesondere beim Import von Waren, die ja schon einen ökologischen Rucksack mitbringen, der sich nicht immer ermitteln läßt, wenn es in den Ländern, aus denen die Ware kommt, keine entsprechende Regelung gibt. Hier sind Näherungsverfahren denkbar.

3.5 Die Notwendigkeit technischer und sozialer Innovationen

Die bislang unterbreiteten Vorschläge scheinen ziemlich radikal. Die Ausführungen dieses dritten Kapitels machen deutlich, daß eine Dematerialisierung um den Faktor 10, auch wenn wir dafür ein halbes Jahrhundert Zeit haben, nur dann erreicht werden kann, wenn Technologien und soziale Organisationsformen morgen ganz anders aussehen als heute. Wir bezeichnen einen solchen Wandel auch als «ökologischen Strukturwandel»: Die wirtschaftlichen Strukturen eines Landes, Europas oder der Welt, wandeln sich dabei in einer Weise, die *im Ergebnis* zu einem deutlich geringeren Verbrauch an Primärmaterialien führen wird. Materialintensive Branchen schrumpfen, andere wachsen. Entscheidend dafür wird sein, ob es eine Gesellschaft – und die Welt insgesamt – schafft, die dafür notwendigen technischen und sozialen Innovationen hervorzubringen. Der Wandel selbst ist technisch machbar. Er bestimmt ohnehin ganz entscheidend jegliche gesellschaftliche Entwicklung, wie auch – und insbesondere – die der *letzten* 50 Jahre. Auch das Ziel einer globalen Dematerialisierung um 50 Prozent bezieht sich auf einen Zeitraum von 50 Jahren – und bietet dadurch einen langfristigen Rahmen, innerhalb dessen in kurzer Frist schrittweise Innovationen angeregt werden sollen. Der niederländische Technologieexperte Leo Jansen nennt als Motto zur Umsetzung der Dematerialisierung ein «Denken in Sprüngen und Handeln in Schritten» («Think in jumps, act in steps!»).

Daß solche Innovationen möglich sind (und sich auch wirtschaftlich lohnen), zeigt eine lange Reihe konkreter Beispiele.[36] Die Palette reicht von FRIA, einer Kombination aus Speisekammer und modernster Kühltechnik, die fest in der Küche integriert, langlebig, energie- und materialsparend ihren Dienst leistet, bis zu ganz neuen Leitbildern eines «zukunftsfähigen Deutschland», wie sie in der gleichnamigen Studie für BUND und Misereor formuliert wurden. Diese Aussagen «pro Innovation» sind aber nicht so mißzuverstehen, daß Innovationen grundsätzlich «gut» sind und sich die Dematerialisierung als «Gratiseffekt» einstellen könnte. Im Gegenteil: In der Regel führen beschleunigte Innovationszyklen zu verringerter Produktlebensdauer, weil Produkte aus modischen und technologischen Gründe schneller veralten, was wiederum zu einem Anstieg des Ressourcenverbrauchs führt. Dennoch: eine Innovationsdynamik ist unabdingbar für das Erreichen eines ökologischen Strukturwandels.

Mit dem Begriff Innovation sind nicht nur technische Neuerungen von Produkten und Produktionsprozessen gemeint. Die schon erwähnte Kühl-Kammer «FRIA» erfordert keinerlei Technologie, die es nicht bereits gäbe. Neu ist im wesentlichen die *Idee*, wie die Dienstleistung «Aufbewahren und Kühlen von frischen Nahrungsmitteln» öko-effizienter erfüllt werden kann. Dies erfordert aber völlig andere Vermarktungswege als bei herkömmlichen Kühlschränken. Anbieter wären möglicherweise nicht mehr multinationale Großkonzerne, sondern örtliche Installateure und das Bauhandwerk. Das Marktgefüge würde sich in diesem Segment tiefgreifend ändern, wenn das System «FRIA» flächendeckend zum Einsatz käme. Ökonomen beschreiben solche Änderungen auch mit dem Begriff (und der dahinterstehenden Theorie) einer «institutionellen

Neuerung» (siehe Kapitel acht). Gleichzeitig umfaßt der Begriff Innovation auch Änderungen in den sozialen Organisationsstrukturen, in den Formen und Ausprägungen von Mobilität, anderen Organisationsformen des Alltages etc.

Allerdings könnte sich hinter dem Innovationsaspekt auch ein schwerwiegender Einwand *gegen* eine ökologische Wirtschaftspolitik verbergen. Gerhard Wegner weist zu Recht darauf hin, daß das zentrale Problem einer wirklichen Innovation ihre Nicht-Vorhersehbarkeit ist.[37] Dies macht auch die gezielte Förderung von Innovationen so schwierig. Wie weiß die Politik, welche von verschiedenen Lösungen eines bestimmten technischen Problems sich auf den Märkten durchsetzen *würde*, wenn entsprechende Rahmenbedingungen herrschten? Der sogenannten «österreichischen Schule» von Nationalökonomen kommt das Verdienst zu, die Funktionsweise des Marktes als «Entdeckungsverfahren», so Friedrich von Hayek, beschrieben und erklärt zu haben. Auch wenn die einzelnen Akteure sehr wenig darüber wissen, welche Entscheidungen sich lohnen könnten und welche nicht, gibt ein funktionierender Markt am Ende oft denjenigen Recht, die den besseren «Riecher» hatten, oder einfach durch Zufall das «Richtige» getan haben. Nun schließen die österreichischen Ökonomen aus dieser Erkenntnis meist, der Staat solle sich voll und ganz aus wirtschaftlichen Entscheidungen zurückziehen, nur die Rahmenbedingungen, wie etwa die Rechtsordnung, festlegen und für deren Einhaltung sorgen. Wir sind nicht dieser Auffassung und sehen auch andere wichtige Aufgaben für den Staat. Wir meinen aber, daß eine evolutionäre Sicht des wirtschaftlichen Wandels und die Betonung des Innovationspotentials von Märkten bei einer Ausgestaltung ökologischer Wirtschaftspolitik sehr ernst zu nehmen sind. Gerade die Bedeutung des Marktes als Entdeckungsverfahren für Innovationen könnte das Problem ihrer Nicht-Vorhersehbarkeit teilweise lösen. Wir werden uns später in diesem Buch noch ausführlich mit diesem Thema auseinandersetzen.

Anmerkungen

1 Vgl. Schmidt-Bleek, 1993a, 1993b, 1994. Der internationale Factor 10 Club hat sich eine Dematerialisierung um den Faktor 10 in den nächsten 50 Jahren zum Ziel gesetzt; Factor 10 Club, 1994.

2 So nennt in Österreich der Nationale Umweltplan (NUP) explizit eine Reduktion um den Faktor 10. Ähnliches wurde und wird in den Niederlanden, in Canada und bei Formulierung des britischen Umweltplans diskutiert. Im niederländischen nationalen Umweltplan NEPP 2 und in den Recyclingzielen der britischen Regierung finden sich zumindest sektoral diese Forderungen. Ähnliche Ziele hat sich auch der World Business Council for Sustainable Development (WBCSD) zu eigen gemacht. Vgl. zu Sustainability-Indikatoren – insbesondere im europäischen Kontext vgl. Spangenberg 1995a, 1995b, 1996.

3 Bei der Beurteilung von Gegenmaßnahmen ist neben dem ökologischen Nichtwissen aber auch das sozioökonomische Nichtwissen ein Problem. Auf den Umstand, daß sich auch sozioökonomische Prozesse nicht einfach steuern lassen, wird in Kapitel fünf näher eingegangen.

4 Schmidt-Bleek, 1994, S. 63.

5 Neben dem Verursacherprinzip werden in der vorherrschenden Umweltpolitik noch andere Prinzipien verfolgt. Am bekanntesten ist das Gemeinlastprinzip, nach dem die Kosten der Umweltbeeinträchtigungen allen Mitgliedern der Gesellschaft aufgebürdet werden. Die Finanzierung von Altlastensanierungen aus dem öffentlichen Haushalt ist ein Beispiel dafür. Nach dem Nutznießerprinzip kompensieren die Nutznießer einer Umweltverbesserung (also die eigentlich Geschädigten) die Verursacher der Umweltverschmutzung, nicht selten aus sozialpolitischen Gründen. Als Beispiel für das zuletzt erwähnte Prinzip sei der baden-württembergische Wasserpfennig genannt, der zum Teil den dort ansässigen Landwirten als Ausgleich für deren höhere Kosten durch Einschränkung der Nitratdüngung gezahlt wird, vgl. Bonus 1986. Für einen Überblick über die Prinzipien der traditionellen Umweltpolitik siehe z.B. Cansier, 1993, S. 130–154. Wir stellen diesen Prinzipien im nächsten Kapitel das Vorsichtsprinzip gegenüber.

6 Schmidt-Bleek, 1994, 63ff. Zum Vorhergehenden auch Bartmann/Borchers, 1993, 45f.

7 Vgl. Schmidt-Bleek/Liedtke, 1995b. Zur Problemverlagerung zwischen den Umweltmedien siehe Jänicke, 1988, S. 22.

8 Instrumente, die zur Umsetzung des Verursacherprinzips diskutiert werden, sind in einer am Vorsichtsprinzip orientierten Politik nicht obsolet, aber auch nur Teil eines umfassenderen Maßnahmenmixes; wir kommen darauf im zehnten Kapitel dieses Buches zurück.

9 Jonas, 1984, S. 391; die Hervorhebung wurde aus dem Original übernommen.

10 Siehe für eine Charakterisierung des Gegenstandes der Erkenntnistheorie z.B. Diemer/Frenzel, 1958, S. 51–78.

11 In der Kritik der reinen Vernunft erarbeitet Kant diese Erkenntnisse und baut sie zu einer transzendentalen Ästhetik aus; vgl. Kunzmann et al., 1992, Störig, 1992 und Ditfurth, 1981.
12 Die folgenden wörtlichen Zitate stammen aus Maturana, 1994, S. 34–51.
13 In der Soziologie hat vor allem die Systemtheorie Luhmanns den Autopoiese-Begriff bekannt gemacht, siehe dazu Kapitel sieben.
14 Lorenz, 1943, S. 235ff., zitiert nach Störig, 1992, 696. Ein Überblick über die evolutionäre Erkenntnistheorie von Konrad Lorenz findet sich in Lorenz, 1992, 226–245. Siehe auch Riedl, 1985.
15 Das Bild mit dem Kapitän stammt aus Störig, 1992, 698f. Als einer der Hauptvertreter des Konstruktivismus gilt Paul Watzlawick, vgl. z.B. Watzlawick, 1976.
16 O'Connor, 1994, S. 610.
17 Bartmann/Borchers, 1993, S. 196.
18 In diesem Sinne verwendet z.B. Schmidt-Bleek, 1994, den Vorsorgebegriff (S. 65ff. und 122ff.).
19 Vgl. auch Daly/Costanza/Bartholomew, 1991.
20 Vgl. Weizsäcker/Weizsäcker, 1986, Weizsäcker 1990, 1993. «Fehlerfreundlichkeit» bedeutet, «daß Technik weder auf technisch vollkommene noch moralisch integre Menschen angewiesen ist» und «bedeutet auch Experimentier- und Innovationsfreundlichkeit» (Weizsäcker, 1990, S. 107).
21 Zitiert nach El Serafy, 1989.
22 BUND/Misereor, 1996.
23 Schmidt-Bleek, 1994.
24 Factor 10 Club, 1994.
25 Schmidt-Bleek, 1994, S. 168; vgl. auch Factor 10 Club, 1994. Die Notwendigkeit einer Reduktion der Stoffströme um ca. 50 Prozent auf globaler Ebene wird von einer Reihe von Studien nahegelegt, vgl. z.B. Weterings/Opschoor, 1992, IPCC, 1991, Friends of the Earth Europe, 1995.
26 Milieudefensie/Institut für Sozial-ökologische Forschung, 1994, S. 174 und 189.
27 Voss, 1994a, S. 6.
28 Bringezu, 1993b, 1996.
29 Vgl. z.B. Klemmer, 1994.
30 Ökonomisch kann man die *materiellen Inputs* auch als Produktionsfaktoren betrachten, so wie Arbeit und Kapital. Auch wenn wir diese nicht ökonomisch bewerten, so stellen sie doch eine physische Grundlage jeglicher Produktionsprozesse dar. Ohne Material und Energie ist keine Produktion möglich. Man kann auch sagen: die potentiellen Umweltschäden, die jeder Verbrauch von Material und Energie verursacht, führen zu ökologischen Kosten, die nur zu einem kleinen Teil von den Verursachern getragen werden. Wir kommen darauf in Kapitel 6 zurück.
31 Gleich, 1994.
32 Schmidt-Bleek, 1994, S. 66.
33 Die derzeit umfangreichste Darstellung der Methodik der Materialintensitätsanalyse findet sich in Schmidt-Bleek (Hrsg.), 1996. Darüber hinaus wurden in den verschiedensten Zusammenhängen für unterschiedliche Zwecke Idee

und erste Ergebnisse veröffentlicht. Die hier wiedergegebenen Zahlen stammen aus Schmidt-Bleek/Liedtke, 1995a, 1995b, Stiller, 1995a, 1995b, Kranendonk/Bringezu, 1993, Merten et al., 1995, Rohn et al., 1995, Manstein, 1995. Makroökonomische Berechnungen finden sich in Behrensmeier/Bringezu, 1995a, 1995b, sowie BUND/Misereor, 1996. Als Leitfaden zur ökologischen Produktentwicklung verweisen wir auf Schmidt-Bleek/Tischner, 1995. Vgl. außerdem Stahel, 1995, sowie Weizsäcker et al., 1995.

34 Der Materialinput, wie er am Wuppertal Institut für Produkte, Dienstleistungen und ganze Wirtschaftsregionen erfaßt wird, läßt sich aber weiter disaggregieren, also in seine Einzelbestandteile aufspalten. Es ist also auch prinzipiell denkbar, einen Schlüssel einzuführen, nach dem die verschiedenen Inputs unterschiedlich gewichtet werden. Dann stellt sich aber sofort die Frage, wie. Wenn wir davon ausgehen, daß wir über die tatsächlichen Umweltgefährdungen nur sehr wenig wissen, ist es entsprechend schwierig, eine solche Bewertung durchzuführen.

35 In der Praxis stellt man sehr schnell fest, wo man die Analyse abbrechen kann, weil bestimmte Materialeinsätze (insbesondere der von Investitionsanlagen) für das Endergebnis nicht ins Gewicht fallen und daher vernachlässigt werden können.

36 Schmidt-Bleek/Tischner, 1995, Stahel, 1995, Weizsäcker et al., 1995.

37 Wegner, 1995.

4 Normative Ausgangspunkte für eine ökologische Wirtschaftspolitik

In den bisherigen Kapiteln ging es vor allem um die Frage, wie aus unserer Sicht eine *ökologisch* zukunftsfähige Entwicklung aussehen kann. Wir haben aber auch gesehen, daß ökologische Normen nicht unabhängig davon sind, wie wir die Gesellschaft und ihre Umwelt *verstehen*. Wäre die Welt eine einfache kartesianische Ursache-Wirkungs-Maschine, dann würde ein umweltpolitisches Leitbild ganz anders aussehen als das eben skizzierte. Unser heutiges Wissen über ökologische Gleichgewichte als komplexe, selbstorganisierende Systeme führt uns jedoch dazu, ein Vorsichtsprinzip anzustreben, das in Kapitel drei mit Hilfe des Leitbildes der Dematerialisierung konkretisiert wurde.

Die Unterscheidung zwischen positiver und normativer Analyse, also zwischen dem was «ist» und dem, was «sein soll», um die man in den Sozialwissenschaften (einschließlich der Ökonomik) nicht herum kommt, ist in den letzten Jahrzehnten immer unschärfer geworden. Eine strenge Trennung zwischen Sein und Sollen ist schlicht nicht zu erreichen. Allerdings wurde die Diskussion, welche Rolle Normen und Werthaltungen in der Wissenschaft spielen, bisher zumeist in die entgegengesetzte Richtung geführt und gefragt, ob positive Analyse wertfrei sein kann oder ist.[1] Ergebnis dieses Diskurses ist, daß völlig wertfreie Aussagen nicht zu treffen sind, auch nicht in einer noch so sehr um «Objektivität» bemühten Wissenschaft.[2] Jeder Theorie liegt ein gewisses Gebäude an Werten, Normen, Einstellungen zugrunde, die aber oftmals hinter technisch-formalen Theorien verborgen sind. Der Wissenschaftstheoretiker Thomas S.

Kuhn spricht von sogenannten «Paradigmen».[3] Ändern sich Grundeinstellungen und Normengerüste, kann ein ganzes Erkenntnisgebäude in sich zusammenstürzen, und neuere Architekturen bestimmen von nun an das wissenschaftliche Erscheinungsbild. Daher ist es wichtig, das Paradigma, auf dem eine wissenschaftliche Aussage beruht, offenzulegen und Werteinstellungen zu offenbaren. Wissenschaft wird dadurch transparenter, dem gesellschaftlichen Diskurs eher zugänglich, aber auch offener gegenüber Kritik.

Umgekehrt – und das ist hier von Interesse – sollten Normen wissenschaftliche Erkenntnisse berücksichtigen. Wozu müssen aber Normen überhaupt begründet werden, gerade unter dem Postulat der Entscheidungsfreiheit? Reicht es nicht festzustellen, daß die Menschen einer Gesellschaft Pluralität oder Gerechtigkeit wollen? Nun, zunächst ist es wichtig, Argumente für eine Norm zu haben, wenn man andere davon überzeugen möchte. Dies gilt dann erst recht, wenn sich tatsächliche oder scheinbare Widersprüche zu anderen Normen ergeben, wie – in unserem Fall – zwischen dem des Umweltschutzes einerseits sowie politischen und sozialen Zielen andererseits.

Ökonomen sind üblicherweise sehr sensibel, wenn es um die Formulierung von Normen geht. Eine grundlegende Norm, die die meisten Ökonomen akzeptieren, ist das sogenannte *Pareto-Optimum*, eine Situation, in der keine Person besser gestellt werden kann, ohne eine andere schlechter zu stellen. Eine solche Situation ist schon eine sehr starke Forderung und in der Realität kaum zu erreichen. Zu den Annahmen des Pareto-Optimum gehört unter anderem, daß externe Effekte nicht auftreten. Etwas, das nicht zu erreichen ist, sollte aber – so unsere These – auch nicht Grundlage eines ganzen Wertegebäudes sein, wie dies in der traditionellen Lehrbuch-Ökonomik der Fall ist. Auch das Verursacherprinzip ist eine Norm, die sich sowohl aus Gerechtigkeitsaspekten wie auch aus ökonomischen Gesichtspunkten ableiten läßt. Wenn es in seiner strengen Form nicht erreicht werden kann, ist eine abgeschwächte Formulierung, die das Verursachen von Stoffströmen verringern und so *indirekt* Schäden vermeiden will, besser. Die Wissenschaft kann uns also normative Entscheidungen nicht abnehmen. Sie kann uns aber sagen, welche Wünsche erfolgversprechend sind und welche nicht. Eine Gesellschaft ist dann gut beraten, diese Erkenntnisse einzubeziehen, wenn sie z.B. für sich formuliert, was sie umweltpolitisch anstreben möchte.

Nachdem wir unsere «Umweltnorm» bereits in Kapitel drei ausführlich dargelegt und begründet haben, befassen wir uns in diesem Kapitel zunächst mit den Werten Entscheidungsfreiheit (Libertät) und Pluralismus (4.1) und fragen dann nach Möglichkeiten, innerhalb dieses normativen Rahmens regulierend in die Gesellschaft einzugreifen (4.2). Als weitere zentrale Werte behandeln wir Demokratie (4.3) und Gerechtigkeit (4.4). Gerechtigkeit ist schon in der Definition von Sustainability angelegt. Die Beschäftigung damit und mit den anderen Werten (Demokratie, Pluralismus und Libertät) ergibt sich aus dem zentralen Anliegen dieses Buches: (Wie) ist Zukunftsfähigkeit erreichbar unter *gleichzeitiger* Verfolgung der anderen, ebenso wichtigen gesellschaftlichen Ziele?

Immer wieder wird ein Widerspruch zwischen einer ökologischen Politik und Entscheidungsfreiheit, Gerechtigkeit oder Demokratie vermutet, gesehen oder konstruiert. Gerhard Voss schreibt etwa in seiner Kritik an der Studie «Zukunftsfähiges Deutschland»: «Verzicht auf wachsende Einkommen müßte befohlen und der technische Fortschritt vorgeschrieben werden. Mit einer solchen Umsetzung des Prinzips der Nachhaltigkeit ist der Weg in eine ökologische Planwirtschaft, in die menschenverachtende ‹Ökodiktatur› vorgezeichnet.» Dabei werden die Argumente, die in der Studie gegen eine solche Sicht der Dinge vorgebracht werden, vorsorglich ignoriert. Aber auch andere Wissenschaftler unterschiedlicher Couleur, wie Paul Klemmer, David Pearce und Joseph Huber, haben sich wiederholt ähnlich zu unseren Vorschlägen der Stoffstromreduzierung geäußert. Da wir uns in diesem Buch genau mit diesen Anfechtungen auseinandersetzen wollen, gilt es zunächst, unsere Vorstellungen von diesen Grundnormen zu definieren.

4.1 Entscheidungsfreiheit und Pluralismus

Ein Schlüsselbegriff unserer Zeit ist *Pluralismus*. In zweifacher Weise findet er Eingang in die gesellschaftspolitische Diskussion. Einerseits bezeichnet Pluralismus die Vielgestaltigkeit weltanschaulicher, politischer und gesellschaftlicher Phänomene und kann überall in unserer Gesellschaft beobachtet werden. Andererseits wird Pluralismus als politische Forderung postuliert: Unterschiedliche individuelle Wünsche der Lebensgestaltung sollen berücksichtigt werden, jede/r sollte innerhalb der gesellschaftlich gesetzten Grenzen der Freiheit tun und lassen dürfen, was sie/er will. Im weiteren liegt die zuletzt genannte Bedeutung der Begriffsverwendung zugrunde: *Pluralismus* als Norm, also für die Gestaltung von Politik. In diesem Zusammenhang steht die Forderung nach Libertät, nach Bewegungs- und Handlungsfreiheit. Wenn wir uns weiter unten mit methodologischen Fragen unserer Wissenschaft auseinandersetzen, dann wird auch dort ein (methodologischer) Pluralismus im Vordergrund stehen.

Libertät und Pluralismus als Norm hängen eng miteinander zusammen. In beiden Fällen geht es um die individuelle Entscheidungsfreiheit. Je diverser die individuellen Wünsche und Ausgangschancen sind, desto diverser ist das Ergebnis. In einer Gesellschaft, in der Wünsche und Ausstattungen, wie etwa Einkommen und Vermögen, stark von gemeinsamen Wertvorstellungen geprägt sind, erwarten wir demnach eine geringere Ausdifferenzierung der individuellen Präferenzen als bei immer unterschiedlicher werdenden Rahmenbedingungen für menschliche Entscheidungen. Wenn Libertät, also Bewegungs- und Handlungsfreiheit, seit der Aufklärung und in den letzten Jahrzehnten unter ökonomischen Aspekten noch einmal verstärkt zu einem zentralen Wert unserer Gesellschaft geworden ist, folgt ihr nun die Forderung nach Pluralismus fast notwendigerweise auf dem Fuße.

Unsere Gesellschaft ist längst nicht mehr so homogen wie noch vor wenigen Generationen. Beschrieben Soziologen eine Gesellschaft früher anhand einzelner Schichten bzw. Klassen – man denke an die alten Aufteilungen nach Ständen (Adel, Klerus, Kaufleute, Arbeiter, Bauern) oder das Marxsche Klassenmodell – so kann unsere heutige Gesellschaft kaum noch in solchen Kategorien beschrieben werden. Eine schwer zu charakterisierende, alle Gesellschaftsbereiche umfassende Mittelschicht, eine Ausdifferenzierung zwischen einem diffusen «Oben» und «Unten», gleichzeitig eine wachsende soziale Ungleichheit und Verarmung – all das sind Charakteristika, Symptome eines grundlegenden Wandels innerhalb der Gesellschaften, der sich einer einheitlichen Beschreibung mit wissenschaftlichen Begriffen weitgehend entzieht. Das Bild unserer Gesellschaft hat viele Facetten[4]:

- Lebensstile werden immer uneinheitlicher, die Art der Lebensführung immer pluralistischer. Statt einheitlicher Einstellungen, Wertvorstellungen und Konsumstile beherrscht eine Patchwork-Decke verschiedener Lebensmuster das Erscheinungsbild unserer Gesellschaft.
- Wesentliche Determinanten für diese Lebensstile, Werthaltungen und Konsummuster lassen sich immer schwieriger herausfiltern. Nicht mehr allein Einkommen, Geschlecht und Milieu, sondern auch Rollenverständnis, berufliches Umfeld, Kinderzahl, Selbstbild, und, und, und ... beeinflussen das Verhalten der einzelnen. Marktforscher können ein Lied davon singen, wie schwierig das Herausfiltern bestimmter Einflußfaktoren, z.B. auf das Konsumverhalten, geworden ist.
- Traditionelle Lebensformen wie die Großfamilie und heute auch die Kleinfamilie oder Schichtenmilieus lösen sich immer mehr auf. Die Menschen werden «aus Klassenzusammenhängen und sozial-moralischen Milieus herausgelöst und zur Beschaffung ihres Lebensunterhaltes und der Wahrnehmung ihrer Rechte verstärkt auf sich selbst verwiesen».[5]

Im Gegensatz dazu kann man aber auch insbesondere im internationalen Vergleich eine Homogenisierung von Lebensstilen feststellen. Als Beispiele mögen hier die sich immer ähnlicher werdenden Restaurants und Einkaufszentren in den verschiedenen Teilen der Welt genügen.

Diese gesellschaftlichen Tendenzen wurden von den Mitgliedern der Gesellschaft nicht so gewählt. Zum Teil sind diese Änderungen das Ergebnis komplexer, einander beeinflussender, politischer, wirtschaftlicher und sozialer Prozesse. Dennoch ist die (freie) Entscheidung über den eigenen Lebensstil zu einer zentralen Norm in unserer Gesellschaft geworden. Diese Entscheidung bestimmt die

Programme politischer Parteien ebenso wie die Kulturseiten unserer Zeitungen und die Forschungsprogramme praktisch aller Gesellschaftswissenschaften. In der Ökonomik spielte die Forderung nach der individuellen «Souveränität der Konsumenten» spätestens seit dem Zurückdrängen des Keynesianismus in den siebziger Jahren eine zentrale Rolle, von dem die Ökonomik in großen gesellschaftlichen Gruppen (Makroökonomik) und – soweit überhaupt mikroökonomisch fundiert – von der Produzentenseite her gedacht wurde. Unter Konsumentensouveränität versteht man im *deskriptiven* Sinne die Lenkung des Marktgeschehens durch die Entscheidungen der Konsumenten. Im *normativen* Sinne besagt der Begriff, daß die Marktergebnisse den Konsumentenwünschen entsprechen sollen. Die Konsumentensouveränität unterliegt aber zahlreichen Beschränkungen. Erstens ist, wenn sich die Preise auf dem Markt bilden, das Ergebnis nicht nur von den Konsumenten, sondern auch von den Produzenten abhängig. Zweitens haben Konsumenten und Produzenten nur dann gleiche Chancen, auf den Märkten ihre Wünsche durchzusetzen, wenn dort ein ausreichender Wettbewerb herrscht, also nicht in monopolistischen und oligopolistischen Märkten. Drittens erfordert Konsumentensouveränität ausreichende Informationen. Informationen sind aber in der Realität beschränkt und beeinflußt (wir kommen darauf im nächsten Kapitel noch einmal zurück). Zusätzlich beeinflussen sowohl die Einkommens- und Vermögensverteilung wie auch bestimmte Machtverhältnisse, ebenso wer in welchem Ausmaß seine oder ihre Wünsche durchsetzen kann, wie gesellschaftliche Strukturen, Institutionen, kulturelle Bedingungen, Sitten und Gebräuche. Dazu gehört zum Beispiel das Verhältnis zwischen Männern und Frauen in einer Gesellschaft, aber auch alle Einschränkungen durch die Politik. Libertät und Pluralismus werden aber nicht nur aus rein gesellschaftspolitischen Beweggründen gefordert, sondern auch aus ökonomischen. Die für einen ökologischen Strukturwandel so notwendigen Innovationen erfordern Handlungsmöglichkeiten. In einer komplexen Welt gibt es immer ein großes Potential an Handlungsmöglichkeiten, die die Akteure (insbesondere Unternehmen und Konsumenten) aufgreifen können, von denen aber nur ein geringer Teil wirklich genutzt und damit handlungsrelevant wird.

Viele Gründe also für Entscheidungsfreiheit als Norm. So scheint es auf den ersten Blick wenig wahrscheinlich, daß jemand noch ernstlich diese Grundwerte in Frage stellen würde. Aber wie weit reicht überhaupt die Möglichkeit, sich frei zu entscheiden?[6] Im Zusammenhang mit der von den Ökonomen gerne postulierten Konsumentensouveränität haben wir bereits einige Einschränkungen genannt. Wir wollen uns hier nicht zu weit auf philosophisches Glatteis wagen. Wichtig ist in diesem Zusammenhang aber noch ein anderer Gesichtspunkt. Die Entscheidungsfreiheit zweier oder mehrerer Menschen in einer Gesellschaft – oder mehrerer Gesellschaften untereinander – kann zu einem Konflikt führen, wenn – was sehr oft der Fall ist – die Entscheidung des oder der einen die Handlungsmöglichkeiten anderer beschränkt. Die Grenzen individueller Freiheit beginnen dort, wo durch eigenes Handeln die Freiheit anderer beeinträchtigt wird. Weil dies in sozialen Systemen praktisch immer der Fall ist, werden gerade zur Aufrechterhaltung von Handlungsmöglichkeiten Regeln benötigt, die solche Konflikte lösen können. Die bedeutendsten solcher Regelwerke sind neben Sitte, Tradition und kulturellen Normen Märkte und Rechtsordnungen. Eine Rechtsordnung legt fest, unter welchen Bedingungen wer was darf. Hier ist insbesondere die Eigentumsordnung zu nennen. Märkte haben die Eigentumsordnung zur Grundlage, die besagt, daß Handlungsmöglichkeiten vor allem denjenigen zustehen, die dafür bezahlen. Wer ein Haus kauft oder mietet, kann andere ebenso von der Nutzung ausschließen wie der Besitzer einer Eintrittskarte für ein Rolling-Stones-Konzert. So weit, so gut.

Mindestens zwei Einschränkungen dieses Prinzips sind aber im Zusammenhang mit der Umweltproblematik zu nennen. *Erstens*: Umweltschäden schränken auch Freiheiten ein, und zwar vor allem die derjenigen, die nicht selbst von der umweltbeeinträchtigenden Aktivität profitieren. Aber auch die Freiheiten derer, die sich dafür entscheiden, Umweltbeeinträchtigungen zuzulassen, werden längerfristig durch die Zerstörung der eigenen Lebensgrundlagen eingeschränkt. Pluralität braucht (wie alles Gesellschaftliche) eine Grundlage, die sozioökonomische Entwicklung erst möglich macht: eine Umwelt, in der Menschen (über-)leben können. Wie frei kann sich ein Mensch noch entscheiden, wenn er über die zum Überleben dringend benötigten materiellen und natürlichen Grundlagen nicht verfügt?

Umweltpolitik bleibt daher auch in einer Gesellschaft, in der Pluralismus und Libertät hochgeschätzte Werte sind, unabdingbar. Daß die Grundlagen gesellschaftlicher Entwicklung durch die anthropogenen Umwelteingriffe gefährdet sind, dürfte heute kaum bestritten werden. Aber gerade, wenn man will, daß Menschen gut leben können, ist es notwendig, den Umweltverbrauch in sinnvoller Form zu begrenzen, ohne daß wir für andere bestimmen müßten, was ein *gutes Leben* ist. Ein gutes Leben ist jedenfalls nicht möglich, wenn Überschwemmungskatastrophen, Nahrungsmittelknappheit, umweltbedingte Krankheiten und Kriege um Zugang zu Ressourcen an der Tagesordnung sind.

Zweitens schränken umweltpolitische Eingriffe in die Wirtschaft auch Freiheiten derjenigen ein, die diese Politik nicht befürworten. Das demokratische und marktwirtschaftliche System hat ja auch die Umweltprobleme, von denen hier die Rede ist, mit sich gebracht. Es ist also weniger die Frage «Freiheit oder Umweltpolitik», sondern es geht eher darum, *welche* und *wessen* Freiheit eingeschränkt wird.

4.2 Welche «Regeln» sind erlaubt?

Hier wird aber auch noch eine andere Problematik deutlich. Die Entscheidung, Umweltpolitik zu betreiben oder nicht, kann nur *für eine Gesellschaft insgesamt* getroffen werden, nach welchen Regeln auch immer: als (wohlwollende?) Diktatur oder demokratisch legitimiert. Kollektive Entscheidungen zu treffen auf der Basis individueller Präferenzen, ist etwas anderes als individuell für sich selbst zu entscheiden. Eine Einschränkung der Freiheit einzelner Individuen ist bei jeder demokratischen Entscheidung unvermeidlich. Um so mehr erstaunt dabei, wie Hajo Riese es formuliert, «die Selbstverständlichkeit, mit der [... der Neoliberalismus] das individualistische Ideal, sich frei zu betätigen, auf die Gesellschaft überträgt, sich eine Gesellschafts- und Wirtschaftsordnung zu wählen».[7]

Die für eine Erhaltung der menschlichen Lebensgrundlagen notwendige Reduzierung der Stoffströme läßt sich aber nicht allein aufgrund freiwilliger Verhaltensänderungen erreichen. Vor allem deshalb nicht, weil der und die einzelne nie sicher sein können, ob die anderen mitmachen. Wir brauchen allgemein verbindliche Regeln selbst dann, wenn *alle* Mitglieder einer Gesellschaft entsprechende Verhaltensänderungen für sinnvoll halten. Nachfolgend wollen wir nun genauer untersuchen, wie unter diesen Umständen gesellschaftliche Regeln, die zu einer materiellen Selbstbeschränkung der Gesellschaftsmitglieder führen, gerechtfertigt werden können. Unter Regel verstehen wir hier gesellschaftliche Übereinkommen formeller oder informeller Art, die menschliches Verhalten beeinflussen wie zum Beispiel soziale Konventionen, gesetzliche Verbote oder Verfassungen. Ein Ziel dieses Buches ist es aufzuzeigen, wie umweltpolitische Regeln aussehen können, die der sozioökonomischen Belastungsfähigkeit der Gesellschaft ebenso Rechnung tragen wie der ökologischen Belastungsfähigkeit der Natur. Dabei ist zu zeigen, daß die Forderung nach einer Reduktion des Umweltverbrauches grundsätzlich mit dem Postulat der Entscheidungsfreiheit verträglich ist. Nicht jede Vorschrift ist aber geeignet, sozialen, ökologischen und liberalen Forderungen gleichzeitig Rechnung zu tragen. Aber welche *sind* geeignet? Wie können diese Konflikte gelöst werden, will man das Postulat der individuellen Entscheidungsfreiheit aufrechterhalten?

Ein kurzer Blick auf die Entstehung des heutigen Wirtschaftssystems in der Bundesrepublik verdeutlicht die Problematik. Der Ökonom Walter Eucken, Begründer der sogenannten Freiburger Schule, stand Ende der 30er Jahre vor ähnlichen Fragestellungen. Als engagierter Gegner des Nazi-Regimes und in Verachtung totalitärer, freiheitseinschränkender Diktaturen sann er zusammen mit befreundeten Ökonomen und Soziologen über ein alternatives Wirtschafts- und Gesellschaftssystem nach. Dabei sah er gleichzeitig das Konzept einer *freien* Marktwirtschaft als gescheitert an. Sich selbst überlassen, entwickle sich der Markt immer stärker zu einer Konzentration von Unternehmen, was tendenziell zu weniger Wettbewerb führt. Zudem könne «das Anliegen der sozialen Gerechtigkeit ... nicht ernst genug genommen werden».[8] In diesem Konflikt zwischen individueller Freiheit und sozialen Zielsetzungen postuliert Eucken die Notwendigkeit, eine *Ordnung* zu schaffen, ein

Set von Regeln, innerhalb deren sich die Individuen entfalten könnten. Dieser *Ordnungsrahmen* diente ihm als Garant für eine sozial gerechte Entwicklung innerhalb der Gesellschaft. Die Vorstellungen von sozialer Gerechtigkeit sollten darin verwirklicht werden und die Freiheiten der Individuen so begrenzt, daß dadurch ein gerechtes und freiheitliches Zusammenleben erst ermöglicht werde.

Die Schaffung eines solchen Rahmens postulierte Eucken als entscheidende Aufgabe der Wirtschaftspolitik. Eine Ordnungspolitik nach Euckenschem Vorbild sollte sich an bestimmten Prinzipien orientieren, sogenannten *konstitutiven* und *regulierenden* Prinzipien. Konstituierend sind dabei die Orientierung der Wettbewerbspolitik an der vollständigen Konkurrenz, die Sicherung von Privateigentum, die Stabilisierung der Währung, die Sicherung offen zugänglicher Märkte sowie von Vertragsfreiheit und der Haftung des Eigentums. Zudem sollte eine *Konstanz der Wirtschaftspolitik* die Erwartungen der Marktteilnehmer stabilisieren. Monopolkontrolle, Einkommenspolitik, die Festsetzung von Mindestlöhnen und der Schutz der Produktionsfaktoren (worunter Eucken neben der menschlichen Arbeitskraft auch die natürlichen Ressourcen versteht) zählen zu den regulierenden Prinzipien. Ein Set von Regeln, das sich an diesen Prinzipien orientiert, gewährleistet nach Eucken ein freiheitliches Leben, ohne daß damit die Grenzen der Freiheit des einzelnen überschritten würden. Darauf basiert im wesentlichen die Wirtschaftsverfassung der heutigen Bundesrepublik Deutschland (soziale Marktwirtschaft).

Erweitert man den Focus auf ökologische Probleme und sieht in diesen eine vehemente Bedrohung des gesamtgesellschaftlichen Systems, liegt die Übertragbarkeit des Konzeptes Euckens, aber auch die angesprochene offene Problematik, auf der Hand. *Es muß ein neuer Ordnungsrahmen geschaffen werden, der das Überleben der Gesellschaft und den Schutz ihrer natürlichen Lebensgrundlagen gewährleistet.* Physikalisch-biologisch stellt der «Umweltraum» einen solchen Rahmen dar. Der Umweltraum stellt wie der Ordnungsrahmen Euckens nicht nur eine Begrenzung dar, sondern auch einen Raum, innerhalb dessen sich eine Gesellschaft und ihre Mitglieder bewegen und entwickeln können. Dieser Raum kann durch die richtigen Maßnahmen ausgedehnt werden – oder er verringert sich durch die schleichenden Umweltkatastrophen. Die Frage bleibt, wer über einen zukünftigen Ordnungsrahmen entscheidet. Ohne die Chance auf Beteiligung am ökologischen Diskurs bleibt die Forderung nach Pluralismus ein leeres Konzept. Pluralismus – z.B. von Lebensstilen – ist schließlich auch dann gefährdet, wenn die Grundlage der gesellschaftlichen Entwicklung (die Umwelt) so übernutzt wird, daß «ökodiktatorische» Regime sich ihren Weg bahnen können oder gar die Grundlage menschlichen Lebens überhaupt wegbricht.

4.3 Demokratie

Das Konzept Euckens wirft zwei entscheidende Fragen auf: Wer setzt den Ordnungsrahmen, und wie wird gewährleistet, daß die Regeln modifiziert werden können, wenn doch einmal die Grenzen der Freiheit überschritten werden? Als Odysseus und seine Gefährten auf die Meerenge zwischen Scylla und Charybdis zusteuerten, befahl er seinem Steuermann (dem «Piloten»), direkt auf den Felsen zuzuhalten, der gegenüber dem gefährlichen Strudel aus dem Wasser ragte. Er wollte dabei die drohende Charybdis umgehen, verschwieg aber, daß auf dem Felsen das mehrköpfige Ungeheuer Scylla lauerte. Der Preis: Seine besten Gefährten landeten im Rachen des Ungeheuers; mit Müh' und Not entkam der Rest der Mannschaft dem schon sicher scheinenden Tod. Odysseus verschwieg die Gefahr der Scylla, befahl autoritär auf sie zuzusteuern und nahm bewußt den Tod eines Teils seiner Mannschaft in Kauf. Sicher, so denkt vielleicht der vielbelesene Philologe, was hätte er auch anderes tun sollen? Entscheidend ist jedoch nicht das Verhalten des Odysseus, sondern das seiner Mannschaft: Ohne Widerstand und Widerspruch, im Vertrauen auf die Weisheit und Erfahrung des großen Seefahrers, steuerten sie direkt in den sicheren Tod, blind der Autorität folgend. Vielleicht hatten sie aber auch keine Alternative; wir haben sie noch.

Demokratie heißt «Herrschaft des Volkes». Über die Vorstellung, daß Menschen über ihre eigene Lebensverhältnisse bestimmen sollen, besteht ein breiter Konsens in demokratisch verfaßten

Gesellschaften. Freie Wahlen sind sicher ein wichtiger Bestandteil. Demokratie erschöpft sich aber nicht in der regelmäßigen Abgabe von Stimmzetteln. Spätestens seit Charles de Montesquieu gehört auch die Gewaltenteilung, die Trennung von Gerichten, Parlament und Exekutive, zum festen Bestandteil demokratischer Gesellschaften. Minderheitenschutz zählt aus unserer Sicht ebenso dazu wie Pressefreiheit, Informationsfreiheit sowie Mitbestimmung und Tarifautonomie. Wir sehen diese Forderungen als unerläßliche und teilweise erst noch zu verwirklichende Merkmale demokratischen Zusammenlebens an. Partizipation an umweltpolitischen Grundsatzentscheidungen, verstärkte Öffentlichkeitsbeteiligung und besserer Zugang zu Information bei ökologisch relevanten Entscheidungen sowie eine Ausweitung betrieblicher Mitbestimmung in ökologischen Fragen sind nur einige der möglichen Aspekte von Demokratie, die in unserem Zusammenhang von besonderer Bedeutung sind. Im dritten Teil dieses Buches gehen wir hierauf näher ein. Im folgenden begründen wir, warum eine immer stärkere Bedrohung der natürlichen Lebensgrundlagen für die Demokratie gefährlich sein kann.

Doug Brown weist darauf hin, daß es auch in der «Postmoderne» bei aller (tatsächlichen und geforderten) Pluralität eine Norm gibt, die nicht «bestreitbar» ist – die *demokratische Beteiligung* an Entscheidungsprozessen. Aber auch diese ist nicht einfach gegeben, sondern eine Norm. Die Gefahr ist groß – nicht nur die ökologische, sondern gerade die Gefahr, angesichts ökologischer Bedrohungen autoritären Tendenzen zu verfallen und sich vermeintlichen «Patentlösungen» zu überlassen. Das hohe Ziel des Überlebens der Menschheit trägt einen moralischen Impetus in sich, der seine Vertreter leicht anfällig macht, alles andere unterordnen zu wollen. Die Sehnsucht nach Natur und Heimat, nach Stabilität und Bodenständigkeit waren zwar lediglich einige von vielen, jedoch charakteristischen Elementen faschistischer Ideologien der dreißiger und vierziger Jahre. Zeitgenössische nationalistische Strömungen greifen diese Motive auf und verbinden sie mit ökologischen Themen. Aus dem Schutz der Umwelt wird der Schutz der nationalen Umwelt vor vermeintlichen Bedrohungen von außen. Zur Angst vor den und dem Fremden (im Grunde Ausdruck für die Angst des

Verlustes der eignen «Identität») und Ängsten um die materielle Existenz (angesichts steigender Armut und Arbeitslosigkeit) gesellen sich ökologische Bedrohungsängste. Zusammen scheint dies ein reicher Nährboden für nationalistische Rattenfänger aller Art zu sein. Auch dem österreichischen Populisten Jörg Haider kann man nicht vorwerfen, auf dem ökologischen Auge blind zu sein.

Prominentes Beispiel für eine Verbindung autoritären und ökologischen Gedankenguts ist der Mitbegründer der Grünen, Herbert Gruhl. Bereits in seinem in den 70er Jahren zum Bestseller avancierten «Ein Planet wird geplündert» sieht er das baldige Nahen eines ökologischen Ausnahmezustandes, der allein durch diktatorische Maßnahmen überwunden werden kann. Seine offene Forderung nach Abschaffung der Demokratie mündet in der Sicht, Aufgabe des Staates sei es, «eine Überlebensstrategie nicht nur zu konzipieren, sondern auch rücksichtslos durchzusetzen».[9] Langfristig hätten nur die rohstoffreichen Länder mit «leidensfähiger» Bevölkerung und starkem Militär eine Chance auf Bestand. Doch nicht nur von rechts, sondern auch am linken Rand des politischen Spektrums waren und sind schon immer totalitäre Lösungen und Tendenzen zur «Öko-Diktatur» als Antwort auf die ökologische Krise in der Diskussion. So machte in den 70er Jahren der marxistische Philosoph Wolfgang Harich von sich reden, als er als einer der ersten Marxisten in der DDR die Grenzen des Wachstums thematisierte. Er plädierte für einen «Kommunismus der Rationierung» und war der Überzeugung: «Das Proletariat wird bereit sein, für die Erhaltung der Biosphäre ... jedes Opfer zu bringen, von dem die Wissenschaft nachweist, daß es nötig ist.»[10] Freimut Duve charakterisierte die Vision Harichs als «einen starken, hart durchgreifenden Zuteilungsstaat, der sich – wohl auf ewig – auf ein wachstumsloses ökonomisches Gleichgewicht im Interesse der Erhaltung der Biosphäre einpendeln werde»[11]. Man sollte die Gruhlschen Schreckensvisionen vom Endkampf der Nationalstaaten um die verbleibenden globalen Ressourcen oder ähnliche Visionen Harichs nicht vorschnell als nicht ernst zu nehmenden, von der Zeit überholten Öko-Faschismus bzw. Öko-Stalinismus abtun. Zwar sind solche Szenarien wenig wahrscheinlich, wenn man davon ausgeht, daß sich ein handlungsfähiger Staat gegen revolutionäre Entwicklungen wehren kann. «Dies bedeutet jedoch nicht, daß es nicht zu anderen, versteckteren Formen einer ‹Ökodiktatur› kommen könnte.»[12] Die ökologische Problematik ist anfällig für derartige Tendenzen und bietet einen Nährboden für keimende Unfreiheit.

Warum ist das so? Wie kann man sich dagegen wehren? Als Wissenschaft ist die Ökologie holistisch, das heißt, sie betrachtet nicht einzelne Arten oder Individuen, sondern Lebenszusammenhänge und Lebensgemeinschaften. Ebenso trägt die Ökologie als politische Thematik eine stark holistische, die gesamte Gesellschaft umfassende Ausrichtung: Das Überleben der Menschheit geht alle an, alle Gruppen und Generationen, alle Berufe und Geschlechter, über alle gesellschaftlichen Unterschiede hinweg. Umweltschutz wird somit zur kollektiven Aufgabe. Ulrich Beck hat in seiner «Erfindung des Politischen» ironisch-sarkastisch polemisiert, daß es kein Entrinnen mehr gebe: «Jeder muß als kleiner Großhandelnder die Gesamtrettungsaktion der Erde, der Menschheit mitleisten. Es wird eine Totalverantwortlichkeit hergestellt, die keinen Schlupfwinkel mehr zuläßt.»[13] Noch mehr als eine militärische Bedrohung, die nur temporär die Existenz einer Gesellschaft gefährdet, drohe durch die ökologische Frage «eine Art Dauerkriegsfall. Hier *muß* gehandelt werden und zwar sofort, überall, von allen, unter allen Umständen.» Hierbei nicht die Gefahr totalitärer Tendenzen zu erkennen, hieße mit offenen Augen in den Rachen des Homerschen sechsköpfigen Ungeheuers zu steuern. «Gerade deswegen», so folgert Beck, «ist die Frage nach der *ökologischen Demokratie*, die das ... diktatorische Potential zähmt, mit der Freiheit und dem Zweifel der Moderne versöhnt, ... so elementar wichtig und dringlich.»

Vergessen werden darf dabei aber auch nicht die internationale Dimension. Die Ökologiefrage darf nicht ein weiteres Thema sein, bei dem die reicheren Länder mit ihrer Vorstellung von Politik das politische Leben in ärmeren Ländern dominieren. Auch globale Umweltpolitik darf nicht zu einer Dominanz weniger institutionalisierter Interessen, der Schutz globaler Ökologie nicht zum Schutz der Umwelt der Industriestaaten werden.[14] Eng mit Fragen gesellschaftlicher Partizipation und Gestaltungsmöglichkeiten angesichts der ökologischen Problematik verknüpft sind nicht zuletzt auch Aspekte sozialer Gerechtigkeit.

4.4 Gerechtigkeit

Ausgangspunkt der Forderung nach zukunftsfähiger Entwicklung ist nicht das Streben nach Umweltschutz, sondern ein ethisches Postulat, eine Gerechtigkeitskonzeption. Auch diejenigen, die «nur die Umwelt schützen wollen», haben zumindest implizit eine bestimmte Vorstellung von Gerechtigkeit. Denn: wenn man nicht eine Verantwortung für heute und zukünftig lebende Menschen verspürt, braucht man sich auch nicht um die Zerstörung der Umwelt zu kümmern – es sei denn, man folgt einer radikalen biozentrischen Ethik. Selbst dann ist es allerdings schwer begründbar, warum Bäume und Käfer erhaltenswert sein sollen, nicht aber Menschen. Die Umwelt spielt eine so entscheidende Rolle in der Diskussion um Zukunftsfähigkeit, weil sie – wie oben betont – Grundlage jedes sozioökonomischen Entwicklungsprozesses ist. Die Umwelt zu übernutzen heißt, *Zukunft unmöglich zu machen.* Mit einem Postulat der Gerechtigkeit zwischen den Generationen, das heißt einer fairen Verteilung von Lebenschancen zwischen den heute und in Zukunft lebenden Menschen, ist eine Gefährdung der Zukunft durch eine Zerstörung der natürlichen Lebensgrundlagen unvereinbar. Die heutigen Generationen sind aber schon von einer *intragenerativen* Gerechtigkeit, also einer gerechten Verteilung von Lebenschancen innerhalb der heute lebenden Generation, weit entfernt.

Wir sind der Ansicht, daß es sowohl die inter- als auch die intragenerative Gerechtigkeit erfordern, *heute* damit zu beginnen, den Energie- und Materialdurchsatz der industrialisierten Länder zu reduzieren. Herman E. Daly stellt fest, daß wir den Übergang «vom Wirtschaften in einer leeren Welt zum Wirtschaften in einer vollen Welt» vollzogen haben.[15] Die von verschiedenen Wissenschaftlern erarbeiteten Szenarien bestätigen dies. Und das gilt nicht nur für den Ressourcenverbrauch und die Belastung der Senken, sondern auch für den Flächenverbrauch. Schon das Konzept des ökologischen Fußabdruckes (vgl. Abschnitt 3.4) macht deutlich, daß das Entwicklungsmodell des Nordens nicht auf den Rest der Welt übertragbar sein wird, ohne daß schwerwiegende ökologische und damit soziale Konsequenzen die Folge wären.

Gerechtigkeitsaspekte spielen nicht nur bei der Begründung unserer Umweltnormen eine zentrale Rolle, sondern sollten dies auch bei der *Umsetzung* einer Dematerialisierung tun. Hier ist insbesondere dafür Sorge zu tragen, daß die Umsetzung von Dematerialisierung nicht zur Verletzung gesellschaftlich akzeptierter Gerechtigkeitsnormen führt – nicht nur von einem ethischen Standpunkt her, sondern auch aus ökologischem Interesse. Politische Widerstände, die sich aus einer ungleichen Nutzen- und Lastenverteilung von umweltpolitischen Maßnahmen nähren, haben nicht selten zum Scheitern der entsprechenden Reformvorhaben geführt. Angesprochen sind hierbei zwei Aspekte intragenerativer Gerechtigkeit. Zum einen dürfen die Auswirkungen einer Dematerialisierung in den Industrieländern der nördlichen Halbkugel nicht zu Lasten der (bislang) von Rohstoffexporten abhängigen sogenannten «Entwicklungsländer» und der Transformationsländer im Osten gehen. Negative Effekte einer Dematerialisierung auf rohstoffexportierende Länder könnten nicht nur zur Stagnation in ohnehin schon instabilen Gesellschaften führen, sondern auch zu Gegenreaktionen der exportierenden Länder, z.B. in Form von massiven Preissenkungen für Rohstoffe, die die Wirksamkeit der in den Industrienationen eingesetzten umweltpolitischen Instrumente unterlaufen könnten.[16] Negative Auswirkungen einer Dematerialisierung auf die Länder der südlichen und östlichen Hemisphäre sollten somit nicht aus den Augen verloren werden. Häufig wird gefragt: Müssen wir nicht zunächst «Entwicklung in der Zweiten und Dritten Welt» ermöglichen, also helfen, die intragenerative Gerechtigkeit zu verwirklichen? Ist es nicht geradezu zynisch, in den Industriestaaten Maßnahmen zum Schutz der Umwelt zu fordern, während in vielen Ländern Menschen verhungern? Dies wird gern als Argument gegen Umweltschutz verwendet. «Hektik hilft niemandem», sagen die einen. «Die Lunte brennt schon», konstatieren andere. Umweltprobleme führen schon heute zu sozialen Katastrophen in den armen Ländern.[17] Das Elend der Länder des Südens sei das weitaus größere und konkretere Problem. Allerdings wird dabei ein entscheidendes Argument, das *für* die Dematerialisierung spricht, übersehen: Eine Senkung des globalen Ressourcenverbrauchs schafft gerade die Voraussetzungen dafür, daß dort langfristig Einkommenssteigerungen möglich werden. Sie bietet die Chance, daß die einseitig auf den Export von Rohstoffen ausgerichteten Ökonomien dieser Länder Naturressourcen für eine eigenständige Entwicklung zur Verfügung haben und nicht als Teil seines «ökologischen Fußabdruckes» von einem nördlichen Industrieland konsumiert werden. Diese Chance kann allerdings nur mit einer, zumindest zu Beginn des Strukturwandels, deutlichen finanziellen Unterstützung aus den Industrienationen geschehen.

Zum anderen darf Umweltpolitik die bestehende Schere, die zwischen arm und reich (auch schon in den Industrieländern selbst) besteht, nicht noch weiter öffnen.[18] Einerseits ist damit die Verteilung der Kosten und Belastungen angesprochen, die eine zukunftsfähige Umweltpolitik mit sich bringen wird; andererseits muß aber auch die Frage, ob die Finanzierbarkeit unserer Sozialversicherungssysteme durch die Umweltpolitik in Gefahr gerät, überprüft werden. Das jeweilige Verständnis von Gerechtigkeit wird jedoch immer das Ergebnis des Diskurses innerhalb der betreffenden Gesellschaft bleiben. Ein Gerechtigkeitsverständnis, das ausschließlich auf die am Markt erbrachte Leistung fixiert ist, ist ebenso problematisch wie eine ausschließlich nach der Bedarfsgerechtigkeit orientierte Umverteilungsnorm.[19]

In diesem Zusammenhang rückt die Notwendigkeit ins Rampenlicht, Umwelt- und Sozialpolitik zu integrieren. Über die Notwendigkeit einer Grundversorgung für alle besteht wohl weitgehender Konsens. Weit verbreitet hat sich inzwischen auch die Ansicht über die Reformbedürftigkeit unserer Sozialsysteme.[20] Bei einer integrierten Sicht von umwelt- und sozialpolitischen Problemen sind durchaus Instrumente denkbar, mit denen eine Reform der Sozialpolitik unter Vermeidung ungerechter Konsequenzen mit einer Neugestaltung der Umweltpolitik verbunden werden könnte (siehe Kapitel elf dieses Buches).

Mit anderen Worten: nicht nur für die Zukunft, auch um der Gegenwart willen ist es notwendig, Schritte in Richtung eines ökologieverträglichen Wirtschaftens einzuleiten. Gerechtigkeit erfordert auch einen vorsichtigen Umgang mit den natürlichen Quellen und Senken.[21] Um ein solches Konzept auch umzusetzen, bedarf es aber der Kenntnis der Widerstände, die schon heutiger Umweltpolitik zu schaffen machen und die auch einer Dematerialisierungsstrategie im Wege stehen könnten. Damit beschäftigen wir uns im folgenden Kapitel.

Anmerkungen

1 Den einzelnen Phasen dieses sogenannten «Werturteilsstreits», in die bedeutende Köpfe der Jahrhundertwende involviert waren (allen voran Max Weber und Werner Sombart auf der einen Seite, die Werturteile als unvereinbar mit «objektiver» Wissenschaft erachteten; die andere Seite, u.a. die Historische Schule Gustav von Schmollers, konnte sich dagegen (vorerst) weniger Gehör verschaffen), wollen wir hier nicht nachgehen, auch nicht dem sogenannten «Positivismusstreit» in den 60ern zwischen Theodor Adorno und Karl Popper. Zum Werturteilsstreit und dem darauf aufbauenden Positivismusstreit gibt es eine Unmenge an Literatur; genannt seien hier, stellvertetend für viele andere, Max Weber, 1973; Hans Albert, 1970; Jürgen Habermas, 1977; W.A. Jöhr, 1964. Als Kronzeuge sei Gunnar Myrdal zitiert: «Sozialwissenschaft kann niemals nur Tatsachen schildern oder neutral sein ... Die Forschung basiert immer auf moralischen und politischen Wertungen, und der Forscher tut gut daran, sich ausdrücklich auf sie zu besinnen» (1971, S. 78f.).

2 Ein Grund dafür ist, daß «Tatsachen» nicht ohne wissenschaftliche Methoden festgestellt werden können und daß Beobachtung immer subjektive Wahrnehmung beinhaltet. Wie schon in Kapitel 3.2 skizziert, gibt uns der Konstruktivismus im Sinne Watzlawicks (siehe etwa Watzlawick/Krieg, Hrsg., 1991) eine Menge wissenschaftliche Argumente gegen die Vorstellung einer «objektiven Realität», die unabhängig von dem existiert, was ein Wissenschaftler beobachtet.

3 Siehe dazu grundlegend Thomas Kuhn «Die Struktur wissenschaftlicher Revolutionen» (1967). Hierin definiert er als Paradigmata «Leistungen, die von einer bestimmten wissenschaftlichen Gemeinschaft eine Zeitlang als Grundlage für ihre weitere Arbeit anerkannt werden». Diese Leistungen haben zwei Merkmale: Sie sind «beispielslos genug, um eine beständige Gruppe von Anhängern anzuziehen ... und gleichzeitig – noch offen genug, um der neubestimmten Gruppe von Fachleuten alle möglichen Probleme zur Lösung zu überlassen»; 1967, S. 28.

4 Einen grundlegenden Überblick über die heutige Ausdifferenzierung von Lebensstilen gibt Reußwig, 1993.

5 Ulrich Beck, 1991, S. 38.

6 Dies hängt sehr stark vom Menschenbild des Betrachters ab und damit – wissenschaftlich betrachtet – vom theoretischen Ansatz, von dem aus man die «Realität» betrachtet. Wäre nämlich schon die Möglichkeit, sich frei zu entscheiden, eine Illusion, es hätte wenig Sinn, Entscheidungsfreiheit als

«Norm» zu fordern. Die Frage, ob sich Individuen frei entscheiden oder dabei von außen (den Umständen) oder innen (der eigenen Natur) gesteuert werden, ist dabei eher metaphysischer Natur.

7 Riese, 1972, S. 25. Er macht dabei auch deutlich, daß Freiheit für die Vertreter des Ordo-Liberalismus dort endet, wo es um die Entscheidung über das System selbst geht: «Es unterstreicht den asozialen und ahistorischen Charakter dieser Ordnungstheorie, daß sie das Gegenteil von absoluter Wahlfreiheit postuliert, sofern erst einmal die Entscheidung über eine bestimmte Wirtschaftsordnung gefallen ist: Gesellschaftspolitik und Wirtschaftspolitik müssen dann ihre Aufgabe darin sehen, die gewählte Ordnung zu verwirklichen, zu sichern und reinzuhalten von den verderblichen Einflüssen anderer, konträrer Ordnungselemente, insbesondere solcher der zentralen Verwaltungswirtschaft» (S. 25 f.).

8 Eucken, 1990/1952, S. 315.

9 Gruhl, 1975, S. 307. Den braunen Kern der grünen Schale des Gruhlschen Werkes nennen Albrecht Lorenz und Ludwig Trepl das «*Avokado-Syndrom*» der Ökologiebewegung; in ihrem Artikel (Lorenz/Trepl 1993) geben sie gleichzeitig einen Überblick über den Zusammenhang von Ökologie und Faschismus.

10 Harich, 1975, S. 132 und 111.

11 Duve, 1975, S. 8.

12 Kloepfer, 1992, S. 203. Kloepfer definiert als «Öko-Faschismus» eine Staatsform, bei der «der Staat ein für ein diktatorisches Regime notwendiges Entscheidungsmonopol unter weitgehender Aufrechterhaltung der bisherigen Eigentumsverhältnisse durchsetzt», während man «die Monopolisierung der Staatsgewalt unter Aufhebung privater Verfügungsmacht über umweltrelevante Güter ... – mit Vorbehalten – ‹Ökosozialismus› nennen könnte»; 1992, S. 203.

13 Alle wörtlichen Zitate dieses Absatzes stammen aus dem Kapitel «Ökologische Ligaturen» in Ulrich Becks «Erfindung des Politischen» (1993, S. 144–148), in dem er aus seiner Sicht die Gefahr einer Diktatur, die die ökologische Frage in sich trägt, begründet.

14 Sachs, 1994.

15 Daly, 1992.

16 Vgl. im Zusammenhang mit einer Energiesteuer Massarat, 1995.

17 So die Überschriften eines Streits von Hans Schuh und Fritz Vorholz über Klimapolitik in der Wochenzeitung «Die Zeit» (Schuh, 1995, und Vorholz, 1995).

18 Eine größer werdende Ungleichheit der Einkommensverteilung ist eine Tendenz, die auch empirisch für die Industrienationen nachweisbar ist. Symptome sind z.B. steigende Obdachlosigkeit wie steigende Sozialhilfeausgaben. So stiegen über den Zeitraum von 1982 bis 1995 die Realeinkommen in Haushalten abhängig Beschäftigter um ca. fünf Prozent, während Selbständigenhaushalte um 32,3 Prozent zulegten. Noch deutlicher zeigt sich das Ausmaß der Ungleichverteilung in der Vermögensverteilung: Das oberste Dezil (= Zehntel) der Vermögensbesitzer verfügt über rund 49 Prozent des gesamten privaten Nettovermögens, die untere Hälfte (die

ersten fünf Dezile) der westdeutschen Bevölkerung dagegen über weniger als 2,5 Prozent. Ostdeutsche Vermögenseinkommen beliefen sich 1992 gar nur auf vier Prozent des gesamten Vermögenseinkommens in Deutschland. Gleichzeitig gelten in Deutschland sechs Millionen Menschen als «arm», d.h sie beziehen Sozialhilfe bzw. machen ihren Anspruch darauf nicht geltend; auf ca. 800.000 bis eine Million wird die Zahl derer geschätzt, die ohne Wohnung in Containern, Turnhallen oder auf der Straße übernachten. Die Mehrheit der Sozialhilfeempfänger in der Bundesrepublik sind – entgegen der weitläufigen Meinung – vor allem Behinderte, Alleinerziehende, Rentner und Kranke. Entnommen sind die Daten aus Hanesch et al., 1994, Schieren, 1994, Arbeitsgruppe Alternative Wirtschaftspolitik, 1994, Mündemann, 1993, Perina, 1995.

Umfangreiche Analysen zur Armut und Verteilung in Deutschland bestätigen die hier genannten Tendenzen, so Untersuchungen des DIW und des WSI, vgl. z.B. Bedau, 1993, Huster, 1994, Schäfer, 1993. Die zur Vermögensverteilung genannten Daten beziehen sich auf 1983. Das Alter der Daten erklärt sich dadurch, daß die Datenbasis zur Vermögensverteilung in Deutschland, so Schieren, «nur als desolat bezeichnet werden kann», was auch die Deutsche Bundesbank in ihrem Monatsbericht Oktober 1993 feststellt. Schieren ergänzt, daß dies um so mehr «verwundert ..., als daß in der Bundesrepublik Deutschland sonst fast alles gezählt, gewogen und gewichtet wird. Aber die Erklärung ist einfach: Über Reichtum spricht man in Deutschland nicht, man hat ihn»; Schieren, 1994, S. 205.

19 Zu den unterschiedlichen Gerechtigkeitsvorstellungen als Zielvorgaben in der Wirtschaftspolitik siehe jedes eingängige Lehrbuch der Wirtschaftspolitik, wie z.B. Giersch 1961, S. 71–82, Streit 1991, S. 213–222, bzw. ausführlich Hinterberger, 1990. Dabei ist keine Gerechtigkeitsnorm objektiv begründbar, sondern immer eine Frage der gesellschaftlichen Setzung. Verteilungspolitik ist somit immer abhängig von dem gegebenen Ist- und dem gesellschaftlich gewünschten Soll-Zustand einer Verteilung.

20 Daß falsche Anreize beseitigt und Defizite abgebaut sowie das gesamte Versicherungssystem umstrukturiert werden müßte, steht weitgehend außer Frage – dies darf aber kein Anlaß für einen umfangreichen Abbau der sozialen Sicherung bieten.

21 Zukunftsfähigkeit impliziert jedoch auch einen anderen Umgang mit der ästhetischen Dimension der natürlichen Umwelt. Eine Entlastung der Quellen und Senken bei gleichzeitiger Zerstörung der Schönheit der Natur ist offensichtlich weder mit intra- noch mit intergenerativer Gerechtigkeit vereinbar. Wir können auf dieses Thema hier nicht detaillierter eingehen.

5 Was behindert die Umweltpolitik?

Wir haben im zweiten und dritten Kapitel die heute immer stärker vernehmbare Position noch einmal bekräftigt, daß eine Dematerialisierung, also die drastische Reduzierung der globalen Stoffströme, aus ökologischer Sicht notwendig ist und die Bedeutung technischer und sozialer Innovationen für eine in diesem Sinne zukunftsfähige Entwicklung erläutert. Wir haben dann im vierten Kapitel gefragt, von welchen anderen (zusätzlichen) normativen Ausgangspunkten wir bei der Konzeption einer ökologisch, ökonomisch und sozial zukunftsfähigen Wirtschaftspolitik ausgehen. Auch wenn es an all diesen Punkten widerstreitende Meinungen gibt, ist das entworfene Gesamtbild doch eines, das in einer Industriegesellschaft, wie in Deutschland, Österreich oder der Schweiz, aber auch in anderen Ländern bei entsprechender Überzeugungsarbeit eine breite Zustimmung finden dürfte. Aber wie soll das geschehen, wenn schon die heutige Umweltpolitik nur sehr begrenzten Einfluß besitzt? Wir fassen die wesentlichen Gründe, die aus der Sicht von Ökonomen als Widerstände gegen den Erfolg einer Umweltpolitik erkennbar sind, zusammen. Diese Widerstände sind nicht grundsätzlicher Natur, sondern gelten für unterschiedliche Arten der Umweltpolitik und je nach Strategie und Instrumenten in unterschiedlicher Weise. Darauf ist zu achten, wenn wir im dritten Teil dieses Buches nach ökonomisch sinnvollen Umsetzungsstrategien und -maßnahmen suchen.

Was makroökonomisch, also für die gesamte Wirtschaft, gut ist, rechnet sich nicht unbedingt für den einzelnen. Und wenn die gesamtwirtschaftliche Entwicklung auf den Handlungen einzelner beruht, wird deutlich, warum das gesamtgesellschaftlich Gewünschte sich nicht immer durchsetzt. Wir hatten unter dem Stichwort «Marktversagen» schon deutlich gemacht, warum allein auf Basis individueller Entscheidungen nicht schon längst eine Entwicklung eingetreten ist, die nicht nur ökologisch, sondern auch ökonomisch und sozial zukunftsfähig zu sein verspricht.

Wenn der Markt versagt, wird schnell der Ruf nach dem anderen gesellschaftlichen Steuerungsmechanismus laut, der uns helfen könnte, die gesellschaftliche (und insbesondere die wirtschaftliche) Entwicklung auf den Weg der Zukunftsfähigkeit zu bringen: die Politik. Der Staat kann – zumindest im Prinzip – versuchen, ein solches Marktversagen zu beseitigen. In diesem Kapitel fragen wir nach den Ursachen, warum auch die Politik hier oft «versagt». Dies liegt vor allem daran, daß die an politischen Prozessen Beteiligten – Wähler, Politiker und Verwaltung – Ergebnisse befürchten, die ihren Interessen entgegenlaufen. Gesellschaftliche und individuelle Vor- und Nachteile sind aber nicht so einfach zu bestimmen, so daß politische Akteure auf Risikoabschätzungen angewiesen sind und tendenziell Änderungen mit ungewissem Ausgang ablehnen (5.1). Aber auch, wenn wir eine in diesem Sinne mehrheitsfähige umweltpolitische Strategie gefunden hätten, gibt es Widerstände, die sich darin äußern, daß Akteure im politisch-administrativen System keineswegs nur Strategien «im Sinne des Allgemeinwohls» verfolgen, sondern zusätzlich ihre eigenen Interessen, die nicht immer denen der Allgemeinheit entsprechen. Verschärft und gleichzeitig verkompliziert werden diese Aspekte dadurch, daß unterschiedliche Akteure ungleiche Möglichkeiten haben, ihre Interessen zu verfolgen (5.2). Drittens – und dies ist eine zentrale These des gesamten Buchs – ist eine Gesellschaft (wie die Natur) ein komplexes und dynamisch sich veränderndes System, dessen Verhalten vorauszusagen und damit zu steuern sich einem rational-wissenschaftlichen Zugang entzieht (5.3).

Zum Abschluß dieses Kapitels (5.4) ziehen wir ein erstes Resümee: Der Versuch einer zentralen umweltpolitischen Steuerung ist nicht nur deshalb fragwürdig, weil er mit einer demokratischen Staats- und Wirtschaftsauffassung im Konflikt steht, sondern auch deshalb, weil sein Erfolg zweifelhaft ist. Wir werden im dritten Teil dieses Buches zeigen, warum gerade das Konzept der Dematerialisierung in bezug auf diese Probleme Vorteile gegenüber anderen Strategien besitzt. Es erleichtert eine umweltpolitische Steuerung gewissermaßen «von unten», also in einer Weise, die die Interessen unterschiedlicher gesellschaftlicher Akteure und Gruppen zu einer gesellschaftlich breit angelegten Umsetzung umweltpolitischer Forderungen bündelt, und gerade *nicht* angewiesen ist auf eine zentrale Zuteilungswirtschaft. Umweltpolitik spielt in diesem Zusammenhang eine wesentliche Rolle, reicht aber für sich genommen nicht aus, wenn von den privatwirtschaftlichen Akteuren selbst nicht ebenfalls Änderungen ausgehen.

5.1 Wirtschaftliche und gesellschaftliche Kosten

Wenn der Markt versagt, wenn also Preise (und damit Märkte überhaupt) in den betroffenen Bereichen ihre Lenkungs- und Steuerungsfunktion nicht oder nur teilweise wahrnehmen können, der Marktmechanismus also gestört, gehemmt oder ganz außer Kraft gesetzt ist[1], werden die Gesellschaftsmitglieder unter bestimmten Umständen bereit sein, dem Staat Aufgaben zu übertragen, die der Markt nicht erfüllt. Zu diesen Umständen gehört, daß sie dem Staat zutrauen, das gewünschte Resultat herbeizuführen. Aber auch wenn sich das Wissen über die Notwendigkeit einer Umweltpolitik auf breiter Basis durchsetzt und auch der Wille bei einem Großteil der wirtschaftlichen, politischen und staatsbürgerlichen Akteure vorhanden ist, bleibt dennoch die Angst vieler vor den (meist ungewissen) ökonomischen und sozialen Folgen einer Dematerialisierung. Die Angst vor den gesamtgesellschaftlichen Kosten, mag sie berechtigt sein oder nicht, lähmt die Umsetzung jeder Umweltpolitik. Bürger befürchten eine Bedrohung ihrer gesellschaftlichen Position und ihrer individuellen Freiheiten, Unternehmen betonen Kostenbelastungen und Wettbewerbsnachteile, Politiker fürchten um die Akzeptanz ihrer Politik bei beiden. Der Politologe Frank Decker spricht von einer «Dominanz industrieller Erwerbsinteressen im ökonomischen und politischen System». Materielle Ziele werden dadurch generell höher eingestuft als immaterielle. So wirkten monetär direkt spürbare Kosten eher als immaterielle Nutzen, «tatsächliche oder vermeintliche Bedrohungen des Vorhandenen eher handlungsmotivierend ... als neue Chancen oder Gelegenheiten». Sogar die Selbstgefährdung durch globale Risiken reiche nicht aus, umfassendes Interesse an Umweltschutz zu erzeugen, der hinter der Bedeutung materieller Aspekte zurücktrete.[2]

Zu den befürchteten Folgen einer Umweltpolitik gehört in erster Linie die damit verbundene Umverteilung. Dazu zählt die Angst vor dem Verlust von Arbeitsplätzen, aber auch die generelle Befürchtung, die Kosten der Umweltpolitik tragen zu müssen, während den Nutzen andere davontragen (und seien es auch die zukünftigen Generationen). Auch Ängste um mögliche negative inflationäre Folgen einer Umweltpolitik gehören in diesen Kontext. Da eine genaue Abschätzung der Gewinner und Verlierer kaum möglich sein wird, kann keiner mit Sicherheit von der Befürchtung befreit werden, nicht an der Kostenbelastung mitzutragen. Daß das gleiche aber auch für die Kosten unterlassener Umweltpolitik gilt, daß auch da keiner die Sicherheit hat, nicht zu den Verlierern zukünftiger Umweltveränderungen zu gehören, wird oft geflissentlich übersehen. Dies gilt nicht nur für den einzelnen, sondern auch für Betriebe und Produktionssektoren sowie die Wirtschaft als Ganzes. Hier überwiegt vor allem die Angst um den *Verlust internationaler Wettbewerbsfähigkeit*. Umweltpolitik im Alleingang wird als Gefahr für den Wirtschaftsstandort gesehen. Auch wenn diese Gefahren oft überschätzt werden: jegliche Ängste um verteilungspolitische Auswirkungen und um die Wettbewerbsposition heimischer Unternehmen als unbegründet zu vernachlässigen, ginge genauso an der Sache vorbei. Eine Umweltpolitik ist nur dann zukunftsfähig, wenn sie sozial- und ökonomieverträglich ausgestaltet wird.[3] Ängste vor den negativen Auswirkungen, seien sie begründet oder unbegründet, können den Erfolg einer Umweltpolitik behindern.

Sehr wesentlich sind deshalb auch Befürchtungen um die *Beeinträchtigung der Innovationsdynamik der Wirtschaft*. Gerade für die Umsetzung einer Dematerialisierung ergibt sich ein enormer technologischer und sozialer Innovationsbedarf. Eine ökologische Wirtschaftspolitik muß Anreize geben, das Innovationspotential der

Wirtschaft auszunutzen, nicht aber die Dynamik des Suchprozesses nach neuen Innovationsmöglichkeiten abzublocken.

Problematisch ist, daß sich über die tatsächlichen Auswirkungen verschiedener umweltpolitischer Maßnahmen (und erst recht Strategien) konkret sehr wenig sagen läßt. Wir reden zumeist über relativ lange Zeiträume und über nur indirekte Zusammenhänge. Vielen scheint dann ein bekannter Status quo attraktiver als Veränderungen mit ungewissem Ausgang (auch wenn zumindest von deren Befürwortern eine allgemeine Verbesserung versprochen wird). Entgegen mancher Rhetorik ist es aber keineswegs so, daß etwa die Massenarbeitslosigkeit oder die Gefährdung eines Wirtschaftsstandorts durch umweltpolitische Maßnahmen *begründet* wären; sie werden allenfalls dadurch verschärft. Dies gilt ebenso für offene soziale Probleme wie für mangelnde Innovationsbereitschaft von Unternehmen. All diese Probleme müssen daher auch von einer anderen Seite angegangen werden. Für die Umsetzung umweltpolitischer Strategien ist es aber hilfreich, wenn sie die Standort- oder Beschäftigungssicherung oder die Verteilungspolitik unterstützen oder diesen Zielen jedenfalls nicht entgegenwirken. Sind aber im Detail Widersprüche zwischen den unterschiedlichen Zielen nicht zu vermeiden, müßte zumindest über «flankierende Maßnahmen» nachgedacht werden – schon im Sinne der umweltpolitischen Ziele.

5.2 Widerstände im politisch-administrativen Prozeß: Macht und Eigeninteressen politischer Akteure

Wenn bisher von Umwelt*politik* die Rede war, haben wir einen sehr einfachen Politikbegriff zugrunde gelegt: Politik ist die Summe der Aktivitäten, die der Staat – legitimiert durch demokratische Spielregeln – mit Hilfe seines Gewaltmonopols gegenüber allen Gesellschaftsmitgliedern durchsetzt. Diese Sicht blendet nicht nur sehr viele andere Möglichkeiten der Umsetzung politischen Willens aus, sondern bedient sich auch der unzulässigen Annahme, «der Staat», «die Politik» wäre nichts anderes als ein Mechanismus zur Verwirklichung der Wünsche der einzelnen, die – eben wegen konstatierten

Marktversagens – eines solchen Steuerungsmechanismus bedürfen. Manche sprechen ironisch vom «wohlwollenden Diktator», der nichts als das Wohl seiner «Untertanen» im Auge habe. Dem wird aber zurecht entgegengehalten, daß man eben nur zum Teil davon ausgehen kann, sinnvolle und für die Mehrheit positive Maßnahmen (beispielsweise zur Lösung allgemein anerkannter Umweltprobleme) würden von Politik und Verwaltung selbstverständlich auch umgesetzt. Im Gegenteil, die Lösung solcher Probleme wird oft genug dadurch be- oder verhindert, daß die Beteiligten Akteure in Politik und Verwaltung eigennützige Interessen verfolgen und bestimmte Machtverhältnisse vorliegen. Andererseits muß der politische Willensbildungsprozeß berücksichtigt werden, also die Entstehungsseite der Politik. In einer Demokratie entstehen Entscheidungen eben nicht durch die Bündelung aller individueller Präferenzen durch einen perfekten Wahlmechanismus (was schlechterdings unmöglich ist), sondern durch ein komplexes Zusammenspiel unterschiedlicher Akteure. In der Ökonomik hat sich in den letzten Jahrzehnten ein eigener Zweig herausgebildet, der sich intensiv mit dieser Problematik beschäftigt, die sog. «Public Choice Economics» oder «Neue Politische Ökonomie».[4]

Neue Politische Ökonomie

Als einen «Konkurrenzkampf um die Stimmen des Volkes» definierte bereits 1950 der Ökonom Joseph A. Schumpeter Demokratie. Der politische Prozeß gleiche dem Wettbewerb auf dem Markt. «Was die Geschäftsleute nicht verstehen, ist, daß ich genau so mit Stimmen handle, wie sie mit Öl handeln», zitiert Schumpeter einen Politiker.[5] Gesetze, Verordnungen oder andere politische Maßnahmen seien nur Nebenprodukte der Politik; primärer Zweck für die Beteiligten sei der Kampf um Wählerstimmen zum Erhalt der Machtpositionen. Anthony Downs hat in seiner 1968 auf deutsch erschienenen «Ökonomischen Theorie der Demokratie» diese Vorstellungen Schumpeters auf den Parteienwettbewerb übertragen. Im Mittelpunkt seiner Annahmen steht die Übertragung des eigennützigen, in der ökonomischen Theorie verwendeten Menschenbildes auf den Bereich der Politik. Sowohl Politiker als auch Wähler seien rational handelnde Individuen, deren Verhalten aus der Verfolgung eigennütziger Interessen bestehe und allein der Maximierung ihres individuellen Nutzens diene. Politik dient damit als Mittel zum Zweck des Erwerbs und Erhalts von Ämtern, Privilegien und Macht. Downs erklärt mit diesen Thesen verschiedene Tendenzen in modernen Demokratien, so die Annäherung von Parteien in Streitfragen und die kurze Zeitperspektive politischer Entscheidungen, die zumeist kaum über die Wahlperiode hinausgeht.[6] Zahlreiche Ökonomen nahmen die Thesen von Downs zum Anlaß, unter dem Label «Neue Politische Ökonomie» (NPÖ) das ökonomische Modell des Parteienwettbewerbs zu verfeinern und zu erweitern. So findet der Ansatz nicht nur bei der Erklärung des politischen Willensbildungs- und Entscheidungsprozesses Anwendung, sondern auch in der Phase der Durchsetzung und Durchführung der Entscheidungen. Insbesondere bei der Analyse der Bürokratie findet die Annahme des eigennützigen Verhaltens ihre Anwendung: Bürokraten maximierten ihren eigenen Nutzen und damit nicht unbedingt den der gesamten Gesellschaft – so die Grundaussage einer ökonomischen Theorie der Bürokratie.

Die Liste der Kritik an der Modellierung des politischen und administrativen Prozesses durch Downs und seine Nachfolger ist lang. Sie zielt vor allem auf das begrenzte Menschenbild dieser Modelle. So sei das Wahlverhalten von Land zu Land verschieden und auch durch traditionelle und kulturelle Einflüsse mitbestimmt. Zudem habe schon Max Weber den Zweck des Parteienstreites zwar im Kampf um «Ämterpatronage», aber auch um «sachliche Ziele» gesehen.[7] Schumpeter und seine Nachfolger fallen hinter diese Analyse zurück. Dennoch sind die Modelle der Neuen Politischen Ökonomie höchst fruchtbar, wenn es um die Identifikation von Widerständen im politischen Prozeß geht, nicht zuletzt bei der umweltpolitischen Entscheidungsbildung. So hat schon Downs versucht, seinen Ansatz auf den Bereich der Umweltpolitik anzuwenden, und dort einen Zyklus ausfindig gemacht, die die Aufmerksamkeit für ökologische Streitfragen determiniert (den sogenannten «issue-attention cycle»).[8] Auch wenn das öffentliche Interesse für Umweltfragen nicht, wie noch von Downs 1972 anhand seines

Zyklusses vermutet, nach geraumer Zeit erlahmt, so sind seine Hypothesen dennoch beachtenswert. So modelliert Bruno S. Frey in Anlehnung an Downs den Ablauf der umweltpolitischen Willensbildung in mehreren Phasen. Während in einer ersten Phase Ungleichgewichte in Natur und Produktion wahrgenommen werden und Individuen noch Ausweichreaktionen unternehmen, werden in einer zweiten Stufe Umweltschäden immer mehr bewußt und finden ihren Niederschlag in politischen Forderungen. In einer dritten Phase erfolgt die offene Diskussion um mögliche Maßnahmen. Schließlich werden einzelne Maßnahmen teilweise realisiert, wobei erste direkte und indirekte Kosten für die Wähler spürbar werden. Entscheidend ist, so Frey, daß «von Phase zu Phase zunehmend erfolgreiche Widerstände gegen die Auswirkungen der Umweltpolitik» spürbar werden.[9] Nicht nur aufgrund des Eigennutzdenkens der Wähler drohen ökologischen Forderungen erhebliche Widerstände, auch aus dem der Politiker heraus. Werner Zohlnhöfer stellt fest: «Parteien haben ... nur sehr begrenzt die Möglichkeit, ihren Wählern die mit einem wirksamen Umweltschutz verbundenen Belastungen durch gleichzeitig erfahrbare Vorteile schmackhaft zu machen.»[10] Gerade die Chancen der Durchsetzung präventiver, vorausschauender Politik (die Verhinderung von Umweltschäden von vornherein) werden dadurch nicht gerade erhöht. So wird die Dominanz nachsorgender Umweltpolitik (z.B. die Sanierung von Altlasten) mit dem Eigeninteresse der Politiker an sofort wirksamen, im Wahlkampf verkaufbaren sichtbaren Erfolgen erklärt. Die Vorzüge präventiver Politik dagegen sind oft nicht greifbar oder können nur sehr viel schwerer vermarktet werden. Auch wird versucht, die Auswahl umweltpolitischer Instrumente, bei der in Deutschland nach wie vor Auflagen und Grenzwertregelungen dominieren, mit Hilfe der Neuen Politischen Ökonomie zu erklären.

Wir möchten es in diesem Buch bei der Bemerkung belassen, daß diese Argumente sehr ernst zu nehmen sind und es nicht ausreicht, daß etwas ökologisch richtig ist und auch für die Mehrheit der Bevölkerung positiv wäre, um es auch politisch umsetzen zu können. Eine Strategie, die allein auf politische Steuerung in diesem engen Sinne baut, würde deshalb mit hoher Wahrscheinlichkeit ihre Ziele weit verfehlen. Andererseits sagen uns die Ergebnisse der Neuen Politischen Ökonomie auch nicht, Politiker könnten ausschließlich machen, «was sie wollen» oder würden nur am Willen der Bevölkerung vorbei handeln. Auch ein eigennützig handelnder Politiker kann nicht völlig die Wünsche seiner Wähler ignorieren. Wenn wir aber langfristig eine Dematerialisierung in der Größenordnung eines Faktors 10 für richtig halten und auch erreichen wollen, ist es wichtig, solche und andere Steuerungsdefizite, mit denen wir uns noch auseinandersetzen wollen, zu berücksichtigen.

Machtverhältnisse

Nach Max Weber ist Macht die Möglichkeit, den jeweils eigenen Willen dem Verhalten anderer aufzuzwingen. Aus umweltökonomischer Sicht sind auch externe Effekte (vgl. Abschnitt 2.3) Machtphänomene zwischen Verursacher und Geschädigten und stehen damit ursächlich in Zusammenhang mit der Entstehung von Umweltproblemen. Verursacher externer Effekte haben aus verschiedenen Gründen die Macht, Dritten die Folgen ihrer Aktivitäten aufzuzwingen. Max Webers Definition umfaßt nicht nur ökonomische Kategorien, wie unterschiedliche Marktpositionen aufgrund unterschiedlichen Vermögens, sondern auch schwerer faßbare Eigenschaften, wie die Möglichkeit, auf politische und gesellschaftliche Prozesse Einfluß zu nehmen. Wird in einer solchen Diskussion um Marktversagen der Einfluß unterschiedlicher Machtverhältnisse, also des Aufeinandertreffens von Akteuren, die mit unterschiedlicher Macht ausgestattet sind, auf die Marktprozesse untersucht, geht es uns hier um die Rolle ungleicher Machtverhältnisse im politischen Willensbildungs- und Entscheidungsprozeß.

Merkmal von Macht ist die ungleiche Verteilung von Einfluß. Bis zu einem gewissen Grad sind solche Unterschiede geradezu ein Motor der gesellschaftlichen und wirtschaftlichen Entwicklung sowie gleichzeitig ein Ausdruck unserer pluralistischen Gesellschaft, so daß heute gar nicht mehr so deutlich ist, wo – etwa in der Umweltdebatte – die Mächtigen sitzen. Der Politologe Martin Jänicke spricht zwar von einer «Interventionsschwäche des Staates», die er auf eine ökonomische Abhängigkeit (Steuereinnahmen!) und der Abhängigkeit von «industrieller Macht» zurückführt.[11] Merkmale dieser industriellen Macht sind für ihn:

- das Privileg der globalen Wahlmöglichkeit der Standorte: «Nicht die Industrie konkurriert um Standorte, sondern die Standorte konkurrieren um Industrie, im Zweifelsfall durch Anpassungen an deren Interessen – vom Steuerverzicht bis zum Steuerungsverzicht»;
- die dadurch erhöhte Möglichkeit, Kosten abzuwälzen;
- eine bevorzugte «Berücksichtigung im Organisations- und Informationsgefüge der betreffenden Gesellschaft»;
- das «Privileg eines verminderten Akzeptanzdrucks», soll heißen: gesamtgesellschaftliche Rücksichtnahmen brauchen weniger in Erwägung gezogen werden, die Lasten werden auf den Staat abgewälzt;
- das Privileg eines verminderten Innovationsdrucks (aufgrund des verminderten Wettbewerbsdrucks).

Andere beklagen aber gerade die ihrer Meinung nach übertriebene (Medien-)Macht von ökologischen *pressure groups* wie zum Beispiel Greenpeace. Auch Ökoverbänden gelingt es, sich Macht zu verschaffen, womit sich allmählich eine einflußreiche Umweltlobby etabliert. Wer sich langfristig als mächtiger herausstellen wird, ist heute noch schwer zu sagen. Dies wird dadurch noch komplizierter, daß etwa Gewerkschaften und die Industrie längst nicht mehr auf die eine Seite oder die andere Seite der umweltpolitischen Auseinandersetzung gestellt werden können. Auch Gewerkschaften stellen zunehmend ökologische Forderungen, und innerhalb der Industrie artikulieren sich allmählich immer mehr potentielle Gewinner eines ökologischen Strukturwandels. Der Politikwissenschaftler Volker von Prittwitz sieht zwar kurzfristig ein «Machtungleichgewicht zugunsten von Verursacherinteressen», jedoch sei «längerfristig ... keine starre Kopplung zwischen bestimmten Umweltinteressen und einem bestimmten Machtfaktor» auszumachen.[12]

Wenn die Durchsetzbarkeit von Politik eng mit der *Informationsbasis* zusammenhängt, auf der politische Akteure – und das sind insbesondere auch die Wähler – ihre Entscheidungen treffen, dann ist es keinesfalls so, daß sich Informationen gleichermaßen verbreiten lassen. Unterschiedliche Akteure haben unterschiedlichen Zugang zu den verschiedenen Kanälen der Informationsvermittlung. So haben die Teilnehmer an einer (öffentlichen) Debatte unterschiedliche Möglichkeiten, Informationen zu streuen, zurückzuhalten oder zu filtern, um damit den Stand der Diskussion zu beeinflussen, um Handlungsnotwendigkeiten zu verschleiern oder zu suggerieren, Neuerungen zu behindern oder zu forcieren, den Status quo zu bewahren oder bestimmte Änderungen herbeizuführen.

Aber auch die Möglichkeit der *politischen Artikulation* von Interessen ist ungleich verteilt. Spätestens seit Mancur Olson ist bekannt, daß die politische Organisation einer kleineren Zahl von Betroffenen viel leichter möglich und ungleich wirksamer ist als die von größeren Gruppen. So können kleine Gruppen mit eindeutigen Präferenzen, wie bestimmte (tatsächliche und vermeintliche) Verlierer der Umweltpolitik, ihre Interessen im politischen Prozeß viel eher einbringen als sehr große Gruppen mit sehr heterogenen Präferenzen. Anthony Downs verwies zusätzlich auf die Bedeutung der Kosten, sich zu informieren und am politischen Prozeß zu beteiligen: «Die Höhe der Kommunikationskosten hängt von der gesellschaftlichen Stellung des Bürgers ab. Für den Vizepräsidenten der Vereinigten Staaten werden sie niedrig sein, für einen Tagelöhner in einem Gebirgsdorf unter Umständen sehr hoch.»[13] Politische Partizipation erfordert Wissen und aktuelle Information, und die Kosten ständiger Informiertheit sind hoch. Neuere soziologische Studien belegen auch für die Bundesrepublik eine stärkere Teilnahme der Mittel- und Oberschicht am politischen Leben.[14] Welche Auswirkungen dies für die Umsetzung einer Umweltpolitik hat, läßt sich nur schwer sagen. Sicher ist, daß für bestimmte gesellschaftliche Gruppen eine Einflußnahme wahrscheinlich besser möglich ist als für andere. Downs verwies darauf, es sei «bei Produzenten viel wahrscheinlicher als bei Konsumenten, daß sie als Einflußnehmende auftreten werden». Andreas Seel vermutet, daß eine ungleiche Verteilung von Informationen über die Verteilungswirkungen von Umweltpolitik es einer Minderheit von Wählern erlaubt, «gegenüber der Mehrheit ihre eigennützigen Präferenzen durchzusetzen bzw. eine Redistribution zuungunsten der eigenen Vermögensposition zu verhindern».[15] Wichtig ist in diesem Zusammenhang, daß die Kosten der Information über die Umweltauswirkungen von Produktion und Konsum für alle Gesellschaftsmitglieder möglichst gering gehalten werden und eine möglichst breite Beteiligung aller Bevölkerungsschichten ermöglicht wird. Dies ermöglicht nicht nur eine breite Akzeptanz für die angestrebte Umweltpolitik, sondern erlaubt es auch den einzelnen, sich umweltfreundlich zu verhalten. Ohne diese Möglichkeiten wird ein langfristiger ökologischer Strukturwandel nicht zu erreichen sein.

5.3 Das Steuerungsdefizit angesichts ökologischer und sozioökonomischer Komplexität

Wenn wir uns bisher mit Hindernissen für den Erfolg einer Umweltpolitik auseinandergesetzt haben, erschien ein Motiv immer wieder in verschiedenen Variationen: Komplexität und Nichtwissen. Die Natur, als selbstorganisierendes, evolutionäres System reagiert auf menschliche Eingriffe in oft unvorhergesehener Weise. Die Auswirkungen solcher Veränderungen auf den Menschen sind daher schwer vorhersehbar, was es der Umweltpolitik erschwert, gezielt in die Natur einzugreifen. Die Natur läßt sich nicht reparieren. Es ist aber nicht nur die Komplexität der Natur, mit der die Umweltpolitik konfrontiert ist, sondern auch diejenige der Gesellschaft. Menschliche Gesellschaften sind – wie die Natur – offene, selbstorganisierende Systeme, die sich spontan, also aus sich selbst heraus, verändern, aber auch ein gewisses Verharrungsvermögen aufweisen. Schon als wir uns mit den tatsächlichen und vermeintlichen Nachteilen umweltpolitischer Maßnahmen für die einzelnen Akteure beschäftigt haben, stand das Problem im Vordergrund, daß die Akteure meist nicht wissen, wie sie in Zukunft von bestimmten umweltpolitischen Maßnahmen getroffen würden. Die Auswirkungen einer bestimmten umweltpolitischen Maßnahme lassen sich auch deshalb oft nur schwer vorhersagen, weil die einzelnen Akteure sehr unterschiedlich auf ein und dieselbe Maßnahme reagieren. Auch wirtschaftliche und politische Macht läßt sich heute nicht mehr einfach verorten, was es auch schwierig macht, daraus klare politische Forderungen (für oder gegen die eine oder andere politische Gruppe) abzuleiten.

Schon Adam Smith, der «Vater» der Volkswirtschaftslehre, hat in seinem «Wohlstand der Nationen» beschrieben, wie es eine arbeitsteilige Gesellschaft auf der Grundlage individueller Entscheidungen schaffen kann, komplexe Prozesse zum Wohle aller besser zu steuern, als dies ein (um das Wohl aller bemühter) zentraler Planer könnte. So wie sich die Natur – sich selbst überlassen – weiter entwickelt zu einem immer komplexeren Gebilde, so entwickelten sich auch die menschlichen Gesellschaften – ohne zentralen Entwurf – von den frühesten Kulturen bis zu den verschiedenen heutigen Gesellschaften, von denen jedoch die meisten verschiedene Formen von Industriegesellschaften sind. Wir werden in unserem achten Kapitel noch ausführlich darauf zurückkommen, wie Ökonomen heute solche Prozesse beschreiben. Dennoch gibt es, wie wir gesehen haben, eine Reihe von Faktoren, die dazu führen, daß auch die Märkte, die ja nichts anderes darstellen als die zusammengenommenen Angebots- und Nachfrageentscheidungen individueller Akteure, wenn sie sich selbst überlassen sind, «versagen». Im Gegensatz zur Theorie gibt es zwar in der Realität keine *reinen* Märkte, die von anderen gesellschaftlichen Strukturen unbeeinflußt wären. Die Politik, die Kirchen, gesellschaftliche Normen und Sitten, Sprache und Kultur, die Rechts- und Gesellschaftsordnung etc. spielen eine ebenso bedeutsame Rolle. Aber auch für diese real-existierenden Mischformen gesellschaftlicher Organisation gilt: sie beruhen im wesentlichen nicht auf menschlichem Design, sondern sind das Ergebnis eines dynamischen und komplexen Selbstorganisationsprozesses, an dem die einzelnen Menschen mit ihren Entscheidungen in unterschiedlicher Weise beteiligt sind. Die Umweltpolitik hat sich also nicht nur mit der Komplexität *ökologischer* Zusammenhänge auseinanderzusetzen, sondern auch mit der *gesellschaftlicher* Zusammenhänge.

Eine wichtige Veröffentlichung, die sich dem Phänomen *Komplexität* intensiv widmet, ist die «Logik des Mißlingens» des Bamberger Psychologen Dietrich Dörner. Dörner bezeichnet eine Situation dann als «komplex», wenn viele Merkmale zugleich beachtet werden müssen und zudem Berücksichtigung finden muß, daß diese unterschiedlichen Variablen nicht unverbunden voneinander existieren, sondern sich auch noch gegenseitig beeinflussen. «Komplexität» ist daher für Dörner die «Existenz von vielen, voneinander abhängigen Merkmalen in einem Ausschnitt der Realität».[16] Je mehr Merkmale vorhanden seien, die voneinander abhängig sind, um so höher sei der «Grad an Komplexität». Dieser Definitionsversuch Dörners soll nicht darüber hinwegtäuschen, daß es über die inhaltliche Abgrenzung des Begriffes innerhalb der vielen wissenschaftlichen Disziplinen kein einheitliches Verständnis gibt.

Nach Niklas Luhmann, dem geistigen Kopf der soziologischen Systemtheorie, wird der «Grad» an Komplexität durch die Zahl der «Elemente» und der «Relationen» zwischen den Elementen eines Systems bestimmt. Zusätzlich erhöht sich die Komplexität mit der Verschiedenheit der Elemente. Hans Ulrich (1985) sieht zwei wesentliche Komponenten, die «Komplexität» erst möglich machen: Vernetztheit und Dynamik. «Vernetztheit» wird dabei durch die Stärke und Intensität der Beziehungen (Relationen) der Elemente untereinander bestimmt, die «Dynamik» ergibt sich aus der Änderung der Elemente und ihren Beziehungen untereinander im Zeitablauf. Zudem kann es eine Vielzahl von Wechselwirkungen zwischen Systemen geben. Denn, so betont Frederic Vester: «Wirklich einfache Systeme gibt es nur in unserer Vorstellung: in Theorien und auf Landkarten. ... Natürliche Systeme existieren nie für sich allein, sondern sie durchdringen sich gegenseitig.»[17] Berücksichtigt man nicht nur, daß es neben Haupt- auch ungeplante Nebenwirkungen gibt und daß es, oftmals stark verzögert, Fernwirkungen geben kann, so kristallisiert sich eine weitere Eigenschaft komplexer Systeme heraus: ihre *Intransparenz*. Dörner beschreibt das so: «Viele Merkmale der Situation sind demjenigen, der sie zu planen hat, gar nicht oder nicht unmittelbar zugänglich. Er steht also – bildlich gesprochen – vor einer Milchglasscheibe.»[18]

Schließlich ist es *fehlendes Wissen* über die Strukturen dieser Systeme, die Handlungssituationen und den Umgang mit umfangreichen Systemen schwierig machen. Zum einen fehlt die Erfahrung im Umgang mit diesen Handlungssituationen – dann wird «Komplexität» zu einer subjektiven, nicht objektiven Größe. So kann Autofahren für den einen eine völlig alltägliche Routinetätigkeit, für den anderen ein schweißtreibendes Abenteuer sein (eine Vielzahl von Zeichen, Lichtern, spielende Kinder, hupende Hinterleute) – das hängt davon ab, wie die jeweilige Person im Umgang mit der komplexen Situation geübt ist. Andererseits kann Wissen fehlen, weil es einfach *unmöglich* ist, die gesamte Struktur zu kennen. Gerade im Zusammenhang mit ökologischen Systemen ist dieser Fall besonders relevant. Hinzu kommt, daß die Wahrnehmung ein und desselben Sachverhaltes «kontextabhängig» ist. Jeder kennt einfache «Sinnestäuschungen», bei denen ein graues Feld dunkler erscheint, wenn es von einem hellen Feld umgeben ist, als wenn eine dunklere Fläche es umschließt. Menschen bewerten ästhetische Aspekte der Umwelt (etwa eine besonders schöne Landschaft) unterschiedlich, je nachdem, ob sie reichlich vorhanden, gefährdet oder bereits verschwunden sind.

Erschwerend kommt hinzu, daß einmal getroffene Entscheidungen – unabhängig davon, ob sie zu den gewünschten Ergebnissen geführt haben oder ob sie individuell oder kollektiv getroffen wurden – die künftige Entwicklung beeinflussen und so Tatsachen schaffen, die bei späteren Entscheidungen berücksichtigt werden müssen. Gerade Infrastrukturentscheidungen legen langfristig Entscheidungen fest. Ist ein Autobahnnetz einmal gebaut, richten sich viele einzelne Mobilitätsentscheidungen danach. Nachträgliche Entscheidungen – etwa darüber, wie den Benutzern die Kosten angelastet werden können – werden immer auf Grundlage dieser früher realisierten Entscheidung getroffen. Im Jargon der Selbstorganisationstheorie sprechen wir hier von *Pfadabhängigkeit*.

Um diesen Abschnitt zusammenzufassen: Die Komplexität von Systemen ergibt sich aus der Vielzahl ihrer (z.T. verschiedenen) Elemente und Beziehungen. Was einen Umgang mit komplexen Systemen schwierig macht, ist die geringe Transparenz von Systemen mit einer Vielzahl von Rückkopplungen, Neben- und Fernwirkungen, die Dynamik der Elemente und Beziehungen sowie das fehlende Wissen über die Systemstrukturen und Zusammenhänge. Soweit die Theorie. Es liegt auf der Hand, daß diese Vorüberlegungen nicht gerade dazu geeignet sind, gegenüber umweltpolitischen Steuerungsversuchen euphorisch gestimmt zu sein. Sieht man sich die Ausgangssituation, vor der die Umweltpolitik heute steht, vor diesem Hintergrund noch etwas genauer an, so scheint sich dieser Eindruck nur noch zu verstärken.

Soll aus ökologischen Gründen in das sozioökonomische System eingegriffen werden, so muß die Komplexität desselben unbedingt berücksichtigt werden, will man den Erfolg der Intervention nicht gefährden. Dies erscheint jedoch in Anbetracht der hohen gesellschaftlichen Komplexität als höchst schwierig. Hinzu kommt: Das gesellschaftliche System ist auf das engste (wie in Kapitel zwei verdeutlicht) mit den natürlichen Systemen verbunden. Jeder Eingriff in die Ökosysteme hat langfristige Auswirkungen auf Gesellschaft und Wirtschaft. Oder anders gesagt: Die Evolution der natürlichen Systeme beeinflußt die Evolution der gesellschaftlichen Entwicklung und umgekehrt.

5.4 Ein erstes Resümee: Das Dilemma von Handlungsnotwendigkeit und Steuerungsdefiziten

Wir stehen also vor einem Dilemma: die sozioökonomische Entwicklung führt – sich selbst überlassen – zu den bekannten Umweltproblemen (ebenso wie zu anderen sozialen und wirtschaftlichen Problemen). Umgekehrt würde ein «Laissez-faire», das heißt ein umweltpolitisches Nichtstun wie auch ein optimistisches «Weiterso», die menschlichen Eingriffe in die natürlichen Ökosysteme immer weiter verstärken. Die Minimierung der menschlichen Interventionen in das komplexe System *Natur* (eine Reduzierung des gesamten Materialinputs in unsere Gesellschaft, ein Zurückschrauben des Flächenverbrauches etc.) ist aber wiederum ohne eine Intervention in das komplexe System *Wirtschaft* nicht zu erreichen. Blieben wir im umweltökonomischen Kosten-Nutzen-Denken verhaftet, wäre zu fragen, was schwerer wiegt: die Umwelteffekte der Eingriffe in die Natur durch grenzenloses wirtschaftliches Wachstum, oder die wirtschaftlichen Kosten der umweltpolitischen Eingriffe in die Wirtschaft. Da wir aber über beides viel zu wenig wissen, könnten wir gar nichts tun. Also nicht in die Wirtschaft eingreifen – oder nicht in die Umwelt?

Ein blinder Steuerungsoptimismus erinnert an ein Kind, das glaubt, als König von Legoland Herr über die Welt zu sein. Ein radikaler Steuerungspessimismus in bezug auf gesellschaftliche Eingriffsmöglichkeiten bringt uns dagegen in ein umweltpolitisches Nichts. Ein Grund für die sich stellende Steuerungsproblematik ist, daß kein gesellschaftliches Zentrum existiert, das alle sozioökonomischen Prozesse determiniert und von dem aus diese Prozesse zu steuern wären.

Wenn wir von der Unabdingbarkeit demokratischer Entscheidungsprozesse ausgehen, wenn wir einen dringenden Handlungsbedarf zur Bewältigung der Umweltkrise sehen, und wenn wir weiter einen «pluralistischen Zugang zu den Dingen» für angemessen halten – was bleibt uns dann? Sind diese Perspektiven kompatibel, oder sind wir nicht vielmehr dazu verurteilt, dem Lauf der Dinge zuzusehen, ohne eine realistische Aussicht auf auch nur halbwegs erfolgversprechende Eingriffsmöglichkeiten zu haben? Also doch Scylla oder Charybdis? Oder gar Scylla *und* Charybdis?

Einfache Modelle und Lösungsversuche werden Rückkopplungen und Vernetzungen in komplexen Systemen nicht gerecht. Dörner vergleicht die Situation von Akteuren, die versuchen, in komplexe Systeme einzugreifen, mit dem Versuch, ein besonderes Schachspiel zu spielen: In diesem Schachspiel hängen viele Figuren mit Gummifäden aneinander, für die Spieler ist es somit unmöglich, eine einzelne Figur für sich zu bewegen. Außerdem bewegen sich die Figuren der beiden Spieler von selbst nach unbekannten Regeln, über die beide nur spekulieren können – «und obendrein befindet sich ein Teil der eigenen und der fremden Figuren im Nebel und ist nicht oder nur ungenau zu erkennen».[19]

Einige Fallstricke seien kurz genannt:

Der *ökonomische* Fallstrick: Fehlende Innovationen, Abwanderungen von Unternehmungen und Widerstände der Wirtschaft können umweltpolitische Maßnahmen nicht nur verwässern, sondern einen ökologischen Strukturwandel verhindern. Ohne technische und soziale Innovationen läuft eine ökologische Wirtschaftspolitik ins Leere. Abwandernde Unternehmen, die woanders die

Umwelt um so mehr ausbeuten, kehren den Erfolg der Umweltpolitik sogar ins Negative.

Der *politische* Fallstrick: mangelnde Akzeptanz in der Bevölkerung, das Gefühl eingeengter Freiräume. Mehr aufzugeben, als man gewinnen könnte und der Eindruck der Fremdbestimmung sind ein schlechter Nährboden für eine erfolgreiche umweltpolitische Strategie. Ignoriert man die dringende Notwendigkeit von gesellschaftlicher Akzeptanz und gesellschaftlichem Konsens, so ist ein Scheitern des Steuerungsversuchs zu erwarten – spätestens bei der nächsten Wahl.

Der *sozial-verteilungspolitische* Fallstrick: Rückwirkungen von sozial- bzw. verteilungspolitischer Seite können den Erfolg des Steuerungsversuches in Frage stellen. Hierbei ist nicht nur an politische Widerstände bestimmter Gruppen zu denken, die sich als Verlierer der Umweltpolitik fühlen und diese zu verhindern suchen. Verteilungsaspekte können auch – und das wird oftmals in der theoretischen und politischen Diskussion übersehen – immanente Ursache für die Ineffektivität einzelner umweltpolitischer Instrumente sein. Um ein Beispiel aus dem Bereich der Ökosteuerdebatte zu nennen: Eine Erhöhung der Energiepreise führt dann nicht zu der erwünschten Verringerung des Energieverbrauchs, wenn gerade Haushalte mit geringeren Einkommen nicht die Möglichkeit haben, Einspartechnologien (wie verstärkte Wärmedämmungen, sparsamere Haushaltsgeräte etc.) zu finanzieren. Ein verteilungspolitisch motivierter Ausgleich für die Mehrbelastungen durch die Energiesteuer wiederum, wie er des öfteren vorgeschlagen und diskutiert worden ist (wie der sogenannte Öko-Bonus, ein gleicher Betrag pro Kopf, der aus dem Energiesteueraufkommen an alle ausgeschüttet wird), kann jedoch der ökologischen Zielsetzung entgegenwirken, wenn etwa das zusätzliche Geld wieder zum Kauf zusätzlicher Energie verwendet wird, was die Einspareffekte wieder aufheben würde.

Fassen wir zusammen:

Die Komplexität der gesellschaftlichen und der natürlichen Systeme machen die Konzeption von Steuerungsversuchen zu einem schwierigen Unterfangen. Nicht nur, daß die Strukturen der Systeme oft unbekannt beziehungsweise schwer überschaubar sind. Darüber hinaus machen Rückkopplungen, Fernwirkungen und unbeabsichtigte Nebeneffekte die genaue Abschätzung der Folgen von Eingriffen äußerst schwierig.

Dennoch ist das Wissen um die gesellschaftliche Komplexität ein entscheidender Schritt zum Entwurf einer angemessenen Strategie. Ein erster Schritt wäre es, sich über Konzepte Gedanken zu machen, die diese Komplexitätsprobleme berücksichtigen, sie bewußt akzeptieren, ja, sich diese sogar zunutze zu machen. Dazu gehört, sich von dem beliebten Schubladendenken zu lösen – das heißt, von dem Bestreben, alle Probleme auf einfache monokausale Ursachen zurückzuführen und sie mit einer einzigen Strategie bzw. einem einzelnen Instrument lösen zu wollen. Denn das Bewußtsein der Komplexität von Problemstellungen öffnet die Augen für die Notwendigkeit integrierter Konzepte. Konkret: Umweltprobleme bedürfen nicht nur einer einfachen Reaktion der Gesellschaft, einer geeigneten Lösung, nach der wieder zur Tagesordnung übergegangen werden kann. Die ökologischen Probleme bedürfen integrierter Gesamtstrategien. Betroffen ist nicht nur die Wirtschaft an sich, die Unternehmen, Haushalte und die Wirtschaftspolitik. Es bedarf darüber hinaus einer anderen Ausrichtung der Sozialpolitik, einem anderen Verhältnis zur Arbeit in unserer Gesellschaft, einem Nachdenken über gesellschaftliche Strukturen und Lebensstile. Die ökologische Problematik weist in alle unsere gesellschaftlichen Bereiche hinein und bedarf einer umfassenden Neuformulierung der Politik.

Spätestens an dieser Stelle sei auf den Einwand von Politologen hingewiesen, daß das alles nicht so einfach ist, wie es klingt: «eine neue Strategie entwerfen», «die Grundausrichtung der Politik ändern» etc. Konzepte jeglicher Art, aus welchem politischen Lager sie auch kommen, sind – entgegen dem Wunsch ihrer Erfinder – so nicht einfach umsetzbar. Gerade die Komplexität des politischen Prozesses ist zu beachten – und schnell drohen Konzepte (seien sie selbst noch so komplex angelegt) an den realen Bedingungen der politischen Strukturen zu scheitern. Stellt man sich der Realität des politischen Prozesses nicht, so bleibt als Alternative eigentlich nur noch, sich den Mitteln der autoritären Reglementierung zu bedienen und sich damit zu Scylla auf ihren Felsen zu gesellen. Gibt es da keinen Mittelweg? Wie kann ein Konzept aussehen, das im politischen Prozeß bestehen kann und trotzdem geeignet ist, der doppelten Komplexität von Natur und Gesellschaft gerecht zu werden? Gibt es eine Lösung des Dilemmas von Steuerungsproblematik und Steuerungsnotwendigkeit? Im zweiten Teil dieses Buches wollen wir einen Blick in die Wirtschafts- und Sozialwissenschaft werfen, um dort nach Konzepten Ausschau zu halten, die uns ein Stück weiter führen könnten.

Anmerkungen

1 Wir sind in Kapitel zwei ausführlich darauf eingegangen, daß diese enge Marktversagensdefinition insgesamt zu kurz greift. Selbst wenn alle Preisrelationen die «ökologischen Wahrheiten» sagen könnten: das Umweltproblem ist nicht nur ein Allokations sondern auch ein Mengenproblem.

2 Decker, 1994, S. 24–27.

3 Stellvertretend für viele andere: Die Bedenken des Sachverständigenrates zur Begutachtung der gesamtgesellschaftlichen Entwicklung («Die fünf Weisen») gegen eine ökologische Steuerreform im nationalen Alleingang; SVR, 1995, Ziffer 336, SVR, 1994, Ziffern 322ff. Argumente dagegen finden sich in Weizsäcker (Hrsg.), 1994, sowie BUND/Misereor, 1996. Zu den beschäftigungspolitischen Folgen der Umweltpolitik vgl. Nissen, 1993.

4 Die Idee des eigennützigen Politikers, der eher seine eigenen Interessen als die der Allgemeinheit verfolgt, stammt von Schumpeter,1995/1950. Zu den Klassikern der Neuen Politischen Ökonomie zählen Anthony Downs «Ökonomische Theorie der Demokratie», 1968, und Mancur Olson, 1968. Zur ökonomischen Analyse der Bürokratie vgl. Niskanen, 1971. Siehe auch Bernholz, 1975, oder das Jahrbuch der Neuen Politischen Ökonomie. Im ersten Band gibt Bernholz ,1982, einen Überblick über den damaligen Stand der Diskussion. Zur Anwendung dieser Ansätze auf die Umweltpolitik vgl. Downs, 1972; Zohlnhöfer, 1984; Frey, 1985; Staehelin-Witt, 1991; Horbach, 1992; Seel, 1993.

5 Die Zitate sind aus Schumpeter, 1993/1950, S. 428 und 453.

6 Schon Adam Smith pointierte seine Kritik am kurzfristigen Zeithorizont der Politik, indem er in anderem Zusammenhang Politik bezeichnete als «Aufgabe jener geschickten, listenreichen und schlauen Geschöpfe, gemeinhin Staatsmänner oder Politiker genannt, die sich in ihren Entscheidungen jeweils den augenblicklichen Umständen anpassen»; Smith, 1993/1776, S. 382.

7 Zitiert nach Schmidt 1995, S. 138.

8 Downs, 1972.
9 Frey, 1985, S. 140.
10 Zohlnhöfer, 1984, S. 114.
11 Die wörtlichen Zitate, auch die des folgenden Abschnittes, sowie die Argumentation des folgenden Abschnittes sind weitgehend entnommen aus Jänicke 1988, S.18. Das Gesagte gilt im übrigen nicht nur für ökologische Negativfolgen, sondern desgleichen für die Konsequenzen von Arbeitsplatzrationalisierungen: Einzelwirtschaftlich höchst rentabel, werden die durch die Arbeitslosigkeit entstehenden Kosten auf die Gesellschaft abgewälzt, externalisiert, und es wird sich zudem im nachhinein über die steigenden Sozialabgaben beklagt und deren Rückführung verlangt.
12 Prittwitz, 1990, S. 150. In einer «Anschubgruppe zur Schaffung von Ersatzarbeitsplätzen» wurde von der Thyssen Stahl AG zusammen mit der IG Metall und Vertretern regionaler Institutionen (Oberstadtdirektoren, Arbeitsamtsleitern, Vertretern von Banken und anderen Unternehmen) nach Wegen gesucht, dem Unternehmen ein neues, ökologisch und ökonomisch zukunftsfähiges Profil zu geben. Auch hielt der Gewerkschaftsvorsitzende Klaus Wiesenhügel einen programmatischen Vortrag zum ökologischen Umbau der Gewerkschaften auf dem Hattinger Forum von DGB und Hans-Böckler-Stiftung am 22.11.95 in Hattingen. Ein Beispiel aus den Reihen der Arbeitgeber ist der Unternehmerverband «Unternehmensgrün».
13 Downs, 1968, S. 246f.
14 Geißler, 1994, S. 74–110.
15 Seel, 1993, S. 134f. und 165.
16 Dörner, 1992, S. 60. Die folgenden Ausführungen zu Dörner beziehen sich vor allem auf das dritte Kapitel der «Logik des Mißlingens». Einige Autoren, gerade aus dem Bereich der Systemtheorie, haben versucht, das Phänomen «Komplexität» einer Definition zu unterwerfen, allen voran Luhmann, 1980. Verwiesen werden kann ebenfalls auf Ulrich, 1985, und Bronner, 1992. Frederic Vester hat mit eindringlichen Beispielen ein breiteres Publikum mit komplexen Phänomenen vertraut gemacht, z.B. in Vester, 1993. Die nachstehenden Ausführungen basieren im wesentlichen auf der Darstellung von Horst, 1995, S. 3–8.
17 Vester, 1993, S. 25 und 28. Vester zeigt z.B. anhand eines Fingers, daß dieser als Ganzes zwar einfach zu begreifen, in Wirklichkeit ein hoch komplexes «kompliziertes Supersystem» ist mit zahlreichen, «ineinander verflochtenen Einzelsystemen» mit 1,5 Millionen Einzelzellen, 2677 Schweißdrüsen, 1040 cm Nerven, 1250 cm Lymphgefässen und und und ..., vgl. Vester, 1993, S. 28.
18 Dörner, 1992, S. 63.
19 Dörner, 1992, S. 66.

II Theorie

Konzepte zur Lösung des Dilemmas: Was sagt uns die (Wirtschafts- und Sozial-)Wissenschaft?

«Der direkte Weg ist nicht immer der beste. Wenn ich aber denselben Berg eigenständig bei verschiedenen Jahreszeiten von verschiedenen Richtungen aus bestiegen habe, bin ich besser ausgebildet, als wenn ich hundert Berge bestiegen habe, wo ich nur die Fersen meines Bergführers verfolgt habe. Ich habe die Fähigkeit, mit Vielfalt und Komplexität umzugehen.»
(Hans-Peter Dürr)[1]

Jede Wirtschaftspolitik bedarf einer wirtschaftstheoretischen Basis. Ansonsten operiert sie im «theoretischen Vakuum»[2], einem Zustand der Konzeptionslosigkeit, der aufgrund seiner Unkalkulierbarkeit und Willkür keine geeignete Grundlage für eine rationale Wirtschaftspolitik bieten kann. Praktische Wirtschaftspolitik verfällt ohne eine theoretische Grundlage in einen wahllosen Aktionismus. Daß sich die Politik in der Regel wenig um theoretisch erarbeitete Erkenntnisse kümmert, wird schon seit längerem aus Kreisen der ökonomischen Forschung kritisiert, unabhängig vom weltanschaulichen Ausgangspunkt der Forschenden. Aber selbst wenn theoretische ökonomische Erkenntnisse verstärkt Beachtung fänden, scheint die ökonomische Theorie, gerade auch im umweltökonomischen Bereich, wenig adäquat, um die Realität angemessen beschreiben zu können.

Wir versuchen in diesem Buch, verschiedene Erkenntnisse sozialwissenschaftlicher Forschung auch solchen Leserinnen und Lesern verständlich zu machen, die normalerweise weder in Fachjournalen wie «American Economic Review» oder «Ecological Economics» blättern, noch umweltökonomische Lehrbücher zur Hand nehmen. Leider gibt es praktisch keine allgemeinverständliche Darstellung wirtschaftswissenschaftlichen Grundwissens, auf die wir unsere Leser verweisen könnten. Die Ökonomen unter unseren Lesern mögen uns daher verzeihen, wenn wir das eine oder andere etwas vereinfacht darstellen. Das Folgende soll einen Eindruck darüber vermitteln, welche wesentlichen Ansätze die Wirtschafts- und Sozialwissenschaften bereitstellen, um die Frage zu klären, wie wir um Umweltkatastrophen herumkommen, ohne gleichzeitig in die Ökodiktatur zu steuern.

Methodologischer Pluralismus – oder: Über den Aha-Effekt beim Wechseln der Brille

Die im vierten Kapitel bereits beschriebene Pluralisierung der Gesellschaft hat auch manifeste Konsequenzen für das Verhältnis von Wissenschaft und Politik. «Bei Nachfrage konfrontiert mit der Pluralität von verschiedenen wissenschaftlichen Ratschlägen, ethisch begründeten Maßnahmen und religiösen Konfessionen kann der politische Prozeß der Problembearbeitung nicht länger auf irgendwelche unkontroversen und ‹gültigen› Ressourcen zurückgreifen.»[3] Schon Winston Churchill soll gesagt haben, daß wenn er fünf Ökonomen nach ihrer Meinung fragte, er sechs Antworten bekäme.

Ein Verständnis von Wissenschaft als *Post-Normal Science*[4], seit einigen Jahren von Silvio Funtowicz und Jerome R. Ravetz in die Diskussion gebracht, könnte helfen, angesichts dieser Situation zum adäquaten Umgang mit globalen Umweltproblemen beizutragen. Dabei wird versucht, disziplinäre Barrieren zu überwinden und sich konkret an Problemen zu orientieren. *Normale* Wissenschaft dagegen will Rätsel lösen, und das entscheidende Kriterium für ein Rätsel ist «das sichere Vorhandensein einer Lösung».[5] Angesichts der Bedrohung durch globale Umweltprobleme sind wissenschaftliche Fragen aber nicht nur aufgrund von Neugierde und industriellem Forschungsbedarf relevant. Umweltprobleme bestimmen zu einem hohen Maße die Agenda der wissenschaftlichen Analyse, zunächst der Natur-, in zunehmendem Maße auch der Sozialwissenschaften. Politische Fragestellungen, bei denen ein hohes Maß an Unsicherheit besteht, Werthaltungen eine wichtige Rolle spielen und Entscheidungen dringlich sind, nehmen in der Öffentlichkeit einen immer breiteren Raum ein. *Extended peer communities* (z.B. JournalistInnen, Richter und Laien) spielen für die Ergebnisfindung eine entscheidende Rolle. Ob zum Beispiel eine Straße durch ein Naturschutzgebiet gebaut wird, kann weder von Naturwissen-schaftlerInnen noch durch ökonomische Kosten-Nutzen-Analysen allein entschieden werden. Das alte Ideal wissenschaftlicher «Wahrheit» ist nicht erreichbar. Das bedeutet auch, daß neue Ansätze notwendig sind, die einen adäquaten Umgang mit Nichtwissen ermöglichen. Es geht hier nicht darum, daß wissenschaftliche Analysen nicht mehr qualitativ von einer Laienaussage zu unterscheiden wären, sondern um den Versuch, der Wissenschaft eine ihren Möglichkeiten angemessene Funktion in Entscheidungsprozessen zu geben. Dem liegt die Einschätzung zugrunde, daß Unsicherheit und Nichtwissen nicht überwunden werden können. Sie stellt daher die Notwendigkeit neuer Methoden und einer neuen sozialen Organisation der Wissenschaft in den Vordergrund.

Unserer Herangehensweise liegt außerdem ein *pluralistisches* Verständnis von wissenschaftlicher Analyse zugrunde. Ein solches Verständnis impliziert eine gewisse Bescheidenheit gegenüber bestimmten theoretischen Ansätzen und deren Erklärungsmacht – und zwar auch gegenüber den eigenen. Jedes Thema kann von verschiedenen theoretischen Ausgangspunkten bearbeitet werden. Über zukunftsfähige Entwicklung gibt es neoklassische, marxistische, systemtheoretische und andere Ansätze. Keiner dieser Ansätze erzählt die ganze Geschichte. Jede dieser Sichtweisen stellt gewissermaßen einen anderen Schnitt durch dasselbe komplexe Gebilde dar. Erst zusammen ergeben diese ein umfassenderes (wenn auch nicht immer vollkommen kohärentes) Bild. So sagt etwa der Grundriß eines Gebäudes wenig über seine Höhe aus, die Seitenansicht aber möglicherweise wenig über seinen Grundriß. Wenn wir beide Ansichten gedanklich miteinander verschmelzen, können wir die «wirkliche» Form des Gebäudes besser erkennen. Wenn wir im folgenden die (sogenannten neoklassischen) Ansätze der traditionellen Umweltökonomik in ihren verschiedenen Ausprägungen neben neueren ökonomischen, aber auch soziologischen und psychologischen Gedankengebäuden präsentieren und danach unsere eigene Synthese vorstellen, verstehen wir dies in diesem Sinne als einen weiteren Baustein in der Debatte um die Zukunftsfähigkeit einer sozio-ökonomischen Entwicklung. Die Zäune zwischen den einzelnen Disziplinen sind leider immer noch hoch und können selten überwunden werden. Dies ist zwischen den einzelnen Schulen der Ökonomik zum Glück nicht mehr ganz so ausgeprägt.

In diesem Teil des Buches wollen wir also einen Blick auf verschiedene Ansätze der Wirtschafts- und Sozialwissenschaften werfen und sie daraufhin untersuchen, ob sie für eine ökologische Wirtschaftspolitik relevant sind. Wir beginnen in Kapitel sechs mit verschiedenen Strömungen der Volkswirtschaftslehre, von der traditionellen Umweltökonomik, die wir im Zusammenhang mit den *externen Effekten* schon gestreift haben, bis zu den Ansätzen der sogenannten österreichischen Nationalökonomik sowie der Chicago-Schule. In Kapitel sieben präsentieren wir einige Ansätze aus Psychologie und Soziologie, bevor wir in Kapitel acht auf neuere ökonomische Denkrichtungen eingehen, die eher interdisziplinär angelegt sind. In all diesen theoretischen Grundlagen finden wir Ansatzpunkte, die für die Konzeption einer ökologischen Wirtschaftspolitik bedeutend sind, sei es in Form von Hinweisen, wann eine solche Politik nicht ausreichen kann, sei es als konstruktive Vorschläge für deren Umsetzung. Damit legen wir die Grundlage für unsere eigenen Vorschläge, die wir im dritten Teil dieses Buches präsentieren werden.

Anmerkungen

1 Dürr, 1995, S. 40.
2 So lautet der Titel eines neuen Buches: Wirtschaftspolitik im theoretischen Vakuum (Eicker-Wolf et al., Hrsg., 1996).
3 Greven, 1995, S. 278f.
4 Vgl. etwa Funtowicz/Ravetz, 1991, 1993, 1994a, 1994b, Funtowicz, 1993, sowie Luks, 1995.
5 Kuhn, 1989/1962, S. 51.

6 Aus der Werkzeugkiste der «Normalökonomik» und ein Blick in andere (umwelt-)ökonomische Konzepte

Früh haben sich Ökonomen zu Fragen der Umweltproblematik geäußert. Bereits 1920 hat Arthur Cecil Pigou das Konzept der negativen externen Effekte entwickelt (das wir bereits in Abschnitt 2.3 dargestellt haben). Aufbauend auf Pigou dominiert die sogenannte «Internalisierung» dieser externen Effekte schon über längere Zeit die ökonomische Diskussion um die Lösung der Umweltproblematik (6.1). Im Zuge der wachsenden Kritik daran entwickelten sich aber auch Modifikationen und neuere Konzepte (6.2). In Abschnitt 6.3 beschäftigen wir uns mit Ansätzen, die die Notwendigkeit und Möglichkeit einer Umweltpolitik grundsätzlich sehr kritisch beurteilen.

In diesem Kapitel versuchen wir also, einige zentrale Debatten innerhalb der Umweltökonomik und der allgemeinen Ökonomik aufzurollen, die im Sinne unseres methodologischen Pluralismus Bausteine für eine adäquate theoretische Fundierung einer ökologischen Wirtschaftspolitik sein könnten.[1]

In the beginning God created the heaven and the earth.
And God saw everything that He made. «Behold», God said, «it is very good».
And the evening and the morning were the sixth day.
And on the seventh day God rested from all his work. His archangel came then unto Him asking, «God, how do you know that what you have created is ‹very good›? What are your criteria? On what data have you based your judgement? Aren't you a little too close to the situation to make a fair and unbiased evaluation?» God thought about these questions all that day and His rest was greatly disturbed. On the eighth day God said: «Lucifer, go to hell».
Thus was evaluation born in a blaze of glory.
(Patton)

6.1 Die Standardwerkzeuge der Neoklassik: «Internalisierung externer Effekte» und Kosten-Nutzen-Analysen

«Selten haben wir [Ökonomen] uns so sehr als Vorreiter profiliert wie gerade in Umweltfragen; selten ein Problem so vollständig gelöst, selten aber auch in so fruchtloser Weise.»
(Erich Streissler)[2]

Ausgangspunkt aller ökonomischer Analyse, aber auch aller seitdem geäußerter Kritik, ist ein spezifisches Menschenbild, das menschliche Handlungen modellieren und damit für die Theoriebildung handhabbar machen soll. Nicht unwesentlich ist dieses Menschenbild durch die utilitaristische Philosophie der Mitte des 19. Jahrhunderts beeinflußt worden. Nach Jeremy Bentham bestimmen allein Leid und Freud darüber, wie sich Menschen verhalten. «Die Freude auf ein Maximum zu bringen, ist Aufgabe der Wirtschaft», so William Stanley Jevons, der mit seiner «Theorie der politischen Ökonomie» 1871 der neoklassischen Schule zum Durchbruch verhalf. Freude ergibt sich aus dem Nutzen von Gütern, und diesen Nutzen zu maximieren, ist nach Jevons Triebfeder jeglichen menschlichen Handelns. Das Menschenbild des *Homo oeconomicus* war geboren, ein geschlechtsloses Konstrukt eines rational handelnden, seine Möglichkeiten abwägenden Individuums. Vor allem die Annahme rationalen Verhaltens steht im Mittelpunkt vieler wirtschaftstheoretischer Beschreibungen und Erklärungen. Diese Annahme besagt, daß es Individuen möglich ist, aus einer Vielzahl von erreichbaren Situationen – unter gegebenen Nebenbedingungen – die für sie optimale Situation herauszufinden, indem sie die erwarteten Kosten und Nutzen jeder Entscheidung sorgfältig gegeneinander abwägen. Dabei sind sie in der Lage, alle verfügbaren Informationen (auch in bezug auf die Zukunft) zu verarbeiten.

Der *Homo oeconomicus* gleicht somit einer Maschine, die anhand gegebener Daten seinen Nutzen maximiert. Dieses Konstrukt hat kein Geschlecht und kein Bewußtsein. Der *Homo oeconomicus* hat nicht die Möglichkeit, über die Ergebnisse seiner Entscheidungen zu reflektieren. Individuelle Entscheidungsträger verfügen jedoch nicht über alle relevanten Informationen, um eine umfassende

Kosten-Nutzen-Abwägung für zukünftige Ereignisse durchführen zu können. Das Modell vernachlässigt ebenso ethische und ästhetische Handlungsmotivationen. Allein die Wahl der Mittel wird thematisiert.[3]

Diese Beschreibung des *Homo oeconomicus* soll vor allem das Grundgerüst verdeutlichen, von dem aus die Neoklassik Realität beschreibt. Die neoklassische Welt ist wohl geordnet, in ihr bewegen sich eine Vielzahl von *Homines oeconomici*: Alle handeln sie aus Eigeninteresse und optimieren die Mittel zum Erreichen ihrer Zwecke. Der französische Nationalökonom Léon Walras hat mathematisch gezeigt, daß diese Verhaltensweisen – rein theoretisch und unter einer Vielzahl restriktiver Annahmen – nicht nur individuell, sondern auch gesamtwirtschaftlich zu einem Optimum führen, zu einem allgemeinen Gleichgewicht. Rationale, nutzenmaximierende Verhaltensweisen führen unter diesen Annahmen die Gesellschaft allein durch den Marktmechanismus in die schönste aller Welten.

Schöne Theorie, doch die Wirklichkeit ist rauh. Schon bei der Behandlung *negativer externer Effekte* (2.3), also von Kosten, die von denen, die sie verursachen, nicht getragen werden, ist deutlich geworden, daß ein solches allgemeines Gleichgewicht eben nicht mehr erreicht werden kann. Dies hat bedeutende Konsequenzen: Der Marktmechanismus bleibt gestört, die Effizienz des Gesamtsystems «Marktwirtschaft» ist nicht gewährleistet. Doch schon Arthur C. Pigou, der das Konzept der negativen externen Effekte in die Diskussion brachte, wartete mit einer Lösung aus dem Dilemma auf: Negative externe Effekte seien zu *internalisieren*. Das heißt, es müßten Instrumente ersonnen werden, mit deren Hilfe die Folgen des individuellen Tuns nicht einfach *externalisiert*, sondern *in das Entscheidungskalkül jedes einzelnen mit einbezogen (internalisiert)* werden.

Die Idee der Internalisierung externer Effekte

Die Finanzwissenschaft hält im Fall externer Effekte eine (zumindest theoretisch) einfache Lösungsmöglichkeit bereit: Der Staat muß (und kann) dafür sorgen, daß sich eine gesamtgesellschaftliche Situation einstellt, in der jeder einzelne für die Nutzeneinbußen bezahlt, die er bei anderen verursacht. In diesem Falle würden die einzelnen Individuen dann die Auswirkungen ihres Tuns auf die anderen bei ihren Entscheidungen berücksichtigen (eben *internalisieren*). Ziel ist es, das gestörte Marktgleichgewicht wiederherzustellen und weiter zu wirtschaften wie bisher, jetzt aber ökologisch, da auch der «Preis» der Umwelt in die Wirtschaftskalkulation miteinfließt. So hat beispielsweise schon Pigou für eine solche Internalisierung externer Effekte eine Steuer vorgeschlagen, die die Verursacher genau so belastet, daß sie die Schädigung soweit vermeiden, wie dies für Schädiger und Geschädigte ökonomisch sinnvoll erscheint. Dem Staat kommt hierbei eine entscheidende Rolle zu: Er muß den Steuersatz genau so festlegen, daß das ökonomische Optimum wieder erreicht wird. Praktische Beispiele sind bislang noch recht rar; die einzige Steuer in der Bundesrepublik nach diesem Muster ist bislang die Abwasserabgabe (wobei man bei ihrem geringen Steuersatz von einer Internalisierung externer Effekte wohl kaum sprechen kann). Alternativ zu solchen sogenannten Preislösungen werden auch *Emissionszertifikate* diskutiert, die zu einer ökonomisch sinnvollen Reduzierung der Umweltbelastung führen sollen. Dabei legt der Staat die Menge an Umweltnutzung von vornherein fest. Man spricht daher auch von «Mengenlösungen». Die Individuen erhalten verbriefte Umweltnutzungsrechte (umsonst zugeteilt oder durch Kauf), die untereinander gehandelt und getauscht werden können (z.B. an speziell dafür eingerichteten Börsen). Entsprechende Börsen für Luftverschmutzung existieren seit kurzem in den USA, allerdings nur in einem bescheidenen Umfang.

Die Internalisierung der externe Effekte mit Hilfe staatlich eingeführter Mengen- oder Preislösungen stellt nur eine der diskutierten Möglichkeiten dar. Der britisch-amerikanische Ökonom Ronald Coase, der 1991 den Nobelpreis erhielt, zeigte in einem berühmten Aufsatz aus dem Jahre 1960, daß unter bestimmten (sehr restriktiven) Annahmen auch direkte Verhandlungen zwischen Verursachern und Geschädigten umweltpolitische Probleme lösen können, staatliche Eingriffe daher nicht unbedingt gerechtfertigt sind. Voraussetzung dafür sei aber unter anderem die Definition und Zuteilung von Eigentums- und Verfügungsrechten an der Umwelt: Individuen müßten die Rechte auf Besitz und Nutzung natürlicher Ressourcen erhalten. Im Falle externer Effekte würden die Individuen dann automatisch in gegenseitige Verhandlungen eintreten, bei denen entweder der Geschädigte durch den Schädiger bis zu einer für beide optimalen Höhe entschädigt wird oder der Geschädigte dem Schädiger einen Anreiz zahlt, damit jener seine Aktivitäten unterläßt (welcher der beiden Fälle relevant ist, hängt davon ab, wer zu Beginn die Eigentumsrechte zugeteilt bekommt).

Damit begann eine teilweise sehr heftig geführte umweltökonomische Diskussion darüber, ob reine Marktlösungen einerseits (Verhandlungen à la Coase) oder staatliche Instrumente andererseits (und wenn, dann welche?) für eine Internalisierung geeignet seien. Im Vergleich zu staatlich verordneten Verboten und Auflagen sind Steuern und Zertifikate auch marktwirtschaftliche Instrumente, die den wirtschaftlich handelnden Akteuren Wahlmöglichkeiten lassen. Dies ist auch umweltpolitisch erwünscht, wenn dort stärker reduziert wird, wo dies wirtschaftlich vorteilhafter oder technisch einfacher durchzuführen ist. Dagegen ist im Prinzip auch unter ökologischen Gesichtspunkten nichts einzuwenden, solange *insgesamt* die gewünschte Reduzierung erreicht wird. Entscheidend für unsere Argumentation jedoch ist, daß beide Ansätze – wie es Gerhard Maier-Rigaud formuliert – «auf einer grundsätzlichen Ebene nicht soweit voneinander entfernt [sind], wie es unsere Lehrbücher verkünden».[4] Beide Ansätze versprechen den Weg zu einer Internalisierung externer Effekte, aber beide – und das ist zentral für unsere Argumentation – übersehen die Komplexität gesellschaftlicher und natürlicher Zusammenhänge. So fungiert bei Pigou der Staat quasi als Planungsbehörde, indem er den Steuersatz so festlegt, daß die Besteuerung zu einem gesamtwirtschaftlich effizienten Ergebnis führt, das auch im Interesse aller Individuen liegt (dieselbe Rolle nimmt der Staat bei Zertifikatslösungen mit Festlegung der optimalen Menge ein). Zu Coase muß dagegen gesagt werden, daß meist weder eine Definition von Eigentumsrechten an der Natur (aufgrund gesellschaftlicher Widerstände) noch eine Identifikation von Schädiger und Geschädigten (aufgrund der Komplexität ökologischer Zusammenhänge) möglich ist. Diese ökologische und ökonomische Kritik trifft aber den Kern der neoklassischen Grundannahmen und zeigt, daß der Glaube an eine völlige Internalisierung eine Illusion ist. Die Kritik soll im folgenden deshalb näher erläutert werden.

Die ökologische Kritik an der neoklassischen Internalisierung

Das Hauptproblem aus ökologischer Sicht ist, daß eine Internalisierung wegen der Wissensprobleme, mit denen wir konfrontiert sind, gar nicht möglich ist. Damit trifft die neoklassische Theorie auf eine vergleichbare Kritik, wie wir sie auch schon gegenüber der vorherrschenden Umweltpolitik formuliert haben. Für eine Politik der Internalisierung müßte man nicht nur wissen, woher potentielle Schäden zu erwarten sind, sondern auch in welchem Ausmaß, wann und bei wem. Unsere Kritik an solchen Ansätzen der Umweltökonomie trifft ebenso Pigou wie auch Coase, sowohl Steuern und Zertifikate als auch Verhandlungslösungen.Die Kritik aus ökologischer Sicht läßt sich in zwei Argumenten zusammenfassen: Zum einen werden in einer Betrachtung der Umweltproblematik aus neoklassischer Sicht die *ökologischen Zusammenhänge* nicht erkannt. Zum anderen erweist sich auch die einfache Integration der Natur in das allein mit Geldgrößen operierende Wirtschaftssystem als unangemessen.

Systemeigenschaften wie die hohe Komplexität der Natur, die begrenzte Kontrollierbarkeit von Eingriffen in die Ökosphäre und die Existenz von irreversiblen Vorgängen fallen der modelltheoretischen Abstraktion zum Opfer. Die ökonomische *ceteris paribus*-Methode (das heißt, daß nur wenige Variablen betrachtet, während alle anderen Bedingungen konstant gehalten werden) verleitet zu einem einseitigen, unvernetzten Denken, das der komplexen ökologischen Realität nicht gerecht wird. So ist die Zurechenbarkeit vieler Umweltprobleme weder auf die Verursacher noch auf einzelne Geschädigte mit der erforderlichen Gewißheit möglich. Dies gilt sowohl für die allsommerliche Gefahr durch bodennahes Ozon als auch für die Folgen der verdünnten Ozonschicht in der Stratosphäre. Wem ist beispielsweise das Waldsterben anzulasten? Es ist unmöglich, diese Frage eindeutig zu beantworten.

Verstärken sich z.B. die Wirkungen von Schadstoffen beim Aufeinandertreffen gegenseitig, lassen sich die Verantwortlichen für diese Giftcocktails unmöglich exakt bestimmen. So leiden schätzungsweise 15 Prozent aller Menschen in Industrieländern bereits an Multipler Chemischer Sensibilität (MCS), zu deutsch: Chemikalienunverträglichkeit. Umweltchemikalien verschiedener Herkunft und Zusammensetzung können bei sensibilisierten Menschen bereits in winzigen Mengen zu Beschwerden führen. Allgemein gilt, daß weder alle notwendigen Informationen über ökologische Kausalketten bekannt, alle Synergien und Antagonismen abschätzbar, alle Umweltschäden exakt zurechen- und nachweisbar, noch zeitliche Verzögerungen der Auswirkungen oder die Möglichkeit von Irreversibilitäten vorab kalkulierbar sind.[5]

Natur wird erst dann Bestandteil der ökonomischen Analyse, wenn sie sich als ökonomisch knappes Gut in Geldgrößen verrechnen läßt. Eine *monetäre Bewertung* stößt allerdings auf unüberwindliche Probleme. So ist die Höhe des Steuersatzes oder die Menge an Zertifikaten letztlich eine politische Entscheidung, nicht aber eine exakte Monetarisierung des Wertes von Ökosystemen oder eine genaue Abschätzung ihrer Tragfähigkeit – dies ist schlechterdings unmöglich. Auch eine Verhandlung über die Höhe von Entschädigungszahlungen basiert letztlich immer auf individuellen Präferenzen, unterschiedlichen Machtpositionen und Kosten-Nutzen-Überlegungen. Aufgrund der zuvor genannten Wissensprobleme können aber nicht alle Auswirkungen und Zusammenhänge bekannt und damit alle zukünftigen individuellen Nutzen und Kosten auch nur annähernd erfaßt oder bewertet werden. Diese monetäre Bewertung sollen jedoch Private im Vorfeld von Verhandlungen leisten bzw. die staatliche Instanz, sei es bei der Ermittlung des optimalen Steuersatzes oder der Höhe der Kompensationszahlung.[6]

Von einer anderen Perspektive aus kritisiert Gerhard Maier-Rigaud die Umweltsicht der Ökonomik. Er nennt die Verfechter einer Internalisierung Markterweiterer (die Anhänger einer Coase-Lösung) und Marktkorrigierer (die Anhänger von Pigou-Steuern).[7] Beide erheben den Anspruch, einen Weg zur umweltpolitischen

Zielfindung aufzuzeigen, der auf dem *methodologischen Individualismus* beruht. Das heißt hier, daß die Entscheidung darüber, wieviel Natur erhalten bleiben soll, allein nach den individuellen Präferenzen der heute lebenden Menschen ausgerichtet wird. «Dahinter steht eine ungeheuerliche Anmaßung der Umweltökonomie in zweifacher Hinsicht. Erstens wird der heutige Stand des historisch gewachsenen und sich weiter entwickelnden Werte- und Preissystems verabsolutiert und diktatorisch den zukünftigen Generationen oktroyiert. Zweitens wird das in Millionen Jahren entstandene ökologische System bis hin zum letzten Schmetterling allein unter dem heutigen (zufälligen?) individuellen Nutzen- und Kostenkalkül betrachtet.»[8] Dabei ist es höchst fraglich, ob die Bewertung von Natur allein kurzfristigen Einzelinteressen überlassen bleiben sollte.[9] «Ob ein ökologischer Zustand wünschenswert ist, ... das Kriterium hierfür sind letztlich individuelle Präferenzen. Diese müssen aber nicht unbedingt etwas mit ökologischer Stabilität oder Nachhaltigkeit zu tun haben.»[10] Ein komplexes ökologisches System ignoriert, ob eine am Reißbrett entworfene Restverschmutzungsmenge ökonomisch effizient ist, sondern reagiert statt dessen auf seine eigene Art – Irreversibilitäten durch schleichende Umweltzerstörung nicht ausgeschlossen. Umweltbeeinträchtigungen lassen sich dann auch nicht dadurch rückgängig machen, daß jemand dafür bezahlt.

Der Staat als «wohlmeinender Diktator»

Eine vollständige Internalisierung ist nicht nur aus *ökologischer* Sicht unmöglich, schon aus rein *wirtschaftstheoretischer* Perspektive ergibt sich ein Dilemma. Nur ein perfekt funktionierender Marktmechanismus führt nämlich in der ökonomischen Theorie zu einem als gesamtwirtschaftlich effizient definierten Optimum. Eine geringe Veränderung der Ausgangsannahmen jedoch führt – schon rein theoretisch – nur noch zu einer Vielzahl von zweitbesten Lösungen (*Second-best*-Lösungen), aus denen es schwerfällt, sich die beste herauszusuchen. Schon 1956/57 haben Lipsey und Lancaster in einem viel zu wenig beachteten Artikel darauf hingewiesen, daß man dann nicht einmal sagen kann, ob man sich in Richtung des Optimums bewegt. Ein Optimum kann aber in der Praxis ohnehin nicht erreicht werden. Die ökonomische Theorie gerät somit schnell in Erklärungsschwierigkeiten, warum eine Internalisierung über Preise dann überhaupt noch effizient sein soll.

Doch bleiben wir einen Moment beim zuvor angesprochenen Informationsproblem. Gerade liberale Ökonomen fordern gerne marktwirtschaftliche Instrumente im Umweltschutz oder die Definition von Eigentumsrechten im Umweltbereich. Die Umsetzung des neoklassischen Konzepts der Internalisierung externer Effekte in die Realität weist aber eher planwirtschaftliche Züge auf. Es geht im Grunde darum, daß der Staat ein hypothetisches Marktergebnis herstellt – bei als gegeben angenommenen Technologien und Präferenzen. Kurz: es geht um den Ruf nach dem idealen Staat. In die Konsequenzen echter Unsicherheit und Nichtwissens verstrickt sich ein solcher Steuerungsoptimismus allerdings rettungslos. Wäre nämlich das Informations- und Bewertungsproblem gelöst, würde die zentrale Instanz alle individuellen Präferenzen der Natur gegenüber, alle Kosten und Nutzen umweltpolitischer Handlungen kennen.[11]

Renaissance des Internalisierungsgedankens: Kosten-Nutzen-Analysen und Haftungsrecht

Ein kürzlich erschienener Überblick von Erik Gawel über neuere Entwicklungen in der Umweltökonomie stellt fest, es bestünden «über das ... Ausmaß herstellbarer Internalisierung ... kaum noch Illusionen: Die *vollständige* Internalisierung kann insgesamt wohl als Utopie abgelegt werden».[12] Auch wenn sich diese Erkenntnis durchsetzen sollte, so darf nicht übersehen werden, daß sich «dessen ungeachtet gewisse Revitalisierungstendenzen des Internalisierungsgedankens» ausmachen lassen. So werden auch von ökologischen Ökonomen *Kosten-Nutzen-Analysen* als Instrument rationaler Umweltpolitik propagiert. Eine genaue wissenschaftliche Abwägung der Kosten und Nutzen von Umweltschutzmaßnahmen soll dabei eine rationale Entscheidungsfindung ermöglichen. Finden die

Ergebnisse von Kosten-Nutzen-Analysen direkten Eingang in die wissenschaftliche Politikberatung, so muß mit ihren Ergebnissen aber höchst vorsichtig umgegangen werden. So haben Kosten-Nutzen-Analysen gerade im Bereich des Klimaschutzes insbesondere in den USA und in Großbritannien großen Einfluß auf die Politik gewonnen. Die Analysen von William D. Nordhaus und anderen, die eine abwartende Haltung gegenüber Klimaschutzmaßnahmen fordern, hatten starken Einfluß auf die Formulierung der amerikanischen Position beim Erdgipfel in Rio de Janeiro 1992. Eine Anwendung von Kosten-Nutzen-Analysen ist aber – so Peter Hennicke und Ralf Becker – an die Voraussetzung gebunden, «daß die verfügbaren Ist- und Prognose-Daten soweit belastbar sind, daß Risiken und Unsicherheiten angemessen berücksichtigt werden können und daß die Komplexität des Analysegegenstandes durch die Modellabstraktionen ... adäquat abgebildet werde. Daß diese Voraussetzung bei der Analyse der Kosten des Klimaschutzes und den Folgen einer Klimaänderung gegeben ist, erscheint ... keineswegs sicher.»[13] Hennicke und Becker zeigen anhand des Nordhaus-Modells, das nur aus fünf Gleichungen besteht, daß sich dessen Ergebnisse bei plausibel geänderten Annahmen ins Gegenteil verkehren lassen. Dazu zählen eine Änderung der verwendeten Nutzenfunktion, andere Einschätzungen über das zukünftige Wirtschaftswachstum oder die Erhöhung der allgemeinen Energieeffizienz sowie eine Variation der Abzinsungsrate (bei Nordhaus werden die Schäden zukünftiger Generationen geringer bewertet als die gegenwärtiger und mit einem bestimmten Satz abgezinst). Hennicke und Becker kommen zu dem Schluß, «daß jedes Modell im besten Fall nur ein Hilfsmittel zur politischen Entscheidungsfindung, im schlechtesten Fall aber platte Apologie bereits vorgefaßter Politiken darstellt». «Nicht die Politiknähe oder die häufig verwirrend widersprüchlichen Ergebnisse wissenschaftlicher Politikberatung sind das Problem, sondern die Tatsache, daß die Annahmen, Methoden und Bewertung nicht immer offengelegt ... werden.»[14]

Auch der Glaube, im *Haftungsrecht* den neuen Königsweg der Umweltpolitik entdeckt zu haben, wird sich wohl als Illusion erweisen. Nach der Grundidee sollen hier einerseits Umweltschäden im nachhinein internalisiert werden, indem der Verursacher für die von ihm zu verantwortenden Schäden herangezogen wird. Andererseits sollen dadurch bereits im voraus Anreize entstehen, Umweltschäden zu vermeiden sowie Risiken und Schadensumfang von Störfällen zu begrenzen. So ist auch in Deutschland 1991 ein neues Umwelthaftungsrecht in Kraft und als positiver erster Schritt zu beurteilen. Abgesehen davon, daß das neue Recht vielen Kritikern noch nicht weit genug geht, sind allgemein auch der Wirksamkeit des Haftungsrechtes enge Grenzen gesetzt. Zurechnungs- und Informationsprobleme, zeitliche Verzögerungen und räumliche Ausbreitung der Schäden verhindern eine notwendige Identifizierung von Schädigern, Geschädigten und Kausalzusammenhängen. Dort, wo es keine Kläger gibt, braucht auch nicht gehaftet werden, ebenso dort, wo der Schädiger schon nicht mehr existiert (wie bei Konkursen).

Zudem: Solange keine Einigung darüber besteht, was überhaupt als Umweltproblem zu betrachten ist, helfen all diese Instrumente wenig. Ohne angemessene Information darüber können jedoch weder Haftungsregeln oder Verhandlungsregeln, noch Märkte mit Zertifikaten oder Pigou-Steuern richtig funktionieren. Wenn aber schon unklar ist, worüber verhandelt oder wofür gehaftet werden soll, ob CO_2 nun umweltrelevant ist oder nicht, ob ein Wasserkraftwerk ökologisch gut oder schädlich ist, dann hilft uns die Lehrbuch-Umweltökonomik wenig. Ökonomen tun sich hier oft schwer, weil sie die Natur so sehen, wie sie es von Pigou und Coase gelernt haben, als einfach versteh- und beschreibbare Wirkungszusammenhänge zwischen Schädigern und Geschädigten. Erst wenn jedoch geklärt ist, welche Umwelteinwirkungen als problematisch gesehen werden müssen und welche nicht, kann gefragt werden, wie die Kräfte des Marktes, wie Verhandlungslösungen und Haftungsregelungen genutzt werden können.

Trotz der Kritik an Kosten-Nutzen-Analysen und Haftungsregelungen sowie anderen umweltökonomischen Instrumenten, können diese in Einzelfällen durchaus einen Beitrag zu verstärkter Vorsorge oder größerem Bewußtsein über die Auswirkungen umweltschädigender Aktivitäten leisten. Auch wir greifen – wie viele Kritiker der neoklassischen Methodik – spätestens bei der Instrumentediskussion wieder auf die Ergebnisse neoklassischer Analysen zurück. Dort, wo die Funktionsbedingungen für ihre Wirksamkeit gegeben sind, sollten sie auch eingesetzt werden. Zum Beispiel können marktwirtschaftliche Instrumente dort zum Einsatz gelangen, wo der Preismechanismus funktioniert, Verhandlungslösungen dort, wo die Ausgangsbedingungen für ihre Funktionstüchtigkeit gegeben sind. Entscheidend für unsere Kritik ist aber ihre Verallgemeinerung auf alle Umweltprobleme. Insbesondere die Dynamik natürlicher und gesellschaftlicher Systeme und ihre Komplexität, sowie echte Unsicherheit und Wissensprobleme finden keine ausreichende Berücksichtigung in neoklassischen Modellen. So ist eine Internalisierung nur bei berechenbaren externen Effekten möglich, nicht aber bei anderen Kategorien (bei nicht monetarisierbaren externen Effekten, bei solchen mit ungewissen Fernwirkungen oder bei solchen mit ungewissen Kausalzusammenhängen ihrer Entstehung). Wir kritisieren somit nicht den Einsatz der in der neoklassischen Theorie diskutierten Instrumente, sondern den einseitigen Glauben an die allgemeine Anwendbarkeit eines bestimmten Instrumentes. Ebenso wie externe Effekte nur eine Begründung unter vielen sind, wie es zu Umweltproblemen kommen kann (siehe 2.4), so ist auch die Internalisierung externer Effekte nur einer unter mehreren Ansätzen, dem Umweltproblem zu begegnen.

Andere Theorieangebote müssen daher kritisch darauf hin geprüft werden, ob sie in der Lage sind, die in der neoklassischen Theorie klaffenden Lücken zu schließen. Wir beginnen mit Modifikationen, die sich noch im Fahrwasser der Neoklassik befinden, aber bereits deutlich von der Idee einer vollständigen Internalisierung abweichen.

6.2 «Critical loads», Naturkapital und Co. – Versuche, die Natur global zu steuern

Natürlich wird zunehmend auch unter Umweltökonomen gesehen, daß die vollständige Internalisierung eine Illusion bleibt. «Eine im strengen Sinne effiziente Umweltpolitik, eine ideale Umweltpolitik, kann es gar nicht geben. Wir müssen notgedrungen zwischen verschiedenen Behelfslösungen ... in einer Welt wählen, die nicht einmal auch nur an eine sogenannte zweitbeste heranzuführen ist.»[15] Auf der Suche nach derartigen Behelfslösungen hat es schon früh auch innerhalb des neoklassischen Paradigmas Versuche gegeben, die theoretische Lücke zu füllen, die durch die Kritik an der Internalisierung aufgedeckt worden ist. Der bekannteste Ansatz ist dabei die Standard-Preis-Lösung. Zusammen mit einem neueren Ansatz, der den Erhalt des Naturkapitals ins Zentrum stellt, werden diese Konzepte im folgenden kurz vorgestellt. Wir wollen verdeutlichen, daß auch diese modifizierten neoklassischen Ansätze die Probleme nicht lösen. Dennoch sind sie in gewisser Weise brauchbarer für unsere eigenen Überlegungen.

Globalsteuerung à la Baumol/Oates

Vor fast einem Vierteljahrhundert erdachten die amerikanischen Ökonomen William J. Baumol und Wallace E. Oates ein Konzept, um die Probleme einer vollständigen Internalisierung zu umgehen. Dabei würdigen sie praktische Versuche, die Höhe einer Pigou-Steuer zu berechnen, kommen aber ebenfalls zu dem Schluß, daß eine solche Aufgabe «herkulische Ausmaße» annähme, die denen in einer zentralen Planwirtschaft ähneln.[16] Da die Informationsanforderungen für eine exakte Berechnung einer optimalen Pigou-Steuer zu hoch seien, schlagen sie einen Standard-Preis-Ansatz (*environmental charges and standards approach*) vor, als mögliche Grundlage einer «einigermaßen effizienten» Kontrolle von externen Effekten. Diese Kontrolle soll mit Hilfe von «Standards» geschehen, die eine akzeptable Umweltqualität als Zielgröße vorschreiben.[17] Durch politische Entscheidung sollen die Mengen an Schadstoffen festgelegt werden, die nicht überschritten werden sollten (sogenannte *kritische Schwellen, critical loads*). Wenn diese kritische Schwellen überschritten werden, werden Maßnahmen eingeleitet und quasi Schritt für Schritt austariert, bis die festgelegten Schwellen wieder unterschritten sind. Abgaben (*charges*) müssen dann so festgelegt werden, daß das gerade noch tolerierte Standardniveau einer umweltschädlichen Aktivität nicht überschritten wird. Dabei wird ein ausreichendes Wissen über den Zusammenhang von Lebensqualität, umweltschädigenden Aktivitäten und Abgabenhöhe nicht von vornherein vorausgesetzt. Sollte sich erweisen, daß die Höhe des Steuersatzes nicht ausreicht, um den vorgegebenen Standard zu erreichen, müßte die Steuer angehoben werden. Politik wird damit zu einem Prozeß von Versuch und Irrtum (*trial and error*).

Zwar werde durch diesen Ansatz nicht exakt das theoretische Optimum erreicht, dafür aber ein gegebener Standard mit minimalen gesellschaftlichen Kosten. Kostenminimal deshalb, weil – im Vergleich zu einer Pigou-Lösung – der Aufwand der Informationsbeschaffung (Schadensbewertung etc.) in Grenzen gehalten wird. Statt ein theoretisch formuliertes Optimum anzustreben, das sich doch nicht erreichen läßt, plädieren Baumol und Oates für einen pragmatischen Weg: für eine näherungsweise Lösung des Externalitätenproblems. Der Politik wird erlaubt, sich an das Optimum heranzutasten. Dies entspricht einer Strategie der *Globalsteuerung* – nicht unähnlich einer keynesianischen Strategie, die zum Ziel hat, ökonomische Aggregate (Beschäftigung, Geldmenge, Zinssatz) statt individuelles Verhalten zu steuern. Das Aggregat, das hierbei gesteuert werden soll, ist quasi die Belastung der Natur.

Genau hier setzt aber unsere Kritik an: Die Belastungsfähigkeit der Natur ist eben nicht zu bestimmen. Die Definition der kritischen Schwellen und entsprechender Standards bedarf Informationen über ökologische Systeme, die nicht verfügbar sind. Der Standard-Preis-Ansatz neigt daher zu einer Vernachlässigung präventiver Zielsetzungen: Eine Strategie gegen ökologische Schäden wird immer erst dann entworfen, wenn diese schon bekannt sind. Ähnlich wie eine keynesianische Globalsteuerung der Konjunktur den Ereignissen hinterherhinkt und dadurch oft viel zu spät eingreift, leidet auch eine Definition von Standards unter vergleichbaren Zeitverzögerungen: Ökologische Probleme werden erst dann aufgegriffen, wenn diese bereits aufgetreten sind. Die Möglichkeit von Irreversibilitäten und die Notwendigkeit des Erhalts natürlicher Kreisläufe findet nur ungenügende Berücksichtigung.

Die Festlegung der Standards erfolgt im politischen Prozeß, und auch Baumol/Oates räumen ein, daß die «Mängel dieses Verfahrens offensichtlich sind».[18] Es besteht die Gefahr, daß die Festlegung der *kritischen Schwellen* willkürlich nach den Interessen von Politik und

Verwaltung erfolgt (vgl. Kapitel 5); ebenso könnte der fiskalische Steuerzweck den umweltökonomischen dominieren, so daß Umweltabgaben allein staatlichen Einnahmen dienen. Abgesehen davon, daß Baumol und Oates Steuern vorschlagen, um die festgelegten Standards zu erreichen, läßt sich kein wesentlicher Unterschied dieses Konzeptes zur herrschenden traditionellen Umweltpolitik erkennen.

Aber das Zugeständnis, daß bestimmte Entscheidungen außerhalb der Ökonomik gemacht werden, die Anerkennung der Bedeutung des politischen Prozesses bietet auch eine Chance. Ein Faktor-10-Ziel kann durchaus mit einem Standard verglichen werden, den es zu erreichen gilt. Dessen Festlegung erfolgt eben wie bei Baumol und Oates nicht aufgrund exakter Berechnungen, sondern aufgrund plausibler Annahmen, und kann damit ebenso Grundlage sein für eine politische Abstimmung. Der entscheidende Unterschied jedoch liegt darin, daß ein Faktor-10-Ziel eine bestimmte Richtung angibt, die eben nicht der Willkür einer Trial-and-error-Politik unterliegt. Statt einer Globalsteuerung, die immer nur zeitverzögert und reaktiv von Fall zu Fall auf neue Entwicklungen reagiert, entspricht ein Faktor-10-Ziel eher einem stabilen Rahmen, der die Erwartungen der Wirtschaftsakteure stabilisieren und die Ausrichtung des ökonomischen Innovationsprozesses langfristig beeinflussen kann.

Die variablen Leitplanken von Paul Klemmer

Die Vorstellung, daß mit Hilfe eines Trial-and-error-Prozesses umweltpolitische Standards sinnvoll ermittelt werden können, findet sich häufig in der umweltpolitischen Diskussion. Prominentes Beispiel ist das Konzept des Präsidenten des Rheinisch-Westfälischen Wirtschaftsforschungsinstituts (RWI), Paul Klemmer. Die Probleme der Internalisierung im Prinzip anerkennend und weit entfernt von der statischen Sicht vieler neoklassischer Modelle, plädiert er im Grunde für einen pragmatischen Ansatz, der der Politik die Freiheit läßt, in einem Trial-and-error-Prozeß dem gesellschaftlich gewünschten wirtschaftlichen Optimum näherzukommen. In den

Mittelpunkt seiner Überlegungen rückt dabei der Erhalt des Naturvermögens. Die Bedingungen seines Erhaltes gleichen «variablen Leitplanken», «die unter ökonomischen Aspekten Grenzen darstellen, ab denen die [gesamtgesellschaftlichen] Grenzschadenskosten die Grenzvermeidungskosten überschreiten ... und die Gefahr einer nicht nachhaltigen Entwicklung entsteht».[19] Zur Identifikation dieser Bedingungen greift Klemmer – wie schon Baumol und Oates – auf das Konzept der kritischen Schwellen zurück: «Das bedeutet, daß dem Marktprozeß eindeutige, allgemein akzeptierte, auf naturwissenschaftlichen Erkenntnissen basierende Restrisiken im Sinne von ‹kritischen Minimalbeständen› unter Risikoabwägungen vermittelt werden müssen.»[20] Für Klemmer endet aber die Notwendigkeit von Umweltpolitik dort, wo die marginalen Kosten der Vermeidung, also die zusätzlichen Kosten eines weiteren Schrittes zur Vermeidung von Schäden, den marginalen gesellschaftlichen Nutzen (also den zusätzlichen Nutzen eben dieses Schrittes) überschreiten – ein an sich unter Ökonomen übliche und allgemein konsensfähige Formel (nimmt man einmal an, daß auch die Nutzen der zukünftigen Generationen darin Berücksichtigung finden). Unter Kosten der Vermeidung fallen vor allem auch ökonomische und soziale Kosten vorsorgender Umweltpolitik, die Klemmer als sehr hoch einschätzt. Traditioneller Umweltpolitik gibt er deshalb im Vergleich mit neueren Ansätzen einer Dematerialisierung und der ökologischen Steuerreform den Vorzug, nicht zuletzt mit Verweis auf die zu hohen Kosten der Vermeidung: «Dies wird eine immer neu zu lösende Internalisierungs- und Abwägungsaufgabe bleiben und bleiben müssen. Eine ... reagierende Umweltpolitik erscheint vor allem mit weniger Risiken behaftet als eine ökologisch orientierte präventive Umweltpolitik.»

Klemmer unterwirft die gesellschaftliche Zielsetzung ebenso wie Baumol und Oates einem Abwägungsprozeß. Ihn trifft demnach dieselbe Kritik, wie wir sie schon oben geäußert haben: Weder können kritische Höchstbelastungen der Ökosysteme eindeutig definiert und erkannt werden, noch wird eine reaktive Umweltpolitik den ökologischen Erfordernissen gerecht (siehe auch 3.1). Klemmers Vorstellungen fallen aber noch hinter Baumol/Oates zurück. Klemmer schwebt eine Abwägung gesellschaftlicher Nutzen und

Kosten vor, eine gesamtgesellschaftliche Kosten-Nutzen-Analyse der Umweltpolitik also, die den Umfang und das Ausmaß ökologischer Politik bestimmen soll. In Wirklichkeit ist das Ziel, Umweltpolitik bis zu dem Punkt zu betreiben, wo zusätzliche gesellschaftliche Kosten und Nutzen übereinstimmen, aber eine Leerformel. Daß die Ermittlung gesellschaftlicher Nutzen und Kosten praktisch undurchführbar ist (von der Einbeziehung zukünftiger Generationen ganz zu schweigen), haben wir schon hinlänglich betont. Gewissermaßen von innen heraus steuert bei ihm ein teilnehmender Beobachter das komplexe System. Bei Bedarf wird immer wieder nachreguliert. Er vertraut daher offenbar mehr in die selbst-regulierenden Kräfte des politisch-administrativen Systems als in die der Märkte. Klemmer öffnet staatlicher Willkür Tür und Tor – Steuerungsoptimismus also auch hier. Die oben referierten Bedenken der «Neuen Politischen Ökonomie» (Kapitel 5) finden offenbar keine Berücksichtigung.

Erhaltung des Naturkapitals à la Pearce

Schon bei Klemmer finden sich – wie bei vielen Ökonomen, die sich in der Debatte um die Konkretisierung von Zukunftsfähigkeit äußern – Vorstellungen eines konstant zu haltenden Naturvermögens. Diese Ideen gehen zurück auf das Konzept des *Naturkapitals* (*natural capital*) des Londoner Umweltökonomen David Pearce. Von der Gruppe um David Pearce wurde im Zuge der Debatte um den Sustainability-Begriff Zukunftsfähigkeit erstmals auch ökonomisch formuliert.[21] Dabei steht eine andere Form der «Globalsteuerung» im Vordergrund: die Forderung nach Erhalt des *Naturkapitals*. In Anlehnung an den ökonomischen Kapitalbegriff kann unter dem Naturkapital der gesamte Bestand erneuerbarer und nicht-erneuerbarer Ressourcen sowie die «Assimilationskapazität» der Ökosphäre verstanden werden.[22] In diesem Zusammenhang wird nun vorwiegend darüber diskutiert, inwieweit verschiedene Teile des sogenannten *Naturkapitals* untereinander ersetzbar (substituierbar) sind und inwieweit Naturkapital insgesamt mit Human- bzw. Sachkapital substituierbar ist. Je nachdem, wie man diese Frage beantwortet, wird zwischen starker und schwacher Nachhaltigkeit (strong and weak sustainability) unterschieden. Kann eine verstärkte Abschreibung des natürlichen Kapitalstockes, sprich ein zunehmender Abbau von Ressourcen, damit gerechtfertigt werden, daß statt dessen das Human- oder Sachkapital der menschlichen Gesellschaft ansteigt? Wird diese Frage mit Ja beantwortet, spricht man von weak sustainability; fordert man dagegen die langfristige Konstanz des natürlichen Kapitalstockes, interpretiert man die Nachhaltigkeitsforderung als *strong*.

Der Begriff Naturkapital ist zwar eine hilfreiche Metapher für die Diskussion um zukunftsfähige Entwicklung, für die Umsetzung einer ökologischen Wirtschaftspolitik, aber sowohl aus ökonomischer als auch aus ökologischer Sicht fragwürdig. Kapital bezieht sich normalerweise auf menschengemachte und reproduzierbare Güter oder auf Geldmittel. Diesen Terminus auf komplexe natürliche Zusammenhänge anzuwenden, schleppt diese Bedeutungen gewissermaßen mit sich.[23] Die natürliche Umwelt ist eben nicht einfach reproduzier- oder reparierbar. Ebensowenig wie die Wirtschaft läßt sie sich in gewünschte Gleichgewichtszustände bewegen. Den Kapitalbegriff hierauf anzuwenden, ist deshalb problematisch. Darüber hinaus ergeben sich bei der Operationalisierbarkeit des «Naturkapitals» erhebliche Schwierigkeiten: Wie kann gemessen werden, ob der Bestand an «Naturkapital» zu- oder abnimmt? Wie können Erdölvorkommen, die lebenswichtigen Funktionen der Erdatmosphäre, eine Schmetterlingsart und die Wasserqualität von Flüssen sinnvoll aufaddiert und gegeneinander abgewogen werden? Wir haben an anderer Stelle argumentiert, daß diese Probleme nicht lösbar sind und es deshalb sowohl aus theoretischer als auch aus praktischer Sicht sinnvoll erscheint, die Materialströme als groben Indikator für Nachhaltigkeit zu verwenden.[24]

6.3 Laissez-faire statt Umweltpolitik?

Als am Ende des 18. Jahrhunderts das Fundament des alten absolutistischen Systems in Europa immer stärkere Risse bekam und sich das Ende der merkantilistischen Wirtschaftssteuerung mit ihren

Handelsregulierungen abzeichnete, schlug die Stunde der Kaufleute und Händler. Vor allem die Ideen eines schottischen Moralphilosophen machten damals in Europa Furore und prägten zumindest das gesamte folgende Jahrhundert. Das Werk Adam Smiths aus Glasgow wurde in ganz Europa gelesen und versprach eine Zeit des steigenden Wohlstandes, nicht nur wie bislang für eine einzelne Herrschaftsschicht, sondern für das gesamte Volk. Als wichtigste Botschaft seines Werkes galt, daß selbst, wenn alle ausschließlich ihre individuellen Einzelinteressen verfolgen, der Markt als ein anonymes Koordinationssystem die gesamte Gesellschaft zur maximalen Wohlfahrt führen kann. Die Metapher vom Markt, der die Wirtschaft wie eine «unsichtbare Hand» steuert, wird heute als zentrales Motiv aus Adam Smiths Hauptwerk «Wohlstand der Nationen» (1776) angesehen (auch wenn sie dort selbst nur einmal und zudem an einer eher unbedeutenden Stelle vorkommt). Sie bildet seitdem in der Ökonomik die Grundlage für die Rechtfertigung einer «herrschaftsfreien» Koordination der Wirtschaft durch den Markt. Obwohl ein solcher Prozeß nur auf Wünschen, individuellen Vorstellungen, egoistischen Zielen und Handlungen der beteiligten Akteure beruht, ergibt sich das gesamtwirtschaftliche Marktergebnis automatisch: Es ist zwar abhängig von den Umständen, unter denen die Entscheidungen getroffen werden, aber nicht von expliziten Absprachen oder Vereinbarungen. Der Markt bündelt gewissermaßen die unabhängigen Handlungen von Menschen, die sich zum Teil nicht einmal begegnen, zu einem Muster, das wir als Marktergebnis beobachten: so steigt der Konsum von Kaffee, der Preis von Stahl sinkt, die Arbeitslosigkeit steigt, die Zinsen sinken usw.[25]

Daß ein freies Spiel der Kräfte ohne staatliche Eingriffe, eine alleinige Verfolgung individueller Eigeninteressen unter bestimmten Voraussetzungen das beste für alle sein kann, wurde seit dem Ende des letzten Jahrhunderts mit zunehmender Verfeinerung auch mathematisch modelliert und gezeigt. Dies ist einer der Verdienste der neoklassischen Ökonomik und ihrer extremsten Form, der «Allgemeinen Gleichgewichtstheorie». Die daran angelehnte Wohlfahrtstheorie zeigt, daß unter bestimmten Bedingungen eine gesamtgesellschaftlich von ihr als optimal definierte Situation, das sogenannte «Pareto-Optimum» erreicht werden kann. Unter «Pareto-Optimum» versteht man eine Situation, in der kein Individuum mehr besser gestellt werden kann, ohne ein anderes schlechter zu stellen – eine reichlich theoretische Angelegenheit. Zu den vielen Bedingungen, unter denen dies gelten soll, gehört die vollständige Konkurrenz und die Abwesenheit externer Effekte. (Über Verteilungsaspekte kann diese Sicht der Dinge keine Aussagen treffen. Ein Pareto-Optimum kann auch eine Situation sein, in der Einkommen und Vermögen extrem ungleich verteilt sind.) Anders gewendet, zeigt die Wohlfahrtstheorie allerdings nicht nur die theoretische Optimalität des Marktes, sondern auch die Bedingungen, unter denen das Ergebnis nur Bestand hat. Diese Bedingungen sind zahlreich und unrealistisch. Wenn nur eine davon nicht eingehalten wird, dann ist es bereits höchst fraglich, ob ein Pareto-Optimum erreicht werden kann.

Wesentlich erscheint uns in diesem Zusammenhang der weitreichende Einfluß von Adam Smiths Ideen auf die wirtschaftstheoretischen und -politischen Konzepte des 20. Jahrhunderts. In erster Linie sind hier die Gedanken der sogenannten «österreichischen Schule» und der «Chicago School» zu nennen. Die Ökonomen, von denen hier die Rede ist, vertrauen fast ausschließlich dem Markt als alleinigem Koordinationsmechanismus. Sie bestreiten nicht nur die Notwendigkeit, sondern auch die Erfolgsaussichten einer aktiven Politik, soweit sie über die Schaffung einer Rechtsordnung zur Sicherstellung öffentlicher Sicherheit und der Grundlagen des Geschäftslebens hinaus geht. Teilt man diese Sichtweise, so ist jede Umweltpolitik abzulehnen, die mehr versucht, als Märkte zu schaffen, auf denen die «Umweltgüter» gehandelt werden können. Würde es nach dieser Meinung für alles die richtigen Preise geben, dann wären alle ökologischen Probleme gelöst. Aber genau hier liegt das Problem: Über globale Umweltgüter, von denen vor allem die Rede ist, wenn es um eine zukunftsfähige Entwicklung geht, können Eigentumsrechte gar nicht vergeben werden.

Es gibt aber noch einen zweiten Grund, warum wir uns hier mit diesen ökonomischen Ansätzen auseinandersetzen. Uns interessiert das Bild von Märkten, das dort entwickelt wird. Geht es der weiter oben besprochenen (neoklassischen) Umweltökonomik um den Vergleich verschiedener *Situationen* oder – in sogenannten dynamischen Modellen – deterministischen Abläufen, die mehr oder weniger nah ans theoretische Optimum heranreichen, so stehen hier Markt*prozesse* im Mittelpunkt, eine also zumindest im Ansatz echte (nicht-lineare) Dynamik.[26] Wir beginnen mit der «Chicago School», weil diese der konventionellen Ökonomik näher liegt, und wenden uns dann den «Österreichern» zu.

Die «Chicago-Boys»

In Abkehr von der neoklassischen Standard-Ökonomik sammelten sich seit den frühen 50er Jahren in Chicago verschiedene Ökonomen, die im folgenden unter das Label «Chicago School» subsumiert werden. Neben dem Kopf der ersten Zeit, Milton Friedman, gelten als führende Vertreter seit den frühen 70er Jahren vor allem Gary S. Becker, George J. Stigler und Autoren der sogenannten Neuen Klassischen Makroökonomik.[27] Was ihre Erwähnung hier rechtfertigt, ist nicht nur ihr immenser Einfluß auf die amerikanische Politik und die Wirtschaftstheorie (ganz zu schweigen von ihrem Einfluß auf das Nobelpreiskomitee). Zum einen lehrt einer der bedeutendsten Protagonisten der modernen Umweltökonomik, der schon erwähnte Ronald Coase, seit langer Zeit in Chicago. Zum anderen finden wir gerade hier beachtenswerte Argumente gegen bestimmte Vorstellungen von Politik (auch von Umweltpolitik). Es läßt sich in diesem Zusammenhang noch einmal verdeutlichen, warum, wenn der Staat nicht in der Lage ist, die Koordination der Umweltgüter zu übernehmen, eine reine Marktlösung nicht unbedingt zielführend ist.

Verweilen wir einen Moment beim allgemeinen theoretischen Verständnis der Chicagoer Ökonomen bezüglich des Wirtschaftsprozesses. Ein wesentliches Merkmal ihrer Argumentation ist ihr Verständnis des Wettbewerbs als quasi evolutionärer Prozeß, in dem nur die fittesten, und das heißt in diesem Zusammenhang, die rational Handelnden, überleben. Anders als die Neoklassiker, die einfach annehmen, die Menschen würden im Wirtschaftsprozeß rational handeln, argumentieren diese Ökonomen: Da im Wettbewerb (wie in der Natur) nur die fittesten überleben, handeln die, die überleben, rational. Die anderen gehen unter. Die Annahme des Rationalverhaltens der Wirtschaftssubjekte, wie sie auch die Neoklassik postuliert, erweise sich somit als angemessener zur Beschreibung der Realität. Die Grundidee läßt sich anhand der Argumentation von Armen Alchian demonstrieren, der 1950 im Journal of Political Economy feststellt, daß das Konzept der Profit- und Nutzenmaximierung bedeutungslos ist, sobald die Annahme vollkommener Voraussicht fallen gelassen wird. Für analytische Zwecke schließt Alchian in seiner Analyse zunächst *jegliche* individuelle Fähigkeit, sich an geänderte Rahmenbedingungen anzupassen, aus. Sehen wir zunächst von unterschiedlichen Fortpflanzungschancen ab, so können natürliche Organismen, die durch Zufall in einer für sie günstigeren Umgebung entstanden sind, im allgemeinen besser gedeihen. *Im Ergebnis*stellen sie sich als der Umgebung besser angepaßt dar als die, die in einer ungünstigeren Umgebung schlechter gedeihen. In ökonomischem Zusammenhang könnte dies folgendes bedeuten: Wenn alle gleich unwissend sind, haben alle die gleiche Wahrscheinlichkeit, Fehler zu machen. Der Markt belohnt dann diejenigen, die zufällig dem «Optimum» am nächsten kommen. Sieht man von jeglicher Rationalität ab, so werden diejenigen Anbieter im ökonomischen System besser gestellt, die die Wünsche der Nachfrager (zufällig) am besten treffen, ohne daß wir annehmen müssen, daß sie irgend etwas von der Nachfrage wissen. Diejenigen, die die Nachfrage am wenigsten «treffen», werden am ehesten wegen ihrer (zu hohen) Verluste vom Markt verschwinden. Wenn sich die Umwelt ändert, werden andere Anbieter relativ erfolgreich sein.[28] Erst in einem zweiten Schritt diskutiert Alchian die Anpassung individuellen Verhaltens an eine als selektiv erkannte Situation und verbindet so beide Ansätze. In einem *trial-and-error*-Prozeß, verbunden mit dem Versuch, erfolgreiche Akteure zu imitieren, können die Individuen ihren Erfolg erhöhen. Die ökonomische Selektion führt so zu einem Ergebnis, das ein außenstehender Beobachter so beschreiben kann, *als ob* die Individuen ihre langfristigen Nutzen maximieren wollten. Die Annahme der Profitmaximierung ist somit hinreichend, aber nicht notwendig für die Ableitung der bekannten Ergebnisse.

Mit einer solchen in ihren Augen ausreichend genauen Theorie beschreiben die Ökonomen aus Chicago das menschliche Verhalten.[29] Die «Chicago-Boys» verwenden daher ein einziges analytisches Werkzeug, die Gewinn- und Nutzenmaximierung unter (mehr oder weniger realitätsnahen) Nebenbedingungen und setzen die Existenz eines rein mechanistisch verstandenen Wettbewerbs einfach voraus. Alle, aber auch wirklich alle gesellschaftlichen, sozialen und wirtschaftlichen Phänomene werden allein mit Hilfe individuellen Rationalverhaltens erklärt, gesamtwirtschaftliche Konjunkturzyklen, die Entstehung von Institutionen und Verfassungen, sogar Heirat, Mode und Sex. Damit bieten sie – im Grunde noch radikaler als die «Neoklassiker» – ein Paradebeispiel für die Reduktion der gesellschaftlichen Komplexität auf eine einzige Erklärungshypothese, der rationalen Nutzenmaximierung. Viele nicht-ökonomische Faktoren, wie die Entstehung und Veränderung von Werten und Präferenzen (Geschmäckern) und irrationales Verhalten, werden kompromißlos ausgeblendet. Das soziale Wesen Mensch wird allein auf den hedonistischen *Homo oeconomicus* reduziert. Eine derartige Reduktion der gesellschaftlichen Einbindung des Menschen ist eine – wie oben diskutiert – unangemessene Vereinfachung. Aber auch eine Ökonomisierung der Natur à la Chicago würde allen schon bei der Diskussion um die neoklassische Position vorgebrachten Kritikpunkten unterliegen. Dazu gehören fehlende Monetarisierungsmöglichkeiten, das Ignorieren ökologischer Systemzusammenhänge, die Existenz von Irreversibilitäten usw. Reale Entscheidungen sind immer zwischen beiden Extremen gelagert: das Wissen der Individuen ist weder zufällig noch vollständig.

Erfolgreich sind die Ökonomen aus Chicago auch, was ihren Einfluß auf die Politik anbelangt. Vor allem in den 80er Jahren konnten sie mit ihrem Credo, daß die Funktionsweise des Marktmechanismus automatisch das Nutzenmaximum der beteiligten Individuen gewährleistet, die führenden Politiker vieler Industriestaaten beeinflussen. Störungen des langfristigen Marktgleichgewichtes seien zwar möglich, aber entweder langfristig unbedeutend (wie monopolistische Konzentration) oder beheb- bzw. in die Theorie einbeziehbar (wie Preisstarrheiten, staatliche Interventionen und Zufallseinflüsse).[30] Diese Überlegungen führen die Ökonomen aus Chicago zu einer radikalen Ablehnung staatlicher Interventionen. Das Mißtrauen in die Lenkungsfähigkeit des Staates kommt zum Beispiel in der Theorie rationaler Erwartungen von Robert Lucas zum Ausdruck. Nach Lucas ist interventionistische Staatstätigkeit vor allem deshalb erfolglos, weil gut informierte wirtschaftliche Akteure (eben solche mit *rationalen Erwartungen*) die Tätigkeit des Staates im voraus antizipieren und mit entsprechenden Gegenreaktionen ihren Erfolg unterlaufen. Lucas warnt vor einem allzu fahrlässigen Glauben in die Wirkungsweise staatlicher Aktivitäten und rückte das vor allem durch die keynesianische Wirtschaftspolitik der 60er Jahre dominierte Bild der unbegrenzten Möglichkeiten eines globalsteuernden Staates wieder zurecht.

Auch wenn diese Sicht der Dinge mit ihrer Ablehnung von staatlicher Intervention bei weitem über das Ziel hinausschießt: ihre theoretische Rigorosität fällt sowohl bei den Herausgebern prestigeträchtiger Zeitschriften wie auch in der wirtschaftlichen Lehre auf fruchtbaren Boden. Auch für sie selbst gilt das Überleben der im ökonomischen Wissenschaftsbetrieb «fittesten»: An «Chicago Boys» (no girls around?) gingen bisher die meisten aller Nobelpreise für Wirtschaftswissenschaften zuletzt an Robert Lucas.

Der Kern der Argumente aus Chicago sollte aber nicht übersehen werden. Märkte *sind* oft ein effizienter Steuerungsmechanismus. Nachdem die sehr schwarzweiß geführte Auseinandersetzung «Mehr Markt oder mehr Staat» auch in Kreisen der Ökonomen abgeklungen zu sein scheint, geht es heute vielmehr um die Frage, welche Märkte unter welchen Bedingungen im Zusammenhang mit welcher Politik was erreichen könnten. In diesem Sinne läßt sich auch Ronald Coase neu lesen, der 1960 in einem berühmten Aufsatz über das «Problem der sozialen Kosten» zeigte, daß unter bestimmten Annahmen umweltpolitische Probleme wie externe Effekte keineswegs staatliche Intervention rechtfertigen. Statt dessen könnten externe Effekte völlig ohne zentrale Steuerung *allein durch Verhandlungen* zwischen den Individuen *internalisiert* werden, also durch Verhandlungen zwischen Geschädigten und Schädigern. Nachdem nach ihm benannten Coase-Theorem geschieht dies unabhängig von der Verteilung der Ausgangsrechte, das heißt, es ist theoretisch irrelevant, ob der Schädiger ein Recht auf Verschmutzung oder der Geschädigte ein Recht auf Erhalt der Umwelt hat. Im ersten Fall hätte der Geschädigte einen Anreiz, den Verschmutzer durch Zahlung einer Summe zur Produktionseinschränkung zu bewegen, im zweiten Fall entschädigt der Verschmutzer die Geschädigten. In beiden Fällen würde genau der pareto-optimale Punkt erreicht. Soweit die Theorie (die auch sehr elegant mathematisch formuliert werden kann). Im theoretischen Ideal ist eine Schaffung von Märkten für möglichst viele Umweltgüter also ziemlich attraktiv. Das Coase-Theorem funktioniert allerdings nur unter ganz bestimmten Annahmen, die nicht nur zahlreich, sondern leider auch in den meisten Fällen völlig unrealistisch sind. So räumt schon Coase ein, daß von sogenannten Transaktionskosten abstrahiert wird. Dies sind die Kosten, die aufgewendet werden müssen, um Verhandlungen und Vertragsabschlüsse überhaupt erst zustande zu bringen. Diese Kosten wachsen aber mit der Anzahl der Beteiligten immens an. Zudem gibt es keinen Mechanismus, der die Beteiligten veranlaßt, ihre wahren Interessen, Präferenzen und Kosten zu offenbaren. Trittbrettfahren und strategisches Verhalten bei den Verhandlungen würde aber ein optimales Ergebnis unmöglich machen. Außerdem ist es unrealistisch und technisch unmöglich, für alle Umweltgüter entsprechende Eigentumsrechte festzulegen und zuzuteilen, von moralischen Bedenken einmal ganz abgesehen. Verteilungsaspekte werden ebensowenig mit berücksichtigt wie die Interessen zukünftiger Generationen. In unserem Zusammenhang ist wichtig, daß vor allem anderen zunächst Einigkeit darüber erzielt wird, *was* überhaupt umweltrelevante Güter sind. Solange das Trassenmaterial für eine Autobahn oder ICE-Strecke nicht als ökologisch bedenklich eingeschätzt wird, wird niemand dafür entsprechende Verfügungsrechte zuteilen. Heute funktionieren die Verfügungsrechte so, daß eine Baugesellschaft das Land, auf der die Trasse entstehen soll, erwirbt und ohne Rücksicht auf die ökologische Relevanz der von ihnen verursachten Stoffströme die Natur verändern darf. Eine Verhandlungslösung hätte von vornherein keine Grundlage. Die Liste der Kritikpunkte ließe sich fortsetzen.[31] Man muß also genau hinsehen, bevor man eine theoretisch so bestechende Lösung in die Praxis umzusetzen versucht.

Zwar können wir aus den genannten Gründen das radikale Vertrauen der Chicagoer Ökonomen nicht teilen, daß kein weiterer

Bedarf mehr an staatlicher Tätigkeit besteht, selbst wenn die reibungslose Funktionsweise der Märkte gewährleistet wäre (durch eine entsprechende Rahmensetzung einschließlich der Definition und Gewährleistung von Eigentumsrechten). Die Theorie der rationalen Erwartungen von Lucas ist dagegen von seiner Aussage her sehr ernst zu nehmen: gegenläufige Erwartungen der Wirtschaftssubjekte können den Steuerungserfolg von Wirtschaftspolitik unterlaufen. Insbesondere die Bedeutung der Rolle der Erwartungen und deren langfristige Stabilisierung rückt damit in den Vordergrund.[32] Milton Friedman hat solche Überlegungen vor allem auf die Geldpolitik bezogen und damit Grundlagen geschaffen, von denen aus heute die bundesdeutsche Geldpolitik teilweise operiert. Daß diese Überlegungen gerade auch für eine ökologische Wirtschaftspolitik von Relevanz sein können, wollen wir im dritten Teil verdeutlichen.

Die Österreichische Schule der Nationalökonomie

Eine ebenfalls staatskritische, aber anders begründete Argumentationslinie verwendet eine Gruppe von Ökonomen, die man heute unter dem *Label* «Österreichische Schule» zusammenfaßt. Es handelt sich dabei um Ökonomen, die im ersten Drittel unseres Jahrhunderts zuerst in Wien, später aber vor allem in den Vereinigten Staaten zu Ansehen gekommen sind – vermutlich überall anders mehr als in Österreich selbst. Der bekannteste Vertreter ist Friedrich von Hayek. Er hat sich Zeit seines wissenschaftlichen Lebens vor allem in England und den USA mit den Fehlern wirtschaftlicher und gesellschaftlicher Planung auseinandergesetzt und dachte dabei nicht nur an die Planwirtschaft in den «sozialistischen» Staaten, sondern kritisierte auch heftig jegliche Verteilungspolitik.[33] Wesentlich ist seine Aussage, daß ökonomische Systeme zu komplex sind, um von der Wirtschaftspolitik auf bestimmte Ziele hin gesteuert zu werden. Eine effiziente Koordinierung aller Einzelinteressen sei nicht durch eine zentrale Instanz, sondern allein auf den Märkten möglich. Schon Adam Smith stellte im Zusammenhang mit wirtschaftlichen Entscheidungen fest, es sei offensichtlich, daß «jedes

Individuum vor Ort viel besser urteilen kann, als irgendein Staatsmann oder Rechtssprechender für ihn urteilen kann».[34] Nach Hayek dient der Markt jedoch nicht nur kurzfristig als geeignetes Koordinationsinstrument in einer komplexen Gesellschaft, sondern gewährleistet auch langfristig Entwicklung und gesellschaftlichen Fortschritt. Denn Innovation und gesellschaftliche Dynamik ist vom Staat nicht vorhersehbar. Weil Wissen immer dezentral ist, entstehen neue Ideen vor Ort. Der Wettbewerb auf den Märkten bietet entsprechende Anreize zu Innovationen und dient so in Hayeks Worten als «Entdeckungsverfahren». Wenn die einzelnen Akteure dort mit ihren unterschiedlichen Wünschen und Ausstattungen aufeinandertreffen, miteinander handeln und dadurch ihre Wünsche kundtun (zu welchem Preis sie welche Güter haben wollen), dann ergibt sich nach Hayeks Vorstellung wie von selbst, für welche Neuerungen Wünsche vorliegen und für welche nicht. In einem evolutionären Selbstorganisationsprozeß «erfindet» eine Marktwirtschaft immer wieder neu die Rahmenbedingungen für ihre eigene Weiterentwicklung. Innovationen ergeben sich (aufbauend auf einem reichhaltigen Angebot an kreativen Erfindungen) auf dem Markt. So zeigt sich schließlich, welche Innovationen für die Allgemeinheit lohnend sind und welche nicht.

Wollte man diesen Ansatz auf die Umweltpolitik übertragen, so impliziert auch dies ein Plädoyer für die Errichtung von Märkten für öffentliche Güter und damit deren Privatisierung. Wir haben schon weiter oben argumentiert, daß diese Möglichkeiten begrenzt sind. Das Koordinierungsproblem ist in bezug auf die Umwelt so nicht zu lösen. Streissler formuliert das Dilemma wie folgt: «Da nun aber weder die einzelnen privaten Wirtschaftssubjekte noch die gesellschaftliche Zentrale in umwelt-wirtschaftlichen Fragen hinlänglich informiert sind, da nämlich die einen die individuellen Präferenzen und Kosten, die anderen die Gesamteffekte nicht kennen, ist effiziente Umweltpolitik weder zentral noch dezentral geordnet möglich, sie ist also stets unmöglich.»[35] Was tragen dann aber die vorgestellten Theorien angesichts dieses Dilemmas noch zur Problemlösung bei? Hayek ging es nicht um die völlige Unbeeinflußbarkeit der Wirtschaft. Es ging ihm um die Schaffung (in seinen Worten um «menschliches Design») *bestimmter sozioökonomischer*

Strukturen, die er für unmöglich hielt. Überträgt man diese Argumentation auf den Bereich ökologischer Wirtschaftspolitik, läßt sich feststellen: Die Politik sollte nicht versuchen, den Strukturwandel zu planen. (Dies entspricht genau der Kritik, die wir im ersten Abschnitt dieses Kapitels am Konzept der Internalisierung geübt haben.) An einer wenig beachteten Stelle stellt Hayek dem ein anderes Konzept gegenüber: das der «Kultivierung» (*cultivation*).[36] Ähnlich, wie ein Gärtner günstige Bedingungen für ein gutes Gedeihen seiner Pflanzen schaffe, ohne die Prozesse und Ergebnisse direkt beeinflussen zu können, sollte die Politik die Voraussetzungen für eine günstige sozioökonomische Entwicklung schaffen. Eine Politik, die wesentlich auf Ge- und Verbote vertraut, engt dagegen Handlungsspielräume der privaten Akteure ein. So wird etwa in der Umweltpolitik oft der «Stand der Technik» als Maßstab für das ökologisch Mögliche genommen. Eine Politik dieser Art ist bestenfalls geeignet, *bekanntes Wissen* in geltendes Recht um- und dieses durchzusetzen. Dies ist insbesondere dann erforderlich, wenn es um konkrete Einzelgefahren geht. Problematisch daran ist, daß den Akteuren wenige Möglichkeiten bleiben, sich in dem gesteckten Rahmen unternehmerisch zu verhalten. Man paßt sich an. Das wirtschaftliche Kalkül reduziert sich darauf – wenn möglich –, zu den geringsten Kosten die Auflagen des Staates zu erfüllen. Diese Kosten können bequem an die Abnehmer weitergegeben werden: da Ge- und Verbote in der Regel alle Mitbewerber treffen, gibt es wenig Grund für innovatives Suchen nach Vermeidungspotentialen. Die Umwelt-Verbesserung wird (bestenfalls) genau bei dem gewünschten Ziel stehenbleiben und kaum darüber hinaus gehen. Die Innovation – das wirklich *Neue* – kann die Politik gar nicht vorhersehen. Folgt man Hayek und seinen Nachfolgern, so läßt sich schließen, daß es nicht nur nicht möglich, sondern auch – wegen der Einschränkung der Innovationsdynamik – nicht wünschenswert ist, sozioökonomische Strukturen zu planen. Daß aber gerade auch staatliche Aktivitäten und damit verbundene Einschränkungen des Handlungsspektrums Anlaß zu innovativen Vorstößen geben könnten, wird dabei übersehen.[37] Und gerade Innovationen sind es, die für eine zukunftsfähige Entwicklung entscheidend sind. Eine Dematerialisierung der gesamten Wirtschaft kommt ohne ein gewaltiges Potential erfolgreicher technischer und sozialer Innovationen nicht aus. Nur eine Wirtschaft, die innovativ und flexibel ist, kann auch ökologisch erfolgreich sein. Andererseits verhält es sich aber auch nicht so, daß wir einfach darauf warten könnten, daß technische und soziale Innovationen von selbst alle ökologischen Probleme lösen werden.

Der Glaube (es ist eben kein Wissen), daß technische Mittel uns vor größeren Umweltkatastrophen bewahren werden, ist unter Ökonomen weit verbreitet. Das zugrundeliegende Argument ist einfach und zunächst einleuchtend: wird eine Ressource knapp, wird sie (in der Welt der ökonomischen Theorie) teurer. Der Markt zeigt die Knappheit an, und die ökonomischen Akteure reagieren darauf. Zwei Ergebnisse sind möglich. Zum einen kann der gestiegene Preis dazu führen, daß die Nachfrage zurückgeht und daher versucht wird, die teurer gewordene Ressource durch eine andere zu ersetzen. Was aber, wenn es sich bei der knapper werdenden Ressource um einen Rohstoff handelt, der unerläßlich und nicht ersetzbar ist? Dann, so die Theorie, werden Erfindungen (technische Innovationen) dazu führen, daß man weniger von diesem Rohstoff braucht.

An dieser Sicht der Dinge sind drei Annahmen zu kritisieren. Erstens sagen Preise eben oft nicht die (ökologische und ökonomische) Wahrheit, und Marktprozesse funktionieren selten so reibungslos wie in der Theorie. Wir haben auf dieses Problem schon des öfteren hingewiesen. Zweitens wird oft vergessen, daß es eben vor allem auch Institutionen (Gewohnheiten, Regeln etc.) sind, welche die Durchsetzungsfähigkeit neuer Technologien determinieren.[38] Drittens basiert die Vorstellung, Technik werde die Probleme lösen, auf einem schwer zu begründenden Optimismus. Technische Erfindungen haben in der Vergangenheit in der Tat geholfen, viele Probleme zu lösen, haben viele aber auch erst entstehen lassen. Historische Erfahrungen einfach in die Zukunft zu verlängern (lineares Denken!), kann wohl kaum Grundlage verantwortlichen Handelns sein.

Am Beispiel einer Ressource wie dem Klima wird schnell klar, daß diese Sichtweise ganz und gar nicht auf alle Umweltgüter anwendbar ist. Die Ökonomik befaßt sich meist mit Quellenproblemen, also der Knappheit von für den Wirtschaftsprozeß benötigten Ressourcen wie Öl, Gas, Mineralien. Die Veränderung des Klimas, die Zerstörung der Ozonschicht oder die Abholzung des Regenwaldes – all das läßt sich eben nicht mehr mit technischen Hilfsmitteln rückgängig machen.

Anmerkungen

1 Eine solche Darstellung kann nur ganz gezielt bestimmte Ansätze herausgreifen. Wesentliches Kriterium war für uns deren Bedeutung im heutigen Diskurs. Sicher entgehen uns damit andere interessante Ansätze, sei es, weil wir sie nicht kennen, sei es aus «Mut zur Lücke». Ein Diskussionsstrang, auf den wir hier nicht eingehen, den wir aber zumindest als Stichwort nennen wollen, ist der Öko-Marxismus. Genannt seien hier die Beiträge in O'Connor (Hrsg.), 1994, sowie Altvater, 1991, Immler/Schmied-Kowarzik, 1984, den Artikel von Peter Fleißner und die daran anschließende Debatte in Beckenbach (Hrsg.), 1992, und das von James O'Connor herausgegebene Journal *Capitalism, Nature, Socialism*.

2 Streissler, 1993, S. 87.

3 Die Liste der Kritik an diesen Annahmen ist lang; genauso lang ist die Liste der Versuche, dieses Menschenbild zu modifizieren: vom lernfähigen, abwägenden, maximierenden Menschen (LAMM) zum sogenannten *«satisficer»*, der seine Bedürfnisse nur bis zu einem bestimmten Niveau befriedigt (Herbert Simon, z.B. 1957); siehe z.B. Biervert/Held (Hrsg.), 1991, Biervert/Wieland, 1990.

4 Maier-Rigaud, 1991, S. 34ff.

5 Vgl. z.B. Söllner, 1993, Pasche, 1995. Nach Söllner berücksichtigen weder Siebert, 1992, noch Baumol/Oates, 1988, beides führende Lehrbücher der Umweltökonomik, das Irreversibilitätenproblem in ausreichendem Maße.

6 Siehe in diesem Zusammenhang u.a. Wegner, 1994; Hinterberger/Wegner, 1996; Dietz/van der Straaten, 1992, 242ff.; Bartmann/Borchers, 1993, 191ff.

7 Maier-Rigaud, 1992, S. 34ff. Er bezeichnet dabei nur letztere als «Internalisierer».

8 Maier-Rigaud, 1992, S. 36. Hier deutet sich schon eine Sicht an, die die individuellen und kollektiven Handlungen des Menschen als prinzipiell störend in einer sich ökologisch, also evolutionär, entwickelnden Welt betrachtet. Wir kommen darauf noch zurück.

9 Es ist keineswegs gewährleistet, daß bei einer rein individuellen Nutzenbewertung die Präferenzen zukünftiger Generationen ausreichend berücksichtigt werden, vgl. Nutzinger, 1995. Auch wird nicht berücksichtigt, daß die herrschende Einkommensverteilung bedeutenden Einfluß auf die Bekundung der Präferenzen hat, vgl. z.B. Martinez-Alier, 1995, Jarre, 1976, S. 162.

10 Pasche, 1995, S. 12; vgl. auch Leipert, 1989, S. 13f.

11 Dann spräche im Umweltbereich auch nichts mehr gegen eine Verstaatlichung aller Umweltgüter, «... denn der staatliche Gesamtkonzern ... hätte dann sicherlich alle Umwelteffekte in seiner Rechnung internalisiert, und wir bräuchten diesen Gesamtkonzern nur noch in der Manier von Oskar Lange zu Grenzkostenpreisen anbieten zu lassen, zu sozialen Grenzkosten natürlich, um das Paradies des sozialen Optimums auf Erden zu erreichen!», Streissler, 1993, S. 90.

12 Gawel, 1994, S. 38 (Hervorhebung durch die Autoren). Auch das folgende wörtliche Zitat ist dort zu finden.

13 Hennicke/Becker, 1995, S. 14f. Dort findet sich auch eine detaillierte Besprechung des Modells von Nordhaus. Unter ökologischen Ökonomen findet sich dennoch eine breite Befürwortung von Kosten-Nutzen-Analysen im Bereich des Umweltschutzes, vgl. Hampicke, 1995.

14 Hennicke/Becker, 1995, S. 25 und S. 18.

15 Streissler, 1993, S. 88.

16 Baumol/Oates, 1988, S. 160.

17 Im Original: «We believe that it is possible to design policies for the control of externalities that are reasonably efficient.» Eine solche Politik bestünde aus «fiscal measures in combination with standards for acceptable environmental quality»; Baumol/Oates, 1988, S. 159.

18 Die Standards «represent the decision maker's subjective evaluation of the minimum standards that must be met in order to achieve what may be described as ‹a reasonable quality of life›. The defects of this procedure are obvious ...»; Baumol/Oates, 1988, S. 162.

19 Klemmer, 1995, S. 7 und S. 9.

20 Klemmer, 1994, S. 50. Hier findet sich auch das folgende wörtliche Zitat.

21 Pearce/Turner, 1990.

22 Zur Kritik an dieser Sichtweise siehe Nordhaus, 1994, Hinterberger/Luks/Schmidt-Bleek, 1995.

23 Victor, 1991.

24 Hinterberger/Luks/Schmidt-Bleek, 1995.

25 Ullmann-Margalit, 1978. Daß das Werk Adam Smiths sich allerdings kaum auf den Glauben an die «Unsichtbare Hand» des Marktes reduzieren läßt und sich Smith durchaus den Grenzen des Marktes und der Notwendigkeit seiner Einbettung in eine ethische, staatlich durchgesetzte Rahmenordnung bewußt war, ist bei weitem weniger bekannt und sei auch hier nur am Rande erwähnt. So hat Smith durchaus bereits zu seiner Zeit die sozialen Gefahren einer unkorrigierten Marktwirtschaft gesehen und sogar die Grenzen einer wachsenden Ökonomie thematisiert, vgl. z.B. Benton, 1995, Stewen, 1994, die Aufsätze in Meyer-Faje/Ulrich (Hrsg.), 1991, Skinner, 1979, Lamb, 1973. Zudem existiert eine umfangreiche Literatur zum sogenannten Adam-Smith-Problem (der Frage, inwieweit seine Ethik, die die «Sympathie» in den Mittelpunkt rückt, mit seiner auf dem Egoismus basierenden ökonomischen Theorie vereinbar ist), siehe z.B. Viner, 1928, Eckstein,1926, Wilson, 1976, Raphael/Macfie, 1976.

26 Diese Unterscheidung wird uns in Kapitel acht noch einmal beschäftigen.

27 Vergleiche dazu vor allem die in Paqué, 1985, angegebene Literatur.

28 In einer solchen Sichtweise spielt aber auch der Zufall eine entscheidende Rolle, der den *ex-post*-Erfolg einer Entscheidung beeinflußt. Für die Biologie hat Jaques Monod (1991/1970) das Zusammenspiel von Zufall und Notwendigkeit beschrieben, der für das ungeheure qualitative Wachstum natürlicher Systeme verantwortlich ist, ohne daß es dazu eines übergeordneten (göttlichen) *Designs* bedürfte. Spätestens seit dem Zusammenbruch der meisten sozialistischen Planwirtschaften ist es wohl unumstritten, daß auch wirtschaftlicher Fortschritt nicht auf übergeordnetes (menschliches) Design begründet werden kann, weil weder Individuen noch Kollektive über die dazu nötigen Informationen verfügen können (wir kommen darauf im Zusammenhang mit der «Österreichischen Schule» noch einmal zurück.

29 Schließlich sei es auch nicht wichtig und sogar unmöglich, eine wirklich «realistische» Theorie zu entwickeln. Aus der Erkenntnis heraus, Annahmen als Elemente von Theorien seien niemals realistisch, argumentieren sie rein pragmatisch: Eine Theorie sei dann gut, wenn sie zu ausreichend genauen Vorhersagen führe. Als aufschlußreiche Quellen zu dieser Argumentationslinie seien hier nur Alchian (1950) und Friedman (1953) genannt. Daß auch Kooperation und nicht nur der Kampf ein wesentliches Muster in der Natur ist, an dem sich Lebewesen, die überleben wollen, orientieren, wird dabei häufig übersehen, läßt sich aber ohne Probleme in ein solches Modell einbauen.

30 Paqué, 1985, S. 423.

31 Zur Kritik am Coase-Theorem siehe z.B. John, 1990, S. 142ff.; Streissler, 1993, S. 91f; Hinterberger/Wegner, 1996.

32 Ähnliche Schlußfolgerung lassen sich von einer ganz anderen Richtung her ableiten. In seiner «Allgemeinen Theorie der Beschäftigung, des Zinses und des Geldes» (1936) betont John Meynard Keynes die Rolle von Unsicherheit für Investionsentscheidungen. Eine Stabilisierung der Erwartungen wird daher auch von Keynesianer gefordert, siehe zur Rolle der Erwartungen im Postkeynesianismus z.B. Rothschild, 1981, Kregel, 1988.

33 In «The Fatal Conceit» (1988/1991) faßt er sein Lebenswerk zusammen. Vgl. auch seine «Freiburger Schriften». Vgl. auch Wegner, 1996a, 1996b, sowie Hinterberger, 1996. Ein anderer wichtiger «österreichischer» Ökonom ist Ludwig von Mises. Heute sind Israel Kirzner in den USA und Manfred Streit in Deutschland wichtige Vertreter dieser Denkrichtung.

34 Zitiert nach Streissler, 1993.

35 Streissler, 1993, S. 90 und 92. Bereits Adam Smith betonte die Notwendigkeit von Staatseingriffen im Falle externer Effekte. Zur Bankenregulierung durch staatliche Verbote und feuerpolizeiliche Baugebote. Streissler folgert: «Evidentermaßen sind seine Ausführungen direkt auf die Umweltpolitik anwendbar» (S. 92).

36 Hayek, 1967, S. 19.

37 Wegner, 1996a, 1996b.

38 Røpke, 1994b.

7 Ein Blick in andere Sozialwissenschaften

Eine rein ökonomische Analyse stößt schnell an ihre Grenzen, wenn es darum geht, Empfehlungen für die Politik abzugeben. Der Blick über den ökonomischen Tellerrand ist also unerläßlich. Ein Homo socio-oeconomicus wäre deshalb ein besserer Ausgangspunkt, will man die Umsetzungsmöglichkeiten ökologischer Reformen ausloten. Allerdings wäre eine Betrachtungsweise aus sozioökonomischer Sicht weniger stringent als aus Sicht einer eindeutig definierten ökonomischen Nutzenmaximierung und damit wenig hilfreich zur Bildung eines schlüssigen Modells. Der Versuch, auf einem realistischeren Menschenbild Theorien aufzubauen, stößt schnell an die Grenzen interdisziplinärer Analyse. Wegen ihrer Fülle und Komplexität sind wissenschaftliche Erkenntnisse kaum noch faßbar – nicht nur aufgrund der begrenzten Kompetenz und Vorbildung der interdisziplinär Arbeitenden.

Ein Blick in andere Sozialwissenschaften kann daher an dieser Stelle nur einem Ausflug gleichkommen, bei dem wir weniges herausgreifen – eher vergleichbar mit einer Wochenendreise in eine bislang unbekannte Region, bei der man sich wegen der Kürze der Zeit nur wenige Highlights des Urlaubslandes zu Gemüte führen kann. Die Region, die wir im folgenden bereisen wollen, ist die Soziologie – mit einer kurzen Stippvisite in die Psychologie. Diese Auswahl ist ziemlich selektiv. Wir beschränken uns auf drei Bereiche, die sich stark voneinander unterscheiden. Viele Autoren, die sich zur Ökologiefrage geäußert haben, werden hier also nicht behandelt.

Wir beginnen unseren Ausflug mit einem Kurzbesuch in der Psychologie. Aus dieser Fachrichtung erachten wir die «Logik des Mißlingens» von Dietrich Dörner als einen wichtigen Beitrag für unser Thema (7.1). Im nächsten Schritt beschäftigen wir uns mit dem Soziologen Niklas Luhmann (7.2), bevor wir in Abschnitt 7.3 Ulrich Beck betrachten, dessen «Erfindung des Politischen» einen Kontrapunkt zu Luhmanns Sicht der Dinge setzt. Der «Aha-Effekt», den wir uns dabei erhoffen, beruht nicht darauf, daß die verschiedenen Ansätze einfach «aufaddiert» werden können, um zur Problemlösung beizutragen. Wir halten es aber für angezeigt, die verschiedenen Sichtweisen bei der Konzeption einer ökologischen Wirtschaftspolitik zu berücksichtigen. Unsere Auswahl bedeutet nicht, daß nicht auch andere Stippvisiten lohnend wären, und es werden ja an anderen Stellen dieses Buches andere Disziplinen berücksichtigt, z.B. Ansätze aus der Politologie. Ideal wäre natürlich eine ausführliche Beschäftigung mit den einzelnen Bereichen, aber – um im Bild zu bleiben – auch in der Wissenschaft sind Urlaubstage begrenzt (oder ökonomisch ausgedrückt, ein knappes Gut).

7.1 Die Logik des Mißlingens: Ein kurzer Ausflug in die Psychologie

Wir haben im ersten Teil unseres Buches herausgearbeitet, welch zentrale Bedeutung der Komplexität von Natur und Gesellschaft im Zusammenhang mit unserem Thema, die Grundlagen einer ökologischen Wirtschaftspolitik zu formulieren, zukommt. Komplexität ist seit einigen Jahren ein zentrales Thema verschiedener Wissenschaftsbereiche, so auch der Psychologie. Hier befaßt man sich in letzter Zeit verstärkt mit der Frage, wie Menschen in komplexen Situationen handeln, welche Fehler sie dabei begehen und welche Strategien sie verfolgen. Für uns ist interessant, ob die dabei gewonnenen Ergebnisse Rückschlüsse darauf erlauben, ob es Wege zu einem erfolgreichen Umgang mit Komplexität gibt. Patentrezepte können schwerlich erwartet werden – aber vielleicht Anhaltspunkte für ein angemesseneres Verhalten in komplexen Entscheidungssituationen, vor denen umweltpolitische Akteure ohne Zweifel stehen, und damit Hinweise für die Ausgestaltung einer zukunftsfähigen Umweltpolitik.

Dietrich Dörner hat mit Hilfe umfangreicher Computersimulationen untersucht, welches Verhalten Versuchspersonen bei der Konfrontation mit komplexen und unüberschaubaren Situationen zeigen.[1] Dörner simulierte mit seinen Mitarbeitern zum Beispiel eine kleine mitteleuropäische Industriestadt namens «Lohhausen», als dessen Bürgermeister die Versuchspersonen die Geschicke der Bürger über einige Jahre hinweg lenken sollten. Die Aufgaben der «Bürgermeister» waren, unterschiedliche Interessen zu verknüpfen, Finanz- und Sozialpolitik zu betreiben, die städtischen Produktionsbetriebe zu verwalten, sich um die Zufriedenheit der Bevölkerung und unterschiedlicher Interessengruppen zu kümmern, sich um die eigene Wiederwahl zu bemühen und Abwanderungstendenzen zu begegnen. Ein anderes Simulationsspiel versetzte die Versuchspersonen in die Rolle eines Entwicklungshelfers in einem fiktiven «Tanaland». Von wenigen Fällen abgesehen, zeigten sich die meisten Versuchspersonen überfordert und stürzten die ihnen anvertrauten Systeme ins Chaos. Im Zuge dieser Simulationsexperimente versuchte Dörner, typische Verhaltensweisen beim Umgang mit komplexen Situationen herauszufinden und zu kategorisieren. Die Ergebnisse seiner Untersuchungen:

Ziele werden nur unzureichend *konkretisiert* und *ausbalanciert*. Vorgaben werden zumeist nur global definiert und zu wenig präzisiert (und auf Anwendbarkeit überprüft); mögliche Zielkonflikte werden ausgeblendet oder zumindest nicht genügend bewußt gemacht, um ein Austarieren unterschiedlicher Zielsetzungen zu ermöglichen. So führt die Verfolgung eines allgemeinen, nicht konkretisierten und mit anderen Zielen abgestimmten Zieles wie «Wohlstand» oder «Gerechtigkeit» dazu, daß Mißstände erst dann aufgegriffen werden, wenn sie gerade anfallen. Politik wird dadurch zum unkalkulierbaren Krisenmanagement.

Ein *lineares Denken* in Ursache-Wirkungs-Ketten: Neben- und Fernwirkungen sowie Rückkopplungen werden in komplexen Entscheidungssituationen oftmals ausgeblendet. Ein Beispiel unter vielen ist DDT in der Muttermilch.

Beim Versuch, sich ein Bild von der Realität zu machen, mit der man umzugehen hat, wird diese Realität der Einfachheit halber oft unzulässig verkürzt. In Form *reduktiver Hypothesenbildung* werden viele Faktoren häufig auf eine oder sehr wenige Ursachen zurückgeführt und damit unter Umständen wichtige, langfristige Einflußfaktoren völlig übersehen. «Das liegt nur an ...» ist ein beliebtes Argument, nicht nur bei politischen Stammtischdebatten.

Dringende Probleme zwingen dazu, sich auf Schwerpunkte zu konzentrieren. *Mangelnde Hintergrundkontrolle,* d.h. die Vernachlässigung anderer, scheinbar weniger wichtiger Abläufe ist jedoch dann gefährlich, wenn man sich einseitig nur auf diese Schwerpunkte konzentriert und andere Entwicklungen nicht mitkontrolliert. Die gesamte Entwicklung gerät so schnell außer Kontrolle, bedrohliche Tendenzen werden nicht rechtzeitig erkannt und strategische Änderungen erst zu spät eingeleitet.

Dynamische Entwicklungen im Zeitablauf werden in ihren Auswirkungen unterschätzt. Insbesondere bei exponentiellen Entwicklungen werden die Versuchspersonen von den Konsequenzen oftmals völlig überrascht. Zeitreihen wie das stetige Wachstum um bestimmte Prozentsätze werden falsch eingeschätzt. So bedeutet eine jährliche Zunahme der Stoffströme um 5%, daß sich der gesamte Umweltverbrauch in nicht einmal 15 Jahren mehr als verdoppelt!

Ist eine Entscheidung getroffen, gilt das Problem oft als gelöst. Die Auswirkungen und Konsequenzen dieser Entscheidung werden dann häufig nicht mehr überprüft. Dörner nennt dieses Entscheidungsverhalten *ballistisch*: Das Treffen einer Entscheidung wird mit der Problemlösung gleichgesetzt. Gefährlich wird dieses Verhalten dann, wenn Maßnahmen nicht wie vorgesehen wirken oder unkalkulierte Nebenfolgen nach sich ziehen. Fehlende Erfolgskontrolle kann somit dazu führen, daß rechtzeitige Gegenmaßnahmen vernachlässigt werden und Korrekturen nicht geplant werden können.

Im Falle von Mißerfolgen und Fehlverhalten mangelt es meist an entsprechender *Selbstreflexion,* um den selbst verursachten Fehlern auf den Grund zu gehen. Ein Nachdenken über die eigenen Strategien, wie Informationen zu sammeln und zu verwerten, zu planen und zu kontrollieren sind, findet nicht statt.

Dörner nennt auch Ursachen für diese Verhaltensweisen. Dabei betont er mehrere Aspekte. Der Mensch neigt zu einer Vernachlässigung von Zukunftsproblemen. Gegenwärtig anliegende Probleme werden in ihrer Wichtigkeit höher bewertet als fern in der Zukunft liegende, auch wenn letztere wesentlich größere Auswirkungen haben können. Vergangenes gerät bei vielen Menschen leicht in Vergessenheit und verliert an Handlungsrelevanz. Viel wichtiger ist der Schutz des eigenen Kompetenzempfindens. Mißerfolge werden zu wenig wahrgenommen oder weitgehend verdrängt, um das Gefühl der eigenen Handlungsfähigkeit zu bewahren. Wir haben außerdem zur bewußten Verarbeitung von Informationen nur begrenzte Kapazitäten, mit denen wir (ökonomisch) umgehen. So bilden wir vereinfachte Hypothesen und Modelle, verzichten auf die besagte Hintergrundskontrolle und bilden einfache Vorstellungen über dynamische Zeitabläufe.

Das Bestreben, unübersichtliche Handlungssituationen so zu verändern, daß sie übersichtlich werden, hat nur vordergründig einen angenehmen Nebeneffekt: das vorher angekratzte Selbstvertrauen, das Gefühl von Übersichts- und Hilflosigkeit, die Befürchtung, ins Uferlose abzudriften, weicht einem neu gewonnenen, aber eben nur vermeintlichen Gefühl von Kompetenz. In Wirklichkeit bastelt man sich dabei nur ein Modell der Realität zurecht, das den individuellen Bedürfnissen des Modellbauers angepaßt, mehr oder weniger komfortabel, in den meisten Fällen jedoch *beherrschbar* ist. Dies trifft für den Wirtschaftspolitiker, der versucht, Arbeitslosigkeit und Inflation zu bekämpfen, genauso zu wie für ein Chemieunternehmen, das seine Sicherheitsvorkehrungen plant. Doch nicht selten werden diese Illusionen zerstört: die Arbeitslosigkeit steigt trotz (oder eben wegen) der Einschnitte im Sozialsystem, und der unerwartete (oder in Kauf genommene) Störfall im Chemieunternehmen führt zu deutlichen Umsatzeinbußen. Einfache Modelle und Lösungsversuche unterschätzen Rückkopplungen und Vernetzungen in komplexen Systemen.

Übertragen wir diesen Katalog menschlichen Fehlverhaltens, psychologischer Faktoren und kognitiver Mängel auf Entscheidungsträger, z.B. im Bundesumweltministerium, so wird verständlich, warum die heutige Umweltpolitik zu kurzfristigen und überstürzten Eingriffen oder fehlender präventiver Politik neigt. Aus psychologischer Sicht kann auch erklärt werden, wie sich fehlendes Umweltbewußtsein der Konsumenten zum Zeitpunkt ihrer (oftmals höchst komplexen) Kaufentscheidungen auswirkt. Vor ähnlich komplexen Entscheidungen stehen Unternehmer und Produzenten, wenn sie mit der ökologischen Problematik konfrontiert werden. Warum sich der einzelne Manager im Entscheidungsfall gegen eine ökologische Ausrichtung seines Unternehmens und damit unter Umständen gegen seine eigenen langfristigen Interessen entscheidet, ließe sich somit nicht nur mit «falschen» Rahmenbedingungen in einer auf kommerziellen Erfolg ausgerichteten Marktwirtschaft erklären, sondern zumindest teilweise auch psychologisch. Die Unterschätzung der Dynamik von zukünftigen Entwicklungen, reduktive Hypothesenbildung, ballistisches, kurzfristiges Handeln, fehlende Selbstreflexion oder Schutz des eigenen Kompetenzempfindens führen regelmäßig zu in diesem Sinne «falschem» Verhalten. Manche dieser charakteristischen Verhaltensweisen können auch das Vertrauen vieler Umweltökonomen in einfache mechanistische Modelle oder in eine allwissende und allmächtige wohlmeinende staatliche Instanz erklären.

Daß Dörners Testergebnisse auf reale Entscheidungssituationen und damit in unserem Fall auf die Akteure der Umweltpolitik wie Politiker, Konsumenten und Unternehmer übertragen werden können, belegt er selbst mit zahlreichen Beispielen. Am eindringlichsten zeigt er die Übertragbarkeit seiner Ergebnisse anhand einer Analyse des Reaktorunfalles in Tschernobyl.[2] Mit der Darstellung des genauen Ablaufes der Reaktorkatastrophe gelingt es Dörner, alle die von ihm genannten Arten des Fehlverhaltens auch beim wirklichen Verhalten des technischen Personals vor dem Unfall nachzuweisen. Er zeigt sogar, daß exakt diese Fehlertendenzen ursächlich für die Katastrophe verantwortlich waren. Neben- und Fernwirkungen des eigenen Tuns wurden übersehen, die eigene Kompetenz überschätzt, die Ursache von offensichtlichem Fehlverhalten nicht ergründet, exponentielle Entwicklungen unterschätzt usw. – und das bei einem gut eingespielten Team von Fachleuten. Hinzu kamen Gruppenphänomene wie das sogenannte «group thinking», die gegenseitige Bestätigung, die Unterordnung von Kritik unter die

Gruppenkonformität, das Bewußtsein, in der Gruppe alles richtig zu machen – Phänomene, die auch Konsumenten als Teil einer sozialen Gruppe, Unternehmern untereinander oder Umweltpolitikern nicht fremd sind.

Bislang haben wir nur über *fehlerhaftes* Verhalten gesprochen. Welche Eigenschaften und Verhaltensweisen sind aber in komplexen Entscheidungssituationen *angemessen*? Dörner versuchte, auch diese Frage zu beantworten, und untersuchte dafür das Verhalten der sogenannten «guten» Versuchspersonen, also jener, die mit komplexen Handlungssituationen angemessen umgehen konnten. Erwartungsgemäß läßt sich kein einheitliches Persönlichkeitsbild ableiten, das sich als ideal für alle komplexen Situationen eignen würde, abgesehen davon, daß ein solcher Idealtyp wohl kaum existieren würde. Dennoch kristallisieren sich bestimmte Merkmale heraus, die es zumindest erleichtern, mit komplexen Aufgaben besser umgehen zu können. So strukturieren «gute» Versuchspersonen ihr Vorgehen besser, verfügen über erlernte Ordnungsmuster, verweilen bei einem Problem länger, ohne hin- und herzuspringen. Sie reflektieren mehr über ihre Vorgehensweise und versuchen, vernetzt zu denken. Dafür wird eine längere Zeit über Problemfelder reflektiert, um Hypothesen und adäquate Modelle aufzustellen. Untersuchungen im Bereich der Politikwissenschaften unterstützen die Ergebnisse Dörners.[3]

Dies alles hat auch Implikationen für den Bereich der Erziehung und Weiterbildung. Wir gehen darauf in Teil drei dieses Buches näher ein. Was bedeuten die Ergebnisse aber für die Ausgestaltung einer ökologischen Wirtschaftspolitik? Zunächst einmal untermauern die Resultate die Argumente, die wir schon oben gegen die Verfolgung einer naiven *Steuerungseuphorie* angeführt haben. Das Idealbild eines die Komplexität beherrschenden weisen Staatsmannes ist auch angesichts von Dörners Untersuchungen völlig unangemessen. Schon im antiken Griechenland waren die Götter keineswegs frei von menschlichem Fehlverhalten und im seltensten Falle Herr bzw. Frau der unübersichtlichen Lage und der Intrigen (ob die Kontrolle der Herrschenden etwa deswegen gerade dort «erfunden» worden ist?). Ein wesentlicher Schritt zum besseren Umgang mit Komplexität wäre bereits dann getan, wenn anerkannt würde, daß man bestimmte Dinge nicht wissen kann oder unter Umständen falsche Vermutungen angestellt hat. Dies «mag einem weisen alten Mann leichtfallen, aber die Fähigkeit zu solchen Eingeständnissen ist wohl gerade ein Zeichen der Weisheit, und die meisten Akteure in komplexen Handlungssituationen sind nicht oder noch nicht weise».[4] Das Gefühl dafür zu bewahren, daß bestimmtes Wissen immer von bestimmten Voraussetzungen ausgeht, daß es am Ende doch anders kommen könnte, als man denkt – gerade dies ist beim Versuch, auf komplexe Systeme Einfluß zu nehmen, von nicht zu unterschätzender Bedeutung. Dörner verweist dabei auf die Bedeutung von Intuition: Ein Kenner klassischer Musik erkennt schon nach wenigen Takten, daß ein (von ihm vorher noch nie gehörtes Stück) von Mozart stammt – ohne genau zu wissen, warum. Ebenso fällt es Kunstkennern nicht schwer, intuitiv einen August Macke von Franz Marc zu unterscheiden.

Für eine ökologische Wirtschaftspolitik bedeuten die Ergebnisse Dörners folgendes: Erstens kann keineswegs allein auf die Weisheit und Klugheit der wirtschaftlich handelnden Akteure in komplexen ökologisch relevanten Handlungssituationen gebaut werden, weder in der Politik noch im Unternehmen oder im Supermarkt. Statt dessen bedarf es eines adäquaten *Rahmens*, innerhalb dessen sich die einzelnen Entscheidungen vollziehen können. Dieser Rahmen müßte gewährleisten, daß sich die Konsequenzen «fehlerhafter» Verhaltensweisen der individuellen Akteure in für die Gesellschaft zumutbaren Maßen auswirken und die Folgen von Fehlentscheidungen minimiert werden.

Zweitens muß es zentrales Element einer ökologischen Strategie sein, die *Begrenztheit menschlichen Wissens und menschlicher Kompetenz* sowie die Existenz von Unsicherheit zu akzeptieren. Die Erkenntnis, einfach nicht alles wissen zu können, und nicht erst dann zu handeln, wenn vermeintlich alle Fakten auf dem Tisch sind, könnte – wie bereits im dritten Kapitel ausgeführt – zu Handlungsweisen führen, die sich an Daumenregeln orientieren (wie die des Faktors 10) und sich nach dem Vorsichtsprinzip richten.

Drittens erscheint das *Denken in Systemzusammenhängen* für eine konkrete Ausgestaltung ökologischer Wirtschaftspolitik wesentlich. Dabei gilt es, nicht nur einen Systembaustein, nicht nur das ökologische Ziel im Auge zu haben, sondern auch andere wesentliche ökonomische und soziale Zielsetzungen. Neben- und Fernwirkungen sowie Rückkopplungen aus anderen Systemen (z.B. dem sozialen) können die geplante Strategie unterlaufen, wenn sie nicht beachtet werden. Die Tendenz zu «ballistischem» Verhalten und zu fehlender Berücksichtigung von Rückkopplungen verlangt nach fehlerfreundlichen Maßnahmen, bei denen nachträgliche Korrekturen im Falle von Fehlentwicklungen möglich sind.[5] Droht der evolutionäre Prozeß einen «falschen» Pfad einzuschlagen, muß ein korrigierender Eingriff möglich sein. Dies redet keiner Stop-and-go-Politik das Wort, die wir ja bereits als untauglich verworfen haben, sondern entspricht der Forderung nach einer langfristig ausgerichteten, verläßlichen, aber fehlerfreundlichen Politik mit klaren Zielvorgaben.

Viertens darf nicht vor dem Ausmaß der Komplexität der Problematik resigniert werden. Statt dessen sollte nach Dörner versucht werden, das *Urteilsvermögen und die Denkfähigkeit* der gesellschaftlichen Akteure im Umgang mit komplexen und unsicheren Situationen zu trainieren. Die Erfahrung im Umgang mit komplexen Systemen sollte schon in der Schule beginnen. Auch an die Fortbildung «normaler» Staatsbürger sowie Akteuren aus Wirtschaft und Politik könnte gedacht werden. Einmal Bürgermeister in Lohhausen gewesen zu sein, wäre bestimmt eine lehrreiche Erfahrung. Wir kommen darauf im dritten Teil zurück.

7.2 Niklas Luhmanns Theorie autopoietischer sozialer Systeme

Ein Ansatz, der die gesellschaftliche Reaktionsfähigkeit auf Umweltprobleme und die Möglichkeit von Steuerung eher pessimistisch einschätzt, ist die *Theorie autopoietischer Systeme*.[6] Diese Systemtheorie, zuerst von den Biologen Humberto Maturana und Francisco Varela entwickelt, bildet heute die Grundlage für einen eigenständigen Zweig der Soziologie. Niklas Luhmann, einer der Hauptvertreter dieser Theorie, stellt fest, daß es der Gesellschaft nur sehr beschränkt möglich ist, sich auf ökologische Gefährdungen einzustellen. Der Ansatz der Systemtheorie «schließt die allzu einfache Alltagsvorstellung aus, daß es Tatsachen gibt, auf die man reagieren muß, weil sonst Schäden entstehen».[7] Wer von Kritik und Krise spreche, setze, so Luhmann, ein «hintergründiges Vertrauen, daß es auch anders gehen könnte»[8], voraus. Ein solches Vertrauen hält er aus systemtheoretischer Sicht für völlig unangebracht. Die einzelnen Systeme funktionieren für ihn nach jeweils eigenen Codes und Medien, die für die anderen Systeme und die Umwelt nur sehr begrenzt verstehbar («kommunizierbar») sind. Geld beispielsweise ist ein vollständig wirtschaftseigenes Medium, und dieses «kann weder als Input aus der Umwelt eingeführt noch an die Umwelt abgegeben werden; es vermittelt ausschließlich die systemeigenen Operationen».[9]

Wie die Wirtschaft seien alle gesellschaftlichen Subsysteme (z.B. Politik, Wissenschaft, Recht) als autopoietische Systeme gegen ihre Umwelt abgeschlossen. Der Begriff Umwelt meint hier alle anderen Systeme in der Umgebung eines autopoietischen Systems und die natürliche Umwelt. Steuerung von Systemen sei damit immer Selbststeuerung, das politische System habe hier keine Ausnahmestellung. Die gesellschaftlichen Systeme können deshalb nur ausnahmsweise durch Faktoren der Umwelt «irritiert, aufgeschaukelt, in Schwingung versetzt» werden.[10] Die Möglichkeit, daß Umweltprobleme im Gesellschaftssystem wirksame «Resonanz» erzeugten, sei deshalb begrenzt. Resonanz im Wirtschaftssystem könne nur durch Wirkungen auf das Preissystem erzeugt werden.[11]

Luhmann bestreitet also nicht völlig, daß Politik Wirkungen auf die Wirtschaft haben kann: «Die Politik kann daher nur Bedingungen schaffen, die sich auf die Programme und damit auf die Selbststeuerung der Wirtschaft auswirken. Sie kann etwas verbieten, sie kann Kosten schaffen, sie kann Nutzungen unter Bedingungen stellen.»[12] Mit anderen Worten: Wirtschafts- und Umweltpolitik, können – selbst aus Sicht der Systemtheorie – *Rahmenbedingungen* schaffen, die sich auf die Wirtschaft auswirken. Sie können aber die Systeme selbst nicht direkt steuern.

Ein entscheidendes Problem, das der Theorie Luhmanns anhaftet, ist, daß handelnde Subjekte, wie die Landwirtin aus dem Hunsrück, die Bundesministerin, der Hausmann aus Wuppertal, der

Umweltaktivist oder die Ökonomieprofessorin in ihr kaum vorkommen. Individuen sind aber Teil des Gesellschaftssystems, und diese Individuen können angesichts immer bedrohlicher wirkender Umweltprobleme den Wunsch haben, Maßnahmen dagegen zu ergreifen. Dies kann zu politischem Handeln führen. Die Rolle dieser Akteure im wissenschaftlichen, wirtschaftlichen oder politischen Prozeß kann daher nicht völlig übersehen werden. Eine Abgrenzung von Systemen hat eher idealtypischen Charakter. Gegenseitige Wechselwirkungen, Einflußmöglichkeiten und Überschneidungen verschiedener Systeme werden nicht ausreichend berücksichtigt.

Luhmann definiert ökologische Gefährdung als «jede Kommunikation über Umwelt ..., die eine Änderung von Strukturen des Kommunikationssystems Gesellschaft zu veranlassen sucht. Wohlgemerkt: es handelt sich um ein ausschließlich gesellschaftsinternes Phänomen.»[13] Die reale, existenzbedrohende Dimension globaler und regionaler Umweltprobleme spielt für ihn also keine Rolle. In der Tat ist es so, daß Umweltprobleme nur dann Gegenstand von Steuerung sein können, wenn über sie kommuniziert wird. Die reale *Wirksamkeit* derartiger Bedrohungen hängt jedoch nicht von der Kommunikation darüber ab.[14] Es ist bemerkenswert, daß dies in einer Theorie, die ihre Wurzeln ja in der Beobachtung der natürlichen Umwelt hat, nicht berücksichtigt wird. Mit dieser Kritik ist auch ein zentraler Punkt angesprochen, der für Luhmanns Sicht der Ökologieproblematik (und der Gesellschaft überhaupt) charakteristisch ist. Danach ist jede Analyse, die *nicht* systemtheoretisch erfolgt, nicht geeignet, Probleme zu erfassen. Das hat dieser Theorie den Vorwurf des «Midas-Syndroms» eingehandelt. «(S)o wie sich dem sagenhaften König von Phrygien, Midas, alles in Gold verwandelte, so wird bei Luhmann jedes erdenkliche Phänomen zum Ausdruck eines Systems.»[15] Immerhin sieht auch Luhmann, daß die von der Gesellschaft ausgelösten Umweltveränderungen die «derzeit wohl zentralen Probleme der modernen Gesellschaft»[16] sind.

Auch wenn man ihrem absoluten Anspruch nicht folgt, zeigt die Systemtheorie doch die Schwierigkeiten, Umweltproblemen im Wirtschaftssystem «Resonanz zu verschaffen». Zwar kann sich die allgemeine Forderung nach Schutz der natürlichen Umwelt auf einen breiten gesellschaftlichen Konsens stützen, die «Wirksamkeit» dieses Konsenses ist jedoch beschränkt. So besteht auch über die Notwendigkeit der Beseitigung von Erwerbslosigkeit ein breiter Konsens in Gesellschaft und Politik – trotzdem schafft die Wirtschaftspolitik es nicht, dieses Problem zu lösen. Für die begrenzte Aufnahmefähigkeit gesellschaftlicher Systeme für ökologische Probleme bietet die Theorie autopoietischer Systeme somit Erklärungen an, die zu berücksichtigen sind, geht es um Möglichkeiten zur Steuerung gesellschaftlicher Entwicklungen. Zudem können aus mindestens zwei Aspekten der Systemtheorie Lösungsvorschläge abgeleitet werden. Zum einen sind Maßnahmen zum Schutz der natürlichen Umwelt ohne *Kommunikation* darüber unmöglich. Dies verdeutlicht unter anderem die Bedeutung von Bürgerbewegungen, deren Arbeit vor allem darin besteht, Kommunikation über bestimmte Probleme überhaupt erst anzustoßen. Gerade das Konzept der Dematerialisierung hängt stark davon ab, daß ein breiter Konsens über Notwendigkeit und Umsetzungsmöglichkeit besteht. Die Möglichkeit, das Wirtschaftssystem über Preise beeinflussen zu können, ist ein weiterer Ansatzpunkt, der sich aus der Betrachtung der Luhmannschen Systemtheorie ergibt. Konzepte wie die ökologische Steuerreform setzen genau hier an.

7.3 Ulrich Becks Hoffnung auf die Erfindung des Politischen

Einer der schärfsten Kritiker der «Ökologischen Kommunikation» Luhmanns und gleichzeitig Vertreter einer ganz anderen soziologischen Richtung ist der Münchener Ulrich Beck. Beck fühlt sich angesichts Luhmanns theoretischer, von jeglichen Individuen abstrahierter Systemwelt in «die gespenstisch-reale Welt von Franz Kafkas Roman ‹Das Schloß› versetzt. Mit dem allerdings wesentlichen Unterschied: Es gibt keine Ks mehr.»[17] Beck sieht aber auch Analogien zu seinem eigenen Konzept. So spiegle sich auch bei Luhmann die Unfähigkeit moderner Gesellschaften wider, mit ökologischen Großgefahren umzugehen: Umweltprobleme könnten nur in der jeweiligen Sprache der Systeme bearbeitet werden. Eine angemessene Reaktion auf außenstehende Gefahren ist somit kaum zu gewährleisten.[18] Grundlegend unterscheidet sich Beck aber in seiner Kritik an bestehenden institutionellen Strukturen. Unsere Gesellschaft funktioniere nach einer «Philosophie» der Gefahrenabsicherung und Risikokalkulation. Man sucht zukünftigen Risiken zu begegnen, indem man sie kalkulieren will und durch Versicherungen ihre Folgen abzumildern hofft. Die Möglichkeit des Unwägbaren und des Unsicheren wird scheinbar eliminiert – aber eben nur scheinbar. Die globalen und schleichenden Umweltgefahren sind nicht voraussehbar und unterwandern so allmählich die Logik dieser «Risikogesellschaft».[19] Für die in der Gesellschaft produzierten Risiken zeige sich niemand verantwortlich. Die Wissenschaft und Industrie stelle die Politik vor vollendete Tatsachen und entziehe sich der Verantwortung mit dem Verweis auf die angebliche Wertfreiheit der Forschung. Gestärkt dadurch, daß es meistens unmöglich ist, die wirklichen Verursacher dingfest zu machen, führe diese «organisierte Unverantwortlichkeit» zu einer brisanten Gefährdung der Industriegesellschaft selbst.

Doch Becks Diagnose der «Moderne» führt über die ökologische Dimension hinaus. Überall entdeckt er Anzeichen eines schleichenden Zerfalls der modernen Industriegesellschaft. Die traditionellen gesellschaftlichen Schichten sind in Auflösung, Milieus und Klassenzusammenhänge werden undeutlich, traditionelle Lebensformen wie Familie und Ehe weichen einer Pluralisierung der Lebensformen und Lebensstile. Die Kluft zwischen sozialen und politischen Institutionen wachse. Politik werde mit dem Staat gleichgesetzt, von dem sich die Individuen zunehmend entfremden und zu emanzipieren versuchen. Die moderne Gesellschaft werde immer unbegreiflicher und unfaßbarer, zur «terra incognita», «zu einer zivilisatorischen Wildnis, die wir kennen und nicht kennen, nicht begreifen können»[20] – oder in der Terminologie dieses Buches: Die Komplexität des sozioökonomischen Systems nimmt immer mehr zu, die Chancen für eine Steuerung verschlechtern sich zusehends.

Einem Teil seiner Disziplin, der traditionellen «Modernisierungs»-Soziologie, wirft Beck einen «doppelten Kontrolloptimismus» vor: Durch ihre «lineare Verwissenschaftlichungsperspektive» glaube sie einerseits, negative Nebenfolgen des industriellen Tuns vernachlässigen, andererseits diese durch intelligentere Weiterentwicklungen «in neue Aufschwünge» verwandeln zu können.[21] Der traditionellen Sichtweise in der Soziologie setzt Beck seine «Theorie reflexiver Modernisierung» entgegen. Die Kernthese lautet: Die industrielle Moderne wandelt sich von selbst, formt sich um in eine andere, neue Moderne, und dies automatisch, unbewußt, «reflexartig». Dieser Prozeß entzieht sich einer einfachen Steuerung, oder in Beckscher Terminologie: «Diese Theorie widerspricht dem ... Zweckoptimismus einer vorherbestimmten, gleichsam gottgewollten Kontrollierbarkeit des Unkontrollierbaren.»[22]

Was treibt nach Beck diesen Wandlungsprozeß an? Wo lokalisiert er die Kräfte, die der traditionellen Industriegesellschaft den Boden entziehen? Zum einen sind es die vielfältigen Individualisierungs- und Auflösungstendenzen, die unsere Gesellschaft durchziehen und ihr altes Gefüge sozialer Schichtungen zersetzen. Zum anderen identifiziert Beck verschiedene Tendenzen, die verantwortlich seien für den allmählichen Wandel innerhalb der Gesellschaft. Er betont, daß sich die «Nebenfolgen» (vergleichbar mit dem ökonomischen Begriff der externen Effekte) in Form schleichender ökologischer Katastrophen (Klimaänderungen, Waldsterben, Ozonloch usw.) immer stärker globalisieren. Manche dieser Nebenfolgen gleichen Bumerangeffekten, das heißt ungeplanten Rückwirkungen des eigenen Tuns, wobei die Nebenfolgen, die man zu externalisieren gehofft hatte, wie ein Bumerang auf den Verursacher zurücktreffen.[23] Dazu kommt ein ökologischer Bewußtseinswandel der Individuen, so daß die bestehenden Organisationen und Institutionen in Wirtschaft, Politik und Wissenschaft gegen ein Durchsickern neuer Grundorientierungen und Konfliktfelder nicht mehr gefeit sind. Steigendes Wissen über die Komplexität, Unüberschaubarkeit und Unberechenbarkeit sozialer und natürlicher Systeme, steigende Begründungszwänge der Herrschenden für ihr Tun und Unterlassen und ein steigendes Bewußtsein von Informationsdefiziten und Unsicherheit führen unter diesen Umständen zu einer verstärkten Politisierung aller Akteure.[24]

Soweit in aller Kürze die Diagnose Becks. Was schlägt Beck aber vor? Auch er hat nicht *das* Konzept – das würde seiner eigenen Theorie widersprechen. Aber er hat eine Vision, die er die «Erfindung des

Politischen» nennt. Beck erhofft einen Weg in eine «andere Moderne», der sich aber keineswegs zwangsläufig vollziehen muß: Die Entwicklung der Gesellschaft und mit ihr der industriellen Moderne kann sich in alle Richtungen vollziehen – «Es sind viele Modernen möglich, lautet ... der Grundsatz reflexiver Modernisierung.»[25] Eine davon ist die «Gegenmoderne», bei Beck ein Sammelbecken für alles Autoritäre, Diktatorische, Nationalistische, für Gewalt, Fremdenhaß und eine Rückkehr in alte Freund-Feind-Denkmuster. Ein Rückfall in einen blinden Nationalismus sei genauso möglich wie die autoritäre Gewalt einer «Öko-Diktatur». Als Gegenpol zu dieser Entwicklung setzt er auf eine «ökologische Demokratie». Fernab der offiziellen Politik gewinne die «Subpolitik» immer stärkere Bedeutung. «Subpolitik» bedeutet für Beck die politische Artikulation «normaler» Leute, Bürgerinitiativen und spontanen Aktionen. Subpolitik «meint Gesellschaftsgestaltung von unten.»[26] Beck sieht im Tankstellenboykott von Shell anläßlich der drohenden Versenkung der Bohrinsel «Brent Spar» eine Bestätigung seiner Theorien: «Der Bürger entdeckt den Kaufakt als Stimmzettel. Im Boykott verbindet sich die aktive Konsumgesellschaft mit der direkten Demokratie.»[27] Mit der Hoffnung auf die Politisierung der Gesellschaftsmitglieder negiert Beck nicht eine aktive Gestaltungsrolle der offiziellen Politik – im Gegenteil: Durch eine weitreichende Demokratisierung der gesellschaftlichen Institutionen könnten Voraussetzungen geschaffen werden, daß Politik wieder handlungsfähig werde und gleichzeitig die Grundlagen für eine zukunftsfähige Gesellschaft legen könne. Beck denkt an stärkere «Gewaltenteilung und Mitbestimmung in der Technikverwendung und -verwertung»[28], an neue «Foren und Formen konsensstiftender Zusammenarbeit zwischen Industrie, Politik, Wissenschaft und Bevölkerung»[29] in Form runder Tische, eine Öffnung der Entscheidungsstrukturen und einer Versorgung der Öffentlichkeit mit rechtzeitigen, relevanten Informationen bei neuen Entscheidungen.

Zwischen unserer Sichtweise und der Beckschen Konzeption ergeben sich Überschneidungen, nicht nur bezüglich des Vorsichtspostulats, sondern auch im methodischen Ansatz: Becks «Variante einer Sustainable Society ist eingebettet in eine Kultur des Zweifels»[30], einer Skepsis gegenüber dem alleinigen Erkenntnisanspruch wissenschaftlicher Theorien und gegenüber der menschlichen Fähigkeit, alles zu modellieren und vorherzuberechnen. Auch Beck vertritt somit einen methodologischen Pluralismus.[31] Aus *politologischer* Sicht ist Becks Hoffnung auf die Erfindung des Politischen eine gefährliche Gratwanderung zwischen einer Infragestellung der Anpassungsfähigkeit der bestehenden Institutionen und ihrer leichtfertigen Aufgabe.[32] Sicherlich plädiert auch Beck nicht für eine Aufgabe der bestehenden Institutionen und ist sich – wie ausgeführt – der Gefahr autoritärer Tendenzen durchaus bewußt. Dennoch bleibt es ein Drahtseilakt, die Reform bestehender Institutionen zu fordern, ohne durch zu weitreichende Unterhöhlung ihrer Legitimation ein politisches Vakuum zu bewirken. Wolf-Dieter Narr vermißt zudem eine Konkretisierung dessen, was Beck mit dem Begriff des Politischen meint. Nach Beck sei Politik allgegenwärtig; er spreche von Individualisierung, aber nur vom «abstrakten wahl-, entscheidungs- und handlungsfähigen Individuum, dessen Ort, Mittel und Horizont gänzlich unbestimmt bleiben» und «nicht einmal die Spur von gemeinsamer Öffentlichkeit» besitze[33]. Gesellschaftliche Gestaltung erscheint zwar überall möglich, gegen eine weitreichende «Erfindung des Politischen» spreche aber, «daß Beck keine plausiblen Gründe für diese Kraft aufdecken kann». Nichts sage Beck darüber, wie Politik entsteht, wie die einzelnen Handlungen koordiniert werden, wie seine «reflexive Moderne» umgesetzt werden solle.

Zum anderen ist die Becksche Konzeption auch aus *ökologischer* Sicht zu kritisieren. So basiert die Hoffnung auf eine stärkere Politisierung und Demokratisierung der Gesellschaft auf der Annahme, daß ökologisch drohende Risiken oder bereits eingetretene Gefahren die Gesellschaft politisieren und zu Veränderungen anstoßen. Die Triebfedern des gesellschaftlichen Wandels stellen bei Beck *bereits eingetretene* Gefahren dar, nämlich Nebenfolgen mit globalen Auswirkungen (wie der Treibhauseffekt) und die genannten Bumerangeffekte. Erst durch diese wird eine aktive «Gesellschaftsgestaltung von unten» ausgelöst. Gefahren geraten erst in das gesellschaftliche Bewußtsein, wenn sich ihr Potential offenbart bzw. andeutet. Der Sozialwissenschaftler Holger Klattenhoff charakterisiert dies bewußt provokativ als «gesellschaftsanalytisches Pendant zur ‹end-of-the-pipe-technology›.»[34] Zudem: Demokratisierung kann nicht als alleiniger Garant der Vorsorge gegenüber schleichenden Katastrophen angesehen werden.[35] Und genau dort liegt der Knackpunkt der Beckschen Theorie: sie ist fixiert auf die Outputseite der industriellen Maschinerie, nämlich auf Emissionen und durch Technik erzeugte Gefahren. Eine generelle Reduzierung der Umweltnutzung an sich wird nicht thematisiert bzw. findet bei Beck keine Erwähnung. Seine Strategien – Öffnung der Entscheidungsstrukturen, Mitbestimmung bei der Technikfolgenabschätzung und -bewertung, ex-ante-Information über neue technologische Entwicklungen – sind allein auf das Management von ökologischen Risiken fixiert, nicht jedoch auf das Ausmaß der menschlichen Umweltnutzung an sich – eine stark eingeengte Perspektive.

Wohl aber ist nicht auszuschließen, daß das Ausmaß der Umweltzerstörung im Zuge der von Beck erhofften Politisierung der Gesellschaft verstärkt zur Sprache kommen könnte. Die Becksche Konzeption beschreibt einen Weg jenseits einer autoritären «Gegenmoderne» und damit einer «Ökodiktatur», der auch den Diskurs über eine generelle Reduktion der menschlichen Umweltnutzung verstärken und damit zu einer generellen Reduktion von Umweltbelastungs- und Gefährdungspotentialen durch ökologische Risiken beitragen könnte.

Im folgenden Kapitel wenden wir uns wieder der Ökonomik zu, um neuere Entwicklungen in dieser Wissenschaft zu beleuchten. Diese neueren Ansätze schauen über den ökonomischen Tellerrand hinaus und berücksichtigen Erkenntnisse aus anderen Wissenschaften.

Anmerkungen

1 Schon in Kapitel 5 erwähnten wir Dietrich Dörners theoretische Arbeiten zur Erfassung des Phänomens «Komplexität». Zusammenfassungen seiner umfangreichen Analysen finden sich in ausführlicher und sehr lesbarer Form in seiner «Logik des Mißlingens» (1992) oder thesenartig verkürzt in Dörner, 1993, sowie Horst, 1995.

2 Die Darstellung des Ablaufs der Reaktorkatastrophe von Tschernobyl ist nachzulesen in Dörner, 1992, S. 47–57.

3 Siehe Voss, 1990, S. 12.

4 Dörner, 1992, S. 66.

5 Weizsäcker/Weizsäcker, 1986.

6 Maturana/Varela, 1980.
7 Luhmann, 1990, S. 46f.
8 Luhmann, 1994, S. 324.
9 Luhmann, 1990, S.103.
10 Luhmann, 1990, S. 40.
11 Dies stelle zwar einerseits eine Beschränkung dar (weil eben Preise das einzige Instrument sind), andererseits sei, wenn ökologische Probleme in Preisen Niederschlag finden, dies die Garantie dafür, daß das Problem im System auch verarbeitet werden müsse (Luhmann, 1990, S. 122f.).
12 Luhmann, 1994, S. 346.
13 Luhmann, 1990, S. 62.
14 Metzner, 1989, S. 880. Auch Kommunikationsprozesse bedürfen wie alles Gesellschaftliche der natürlichen Umwelt als Grundlage. Um eine Formulierung von Siegfried Timpf zu verwenden: Die Kommunikationsprozesse «surfen» auf den Material- und Energieströmen. Die Systemtheorie schaut nur auf den «Surfer», während wir die Bedeutung der «Wellen» betonen.
15 Nennen, 1991, S. 256.
16 Luhmann, 1994, S. 169.
17 Beck, 1988, S. 166.
18 Der Luhmannschen «Ökologischen Kommunikation» widmet sich Beck in einem längeren Abschnitt in seinen 1988 erschienenen «Gegengifte» (S. 166–176), das mit zum Teil sehr polemischen Fußnoten ergänzt wird, in dem er allerdings auch gewisse Analogien zu seinem Konzept einräumt, vgl. Beck, 1988, S. 169.
19 Die 1986 erschienene «Risikogesellschaft – Auf dem Weg in eine andere Moderne» bildet den Auftakt zu mehreren, viel beachteten Publikationen, die aufeinander aufbauen, sich ergänzen und gegenseitig erläutern. In der «Risikogesellschaft» stehen die Diagnose der gegenwärtigen industriellen Moderne, eine soziologische Analyse der Auflösung der traditionellen Lebensformen und Schichtungen und die ersten Konturen seiner Theorie der «reflexiven Modernisierung» noch relativ isoliert nebeneinander. Die Großzahl der Beckschen Motive und Themen sind bereits genannt bzw. finden Erwähnung. Seine nachfolgenden Veröffentlichungen konkretisieren seine Diagnose unserer gegenwärtigen Gesellschaft: In «Gegengifte – Die organisierte Unverantwortlichkeit» (1988) geht er den Mechanismen auf den Grund, welche er für die Entstehung der Gefahren und Risiken der Moderne verantwortlich macht – und skizziert mögliche «Gegengifte» und Ansätze einer «Ökologischen Demokratie». Der Band «Politik in der Risikogesellschaft» (1991) versammelt verschiedene Essays des Autors sowie von Politikern, Soziologen, Philosophen u.a., um die angesprochenen Themen zu vertiefen. In der «Erfindung des Politischen» (1993) schließlich baut Beck auf einer Gesellschaftsanalyse seine Version einer politisierten Gesellschaft auf, die durch verstärkte demokratische Mitsprache und mit Hilfe gesellschaftlicher Diskurse das Gefahrenpotential der technischen Entwicklung bändigt.
20 Beck, 1993, S. 61.
21 Beck, 1993, S. 84.
22 Beck, 1993, S. 83.

23 Beck nennt in seiner «Risikogesellschaft» (S. 58) als Beispiel den Export von Giftindustrien in ärmere Länder, der via Pestizide in Nahrungsmitteln auf die Industrienationen zurückwirkt. An diesem Beispiel hat sich viel Kritik entzündet, weil hier in befremdlicher Weise Pestizide in Nahrungsmitteln mit der Gefahr chemischer Katastrophen wie in Bhopal gleichgestellt werden (vgl. die Kritik von Klattenhoff, 1994, S. 65). Allerdings ist dieses Beispiel nur ungeschickt gewählt, denn weitaus größere Auswirkungen wie Klimaänderungen oder das Ozonloch könnten als Bumerang begriffen werden, der auf die Industrienationen zielt. Ob er diese auch wirklich in aller Wucht trifft oder sich nicht doch in Nichtverursacherländer verirrt, weil die reichen Länder ihre Schutzschilder gegen Bumerangs aufrichten, sei dahingestellt. Zumindest scheinen drohende Klimaänderungen eher die ärmeren Länder zu treffen, und zwar massiv (siehe dazu z.B. Meyer-Abich, 1994, der den Stand der Debatte um die internationale Verteilung der Folgen einer Klimaerwärmung resümiert).

24 Beck, 1993, S. 83.

25 Beck, 1993, S. 173.

26 Beck, 1993, S. 164.

27 Beck, 1995, S. 9.

28 Beck, 1993, S. 186.

29 Beck, 1988, S. 190.

30 Reußwig, 1994, S. 76–78.

31 «Nennen Sie mir eine Theorie in unseren Fachkreisen, die nicht umstritten. ... Wir alle arbeiten in Wissenschaften, die, wenn man die strengen Maßstäbe verkündeter Wissenschaftlichkeit strikt anwendet, auf mehr oder weniger widerlegten Theorien ihre Argumente und Einsichten aufbauen müssen. Das klingt bitter. Dabei ist dies beileibe nicht nur in den Sozial- und Geisteswissenschaften so. Auch in den «harten» Naturwissenschaften sind nicht zu verscheuchende Zweifel die ständigen Begleiter aller Erkenntnisse. Auch hier hilft nur, die Zweifler in die Kerker der Irrelevanz einzusperren, um darauf die Paläste der Erkenntnis zu errichten» (Beck, 1993, S. 266).

32 In einer Antwort auf einen Beitrag von Ulrich Beck in der «Zeit» hält die Politikprofessorin Gesine Schwan ihm entgegen, daß das traditionelle verfassungsrechtliche Prinzip der Machtbalance, der Gewaltenteilung und des Interessensausgleiches, die Basis unseres demokratischen Systems, zwar «angesichts der komplexen Interdependenzen der Probleme und Aufgaben der Politik zur Blockade führt. ... Eine Abschaffung oder die Umgehung der Institutionen führte jedoch in die Irre.» Ein Widerstand gegen bestehende Verhältnisse in Berufung auf die Grundrechte, wie er Beck vorschwebt, sei zwar aus ökologischen Gründen verständlich. Eine Aufkündigung dieses Gesellschaftsvertrages birgt für Schwan aber die Gefahr in sich, daß es kein Rezept gebe, «wie es politisch nach dem Widerstand weitergehen soll». Gegebene Institutionen, Kompromisse und Konfliktregelungen könnten nicht einfach leichtfertig in Frage gestellt werden. Vgl. Schwan, 1995, S. 12.

33 Narr, 1995, S. 440 und 444.

34 Klattenhoff, 1994, S. 67.

35 Klattenhoff, 1994, S. 69.

8 Neuere Entwicklungen in den Wirtschaftswissenschaften

Nach diesem Ausflug in Soziologie und Psychologie kommen wir zurück zur Ökonomik. Während wir in Kapitel sechs eher traditionelle Ansätze der Volkswirtschaftslehre (wie etwa die neoklassische Umweltökonomik sowie die Konzepte der «Österreicher» und der «Chicago School») vorgestellt und diskutiert haben, beschäftigen wir uns nun mit neueren Ansätzen, die zum Teil als Gegenentwurf zur «neoklassischen» Herangehensweise entwickelt wurden. Aus unserer Sicht ergänzen diese Ansätze das neoklassische Grundverständnis, das – wie wir gesehen haben – in unserem Zusammenhang nur einen eingeschränkten Erklärungswert hat. In einigen Bereichen sind traditionelle und neuere Ansätze allerdings nicht miteinander kompatibel. Wie gesagt, verstehen wir die unterschiedlichen Theorien zur Analyse sozioökonomischer Fragen – im Sinne unseres pluralistischen Wissenschaftsverständnisses – zunächst einmal als verschiedene Zugänge zum Verständnis der Welt. Gleichwohl sollte auch deutlich werden, daß wir den neueren Ansätzen, wie sie im folgenden vorgestellt werden, eine insgesamt größere Erklärungskraft zumessen. Im folgenden fragen wir nach der Rolle naturwissenschaftlicher Erkenntnisse für die Ökonomik (8.1) und stellen einige Aspekte (ko-)evolutorischer Ansätze dar (8.2). In Abschnitt 8.3 beschäftigen wir uns dann mit der Bedeutung von Institutionen. Während die Literatur in all diesen Bereichen in den letzten Jahren exponentiell zugenommen zu haben scheint, sind Überlegungen, diese Theorien auf umweltökonomische Fragestellungen und das Konzept des Sustainable Development anzuwenden, noch nicht sehr weit verbreitet. Zum Abschluß dieses Kapitels stellen wir die vor etwa zehn Jahren entstandene «Ökologische Ökonomik» vor (8.4), womit sich der Kreis zur Umweltökonomik, mit der wir diesen zweiten Teil unseres Buches begonnen haben, wieder schließt.

8.1 Zur Rolle naturwissenschaftlicher Ansätze in den Wirtschafts- und Sozialwissenschaften

Die meisten Ansätze aus der ökonomischen Theorie berücksichtigen – wie bereits ausführlich begründet – die Komplexität von Natur und Gesellschaft nicht angemessen. Dies ist aber gerade bei der Analyse der Interaktion von Umwelt und Gesellschaft bzw. Wirtschaft notwendig – insbesondere dann, wenn konkrete Maßnahmen abgeleitet werden sollen. «Man kann», so Stephen Toulmin, «zeitweise (‹zum Zwecke der Berechnung›) die Kontexte der Probleme abstreifen, doch ihre vollständige Lösung verlangt letzten Endes, daß wir diese Berechnungen wieder in ihren größeren menschlichen Rahmen mit allen seinen konkreten Eigenschaften und Komplexitäten hineinstellen.»[1]

Unseres Erachtens kann uns die Naturwissenschaft aus verschiedenen Gründen Ideen zur Verfügung stellen:

- Erstens hat uns die Naturwissenschaft – wie oben erwähnt – mit der Mechanistik (genauer: der Physik des 19. Jahrhunderts) ein in seinen (engen) Grenzen brauchbares Modell geliefert. Das Standardmodell der sogenannten Neoklassik erlaubt uns ein wichtiges – und bis heute grundlegendes – Verständnis *bestimmter* ökonomischer Zusammenhänge, wenn auch die Funktion der Neoklassik als «Physik der Sozialwissenschaften»[2] zunehmend unter Kritik gerät.
- Zweitens scheint es einige grundlegende Prinzipien zu geben, mit deren Hilfe sowohl biologische wie auch gesellschaftliche Organismen sinnvoll beschrieben werden können, wie etwa die Prinzipien von Wettbewerb und Kooperation, die wir in der Natur ebenso finden wie in der Wirtschaft (wenn auch in ganz anderen Zusammenhängen).

- Drittens, und dies ist in unserem Zusammenhang von besonderer Bedeutung, ist die Ökonomie eng mit der Natur verflochten. So basieren etwa technische Prozesse, die wir Ökonomen mit Produktionsfunktionen beschreiben, auf mechanischen und thermodynamischen Gegebenheiten. Und wenn wir die Wechselwirkungen von Ökologie und Ökonomie adäquat beschreiben wollen, so kommen wir um eine evolutorische und selbstorganisatorische Analyse nicht herum.

Selbstorganisation und evolutorische Ökonomik

Um komplexen Problemen analytisch besser auf die Spur zu kommen, wird seit einigen Jahren mit zunehmendem Erfolg versucht, Erkenntnisse über offene, komplexe, evolvierende Systeme aus der Naturwissenschaft in die Wirtschaftswissenschaften zu übertragen. Der schon erwähnte Friedrich von Hayek hat immer wieder auch auf biologische Theorien zur Erfassung komplexer Phänomene verwiesen. Die heute vermutlich am weitesten – wenn auch sicherlich nicht allgemein akzeptierte – Version einer solchen Theorie der Selbstorganisation stammt von Ilya Prigogine. Danach haben sogenannte «dissipative» Strukturen die Möglichkeit, durch die Aufnahme von Energie und die Abgabe von Entropie Strukturen aufzubauen, Ordnung zu schaffen und die Komplexität des Systems zu erhöhen. Wir haben schon in unseren Argumenten zur Komplexität der Natur darauf hingewiesen, daß die Evolution in der Natur auf der Erde nur auf der Grundlage des «Imports» von Sonnenenergie möglich ist. Die Anwendung solcher Überlegungen auf sozioökonomische Systeme ist zwar umstritten, gewinnt aber zunehmend an Akzeptanz. Wenn wir im folgenden mit Blick auf sozioökonomische Systeme von Selbstorganisation sprechen, meinen wir damit das Phänomen, daß komplexe Entwicklungen in Gesellschaft und Wirtschaft zu mehr oder weniger konsistenten Ergebnissen führen, und zwar ohne bewußte und planmäßige Lenkung. Der wirtschaftliche Prozeß führt zu Strukturen, die aus einem unkoordinierten Zusammentreffen individueller Aktivitäten resultieren. Daraus folgen Ergebnisse, die wiederum die Grundlage des weiteren Wirtschaftens sind. Mit Selbstorganisation meinen wir nicht, daß sich die Entwicklung ohne Zutun der Subjekte vollzieht. Wie wir noch ausführen werden, haben Menschen die Möglichkeit, über natürliche und gesellschaftliche Prozesse nachzudenken und kreativ zu werden und die sozioökonomische Entwicklung zu beeinflussen. Aber dennoch führt diese Entwicklung insgesamt zu Ergebnissen, die nicht geplant oder vorhergesehen werden können – auch nicht durch kollektives Handeln.

Die heutige Lehrbuchökonomik, die sogenannte Neoklassik, basiert auf Methoden, die direkt aus der Physik des 19. Jahrhunderts in unsere Wissenschaft importiert wurden.[3] Damals wurden die formalen Grundlagen der heutigen Wirtschaftswissenschaften gelegt. Sie gehören heute zum Grundwerkzeug der an jeder Universität der Welt gelehrten Volkswirtschaftslehre (das Konzept der «externen Effekte» gehört dazu). Ihre Stärken hat die neoklassische Ökonomik vor allem dort, wo es um den Vergleich verschiedener idealtypischer Situationen geht, in der die beteiligten Akteure über unterschiedliche – aber vorgegebene – Ausstattungen, Wünsche und Marktpositionen verfügen. Zentral ist dabei die koordinierende Funktion der relativen Preise auf dem Markt, die Angebot und Nachfrage in Übereinstimmung bringen. Es kann in solchen Modellen gezeigt werden, wie wirtschaftlich handelnde Akteure auf bestimmte Änderungen von Rahmenbedingungen reagieren.

Es ist aber unbestritten, daß andere Aspekte dabei unterbelichtet bleiben. So wird zum Beispiel das Problem der Innovation vernachlässigt, das Entstehen neuer Märkte und die marktendogene Veränderung von Präferenzen und Technologien. Darüber, wie sich die Rahmenbedingungen selbst ändern, gibt uns die neoklassische Analyse keine Auskunft. Wir haben in Kapitel fünf gesagt, daß es sowohl die Komplexität natürlicher wie auch die Komplexität sozialer Systeme ist, mit der sich eine ökologische Wirtschaftspolitik auseinandersetzen muß. Wir möchten hier nicht auf technische Details eingehen. Im Gegensatz zu den in Kapitel sechs behandelten Modellen, in denen Präferenzen und Technologien einfach gegeben sind, kann eine evolutionäre Wirtschaft als Prozeß gesehen werden, der Präferenzen produziert und reproduziert, ebenso wie Technologien und Normen. Eine rein ökonomische Analyse vermag diesen

Prozeß nicht zu erklären, aber ökonomische Argumente müssen in eine solche Argumentationslinie passen und umgekehrt. Neue Technologien werden nur dann in einem großen Ausmaß eingeführt werden, wenn sie ökonomisch erfolgreich sind. Präferenzen für neue Güter werden sich nur dann verbreiten, wenn diese Güter hinreichend auf Märkten angeboten werden.[4]

Die Wirtschaftswissenschaft befaßt sich bislang viel zu sehr mit der – letztlich trivialen – Frage, warum und wie unter bestimmten Umständen Entscheidungen zwischen wohlspezifizierten Alternativen getroffen werden. Je nach Rahmenbedingungen sind dann Entscheidungen in dieser oder jener Richtung zu erwarten. Welche Wahl getroffen wird zwischen verschieden guten und verschieden teuren Autos zu verschiedenen Preisen oder zwischen Sardellenpizza und Pommes frites, dazu liefert die Standard-Ökonomie unter der Annahme gegebener Präferenzen und anderen Randbedingungen konkrete Ergebnisse (die aber in der Regel durch die Wahl eben dieser Randbedingungen bereits im voraus determiniert sind). Wesentlich aufschlußreicher wäre es, danach zu fragen, warum Handlungsmöglichkeiten *nicht* aufgegriffen werden (warum an der Imbißbude keine Gemüselasagne nachgefragt oder von der Autoindustrie kein Drei-Liter-Auto angeboten wird) – und dies ist nicht allein anhand von Budgetbeschränkungen, Präferenzen und Preisrelationen zu erklären, wie dies die Standard-Ökonomik vorwiegend tut. Davon hängt schließlich auch ab, inwieweit eine Wirtschaft innovativ ist und wie sie sich im internationalen Wettbewerb bewährt.

Auch wenn einige traditionelle Ökonomen ansatzweise evolutorisch argumentiert haben (etwa die Ökonomen der «Chicago-Schule» unter Verwendung eines einfachen «survival of the fittest»-Arguments; wir haben darüber berichtet), sind die Ansätze, denen wir uns hier widmen, eher *eine Erweiterung* zur neoklassischen Lehrbuchökonomik. Denn auch wenn dort an der Oberfläche von Wettbewerb die Rede ist, bleiben die Modelle völlig statisch und vergleichen in Analogie zur klassischen Physik des vorigen Jahrhunderts verschiedene Gleichgewichtszustände. Wirklichen Wettbewerb und das Entstehen von «Neuem» darzustellen, ist in einer solchen Modellwelt unmöglich. Soweit neoklassische Ökonomen sich überhaupt für ökonomische *Prozesse* interessieren, und nicht nur für die formale Brillanz ihrer Modelle, nehmen sie an, daß ökonomische Selektion mit ihren Annahmen kompatibel ist. In anderen Worten: Die ökonomische Evolution treibe jeden einzelnen Handelnden dazu an, sich rational zu verhalten.

Der Rückgriff auf wissenschaftsgeschichtliche Traditionen der Natur- und der Geisteswissenschaften erlaubt es uns, die neu entwickelten Analogien zwischen ökonomischen und natürlichen Tatbeständen besser in das gewachsene Ideengebäude der Wirtschaftswissenschaften einzubauen. Dies ist vor allem dann zielführend, wenn wir die mechanistische und die evolutorische Sichtweise nicht als Gegensätze sehen, sondern als zwei Teilbereiche einer übergreifenden Ökonomik. Beide versuchen, unterschiedliche Aspekte des Wirtschaftsgeschehens zu erklären, etwa den Preismechanismus einerseits und das Entstehen von Märkten und Institutionen andererseits (so wie auch die Newtonsche Mechanik und die Darwinistische Evolutionstheorie jeweils ihren Platz innerhalb einer umfassenden Naturbeschreibung haben). Mechanistische Darstellungen der Welt sind also nicht von vornherein negativ zu bewerten. Das Problem liegt darin, daß mechanistische Weltbilder die Beschreibung der Natur und der Wirtschaft bis heute so dominieren, daß sie gewissermaßen zur beherrschenden Meta-Erzählung geworden sind. Weder ist ein Imperialismus der Naturwissenschaften gegenüber den Sozialwissenschaften sinnvoll noch der umgekehrte Fall. Notwendigerweise müssen dabei die Teildisziplinen ihren Allgemeinheitsanspruch einschränken.

8.2 Wandel von Gesellschaft und Umwelt: (Ko-)Evolutorische Ansätze

Ein Ansatz, der uns hinsichtlich der Berücksichtigung von Kontext und Komplexität einen wesentlichen Schritt weiterbringen kann, ist das Konzept der (Ko-)Evolution. Evolution ist heute ein sehr schillernder Begriff. Wenn man Aspekte der Evolutionstheorie auf die Erklärung von Sachverhalten überträgt, für die sie ursprünglich nicht «erfunden» wurde, muß man schon dazu sagen, welches Konzept der Evolution man meint. Koevolution stellt das Zusammenwirken und die gegenseitige Abhängigkeit von Natur, Kultur und Wirtschaft dar. In der Biologie bezeichnet Koevolution einen evolutionären Prozeß, der auf den wechselseitigen Einfluß zweier oder mehrerer Arten beruht. So haben zum Beispiel bestimmte Pflanzenarten, die von Schmetterlingslarven gefressen werden, Chemikalien gebildet, die für ihr eigenes Wachstum unbedeutend sind, jedoch den Fraß durch Larven verringern. Koevolution bedeutet in der Biologie also wechselseitige Beeinflussung, aber auch gegenseitige Abhängigkeit. Es gibt aber auch positive Beispiele von Symbiose und Kooperation. So werden viele Pflanzen von Insekten bestäubt. Ohne diese Bestäubung könnten sich die Pflanzen nicht weitervermehren, und ohne Pollen und Nektar als Nahrungsquelle könnten die blütenbesuchenden Insekten nicht überleben.

Beziehen wir gesellschaftliche Entwicklung in die Betrachtung mit ein, können wir aus ihr lernen, wie kulturelle und natürliche Prozesse zusammenwirken.[5] Das Konzept der Koevolution betont die gegenseitige Abhängigkeit verschiedener Komponenten des Entwicklungsprozesses und steht daher im Gegensatz zu «linearen Sichtweisen», bei denen Wissen zu neuen Technologien und neuen gesellschaftlichen Organisationsformen führt, die unter Verwendung natürlicher Rohstoffe (Material, Energie, Fläche) wirtschaftliche Ergebnisse produzieren (Produkte und Dienstleistungen, Löhne und Gewinne). Die koevolutorische Perspektive betont, daß Werte, Wissen, soziale Organisation, Technologie und die Umwelt sich gegenseitig beeinflussen. Entwicklung ist Koevolution. Folglich «hängt alles mit allem zusammen», nichts ist exogen. Die *Abbildung 8.1* veranschaulicht ein solches Konzept.

Eine solche Sicht richtet den Blick darauf, was ein Umsteuern in Richtung zukunftsfähige Entwicklung erfordert, nämlich daß Technologien, Organisation, Wissen *und* Werte gemeinsam verändert werden müssen. So können zum Beispiel technologische Veränderungen allein langfristig die Probleme nicht lösen. Eine zentrale Frage im Zusammenhang mit einem ökologischen Strukturwandel, die sich mit einem koevolutorischen Paradigma behandeln läßt, ist, wie es geschieht, daß das Selbstorganisationssystem Wirtschaft (eingebettet im Selbstorganisationssystem Gesellschaft) das Selbstorganisationssystem Natur so stark stört, daß es in seiner Entwick-

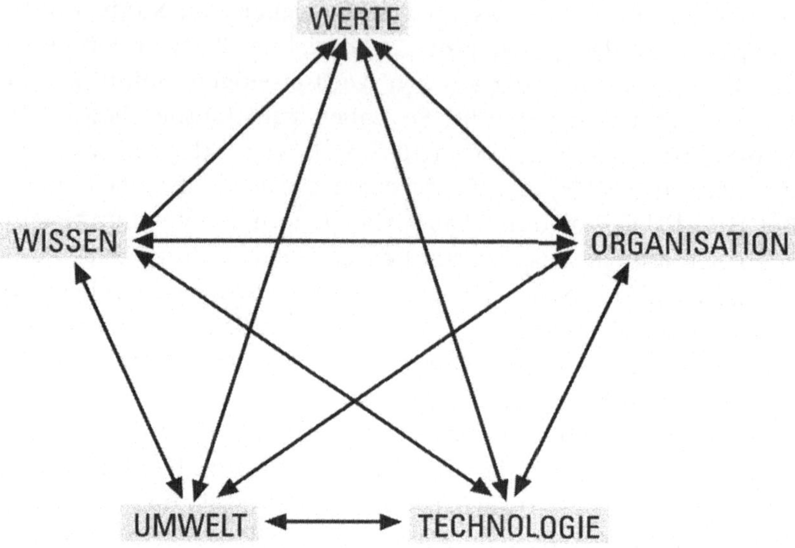

Abbildung 8.1: Entwicklung als Koevolution (Quelle: Norgaard 1994, S. 27)

lungsfähigkeit eingeschränkt wird. Die Entwicklungsgeschwindigkeit der Wirtschaft zwingt der Natur Veränderungsnotwendigkeiten auf, die deren Evolutionsvermögen (das durch wesentlich geringere Geschwindigkeiten gekennzeichnet ist) bei weitem übersteigt.[6]

Ganz entscheidend für das Verhältnis von Wirtschaft und Natur ist jedenfalls die Tatsache, daß sie eben (beide) nicht mechanisch, sondern evolutionär funktionieren und daß sie sich in diesem Sinne gegenseitig beeinflussen. Genau diese Verwobenheit wird vom Ansatz der Koevolution betont. Richard Norgaard präsentiert seinen Ansatz in dem Buch «Development betrayed. The end of progress and a coevolutionary revisioning of the future», das wir schon in Kapitel drei gestreift haben. Der Titel ist Programm: Norgaard «dekonstruiert» die Voraussetzungen und Folgen des modernen Verständnisses gesellschaftlicher Entwicklung, für die «Fortschritt» die entscheidende Vokabel ist.

Ein entscheidender historischer Bruch ist aus dieser Perspektive die industrielle Revolution und die mit ihr entstandene Abhängigkeit der Wirtschaft von fossilen Rohstoffen (Öl, Kohle etc.). Vor der industriellen Revolution, so Norgaard, koevolvierten Kultur und Ökosysteme. Der Umstieg auf fossile Rohstoffe ermöglichte dem Menschen eine Entwicklung, die ihn zumindest für ein Jahrhundert lang von den Begrenzungen natürlicher Ökosysteme zu befreien schien. Dieser wirtschaftliche Koevolutionsprozeß, in dem die Berücksichtigung der Umwelt als Basis sozioökonomischer Entwicklung praktisch keine Rolle gespielt hat, führte zu den Problemen, mit denen wir uns heute konfrontiert sehen.

Grenzen der evolutorischen Analyse

Während die Standard-Ökonomik einfach voraussetzt, daß Wettbewerb in einer bestimmten Form stattfindet und daraus ihre Ergebnisse ableitet, beginnt das Interesse der evolutorischen Ökonomik einen Schritt vorher. Sie untersucht den Selektionsprozeß selbst. In ihrer extremen Form sieht sie den ökonomischen Prozeß alleine durch den evolutionären Selektionsprozeß bestimmt, ohne menschlichem Verhalten eine entscheidende Rolle einzuräumen. Aber eine solche Interpretation greift zu kurz. Sie lehnt sich zu eng an die biologische Sichtweise an.[7]

Ein Blick in die Evolutionsbiologie, die sich seit jeher mit der (natürlichen) «Innovation» beschäftigt, kann unsere Gedanken inspirieren, wenn wir versuchen, einige Schritte über das neoklassische Lehrbuchmodell mit all seinen Varianten hinauszugehen. Die Grenzen eines solchen «Konzepttransfers»[8] sind aber offensichtlich, aus unserer Sicht jedoch akzeptabel, wenn eine Reflexion über die Verwendung unterschiedlicher Konzepte diese Grenzen erkennt und in ihre Interpretation einbezieht. Um es noch einmal zu sagen: jede ökonomische Theorie vermag Geschichten zu erzählen, die notwendigerweise nur einen Teil der gesamten Geschichte widerspiegeln. Die schlichte Übernahme eines naturwissenschaftlichen Konzeptes kann also nicht mit einem Schlag alle ungelösten Probleme gesellschaftlicher Entwicklung erhellen. Auch andere Autoren hegen die Erwartung, «die Übernahme naturwissenschaftlicher Theoriestücke könnte die Fähigkeit der Sozialwissenschaften erhöhen, Gesellschaft nicht mehr ohne Natur, und Natur nicht mehr ohne Gesellschaft zu begreifen». Mit «Sozio-Biologie», die menschliches Verhalten (allein) aus biologischer Fitneß heraus erklärt[9], hat dies alles nichts zu tun.

Die evolutorische Sichtweise betont die Tatsache, daß jede menschliche Handlung und jedes menschliche Denken in einen evolutionären Prozeß eingebunden ist, der biologisch, sozial und ökonomisch sein kann. Dieses ist eine wichtige Einsicht. Aber sie sollte uns nicht dazu verleiten, völlig zu vernachlässigen, daß Menschen die entscheidende Möglichkeit haben, bewußt über einige Aspekte natürlicher und sozialer Prozesse nachzudenken und kreativ zu sein. Individuen haben in einer evolutionären Welt einen Freiheitsspielraum. Wir befinden uns also in der Mitte zwischen zwei Extremen: Individuen sind nicht völlig frei in ihrer Wahl, aber sie sind auch nicht völlig limitiert durch ihre Umwelt. Ein entscheidender Unterschied zwischen biologischer und kultureller Evolution ist die Tatsache, daß die Änderung von Wissen und von Institutionen nicht von Fehlkopien der Genmenge abhängt, wie dies in der biologischen Evolution der Fall ist. Fortschritte können aktiv geplant werden im Bestreben, bessere Ergebnisse zu erreichen; sie können auch weitergegeben («vererbt» oder «tradiert») werden. Das führt dazu, daß der individuelle Trial-and-error-Prozeß nicht blind ist, wie der natürliche Trial-and-error-Prozeß. Menschliche Entscheidungen (sicherlich nicht alle) können die physischen, biologischen, ökonomischen, sozialen Restriktionen berücksichtigen. Diese menschliche Möglichkeit entstand in einem Koevolutionsprozeß von Gehirn und Verstand mit der kulturellen Entwicklung menschlicher Gesellschaften.[10] Die wirtschaftliche Entwicklung ergibt sich als Überlagerung all dieser Entwicklungen: Wirtschaft verändert sich in Koevolution mit der Kultur (als institutionelle Gegebenheit; siehe Abschnitt 8.3) und der Natur (den natürlichen Grundlagen jeder menschlichen Aktivität). Das sagt noch nichts darüber aus, ob (und inwieweit) Individuen auch wirklich ihre Ziele erreichen. Es sagt nur, daß sie aktiv *versuchen*, bestimmte Ziele zu erreichen.

Damit kommen wir auf eine essentielle Frage zurück: Ist rationales Verhalten (im neoklassischen Sinn) das Ergebnis selektiver Prozesse? Wenn das so ist, würden wir keine evolutorische Ökonomik brauchen. (Und das Nobelpreiskomitee könnte sich freuen und sich noch einmal für seine Nobelpreisvergaben nach Chicago beglückwünschen.) Unsere Antwort, die sich aus biologischen und ökonomischen Betrachtungen ergibt, lautet: Rationales Verhalten läßt sich als Ergebnis ökonomischer Selektion beschreiben, aber eben nur zum Teil. Ein Vorteil des evolutorischen Ansatzes ist, daß weniger Annahmen hinsichtlich individuellen Verhaltens nötig sind. Er erklärt vielmehr, wie individuelles Verhalten durch den ökonomischen Prozeß bestimmt wird. Wie kann aber nun die Tatsache in ein solches Modell eingebaut werden, daß Menschen, anders als Tiere, Möglichkeiten haben, über diese Prozesse nachzudenken und sich in dieser Umwelt zielgerichtet zu verhalten? Die Neoklassik beschreibt ja einfache Responsemaschinen anstatt intelligente, bewußte Wesen. Eine interessante Frage ist, wie sich Individuen in einer evolutionären, sich ändernden Welt verhalten, die sich notwendigerweise niemals in einem allgemeinen Gleichgewicht befindet. Solch eine Umwelt besteht aus nur zeitlich begrenzten und lokal stabilen Gleichgewichten, während ein nicht zu vernachlässigender Teil der Umwelt sich permanent fern vom Gleichgewicht befindet und sich ändert.

Wenn wir ein konkretes Verhalten einer konkreten Person beobachten, können drei Konzepte unterschieden werden. Nehmen wir an, eine Person kauft ein neues Fahrrad. Ist diese Aktion

a) ein Akt rationaler Antwort auf bestimmte Stimuli im neoklassischen Sinn,
b) das Ergebnis des evolutionären Marktprozesses *oder*
c) das Ergebnis des freien individuellen Willens?

Eine «reine» Unterscheidung dieser drei Faktoren ist problematisch. Der Fahrradkauf ist vom Preis ebenso abhängig wie von den angebotenen Modellen, von (sich verändernden) Präferenzen genauso wie vom Willen, sich zum Beispiel umweltfreundlich zu verhalten oder sportlich zu wirken. Höchstwahrscheinlich wird die Entscheidung, also das Ergebnis, eine Mischung aus allen drei Aspekten sein, so daß es besser ist, die Frage so zu stellen: Wie ist Rationalität «verteilt» zwischen den Individuen (wie ist die freie Entscheidungsmöglichkeit verteilt). Der Kauf eines Autos mag sich in dieser Hinsicht anders darstellen als das Mieten einer Wohnung oder der Kauf eines Brötchens. In jedem Fall haben die Individuen einen gewissen Spielraum freier Entscheidung.

Diese Sicht unterscheidet sich von beiden Extremen, von der traditionellen Evolutionstheorie, die keinen Raum für rationales Verhalten läßt, weil Rationalität letztlich aus der Evolution entstanden ist, und ebenso von der traditionellen neoklassischen Ökonomik, die den Begriff der Rationalität übertreibt. In einer evolutionären Welt sind sture Nutzenmaximierer höchstwahrscheinlich unterlegen und würden im Evolutionsprozeß verschwinden. (Relative) Profitmaximierung mag das Ergebnis sein, aber nicht ein Element des Unternehmerverhaltens in einer Welt, in der es wichtig ist, das Richtige zur richtigen Zeit zu tun. Unternehmen müssen also, um auf dem Markt bestehen zu können, komplexere Verhaltensweisen an den Tag legen als alleinige Profitmaximierung, auch wenn letztere das Ziel ist. Der Ölkonzern Shell mußte schwer darunter leiden, daß er nicht vor der Versenkung der Ölbohrplattform «Brent Spar» über die potentiellen Folgen für sein Image nachgedacht hat. Der «Fall» Brent Spar ist (unabhängig davon, wieviel Öl und Schadstoffe sich nun tatsächlich in der Plattform befanden) ein gutes Beispiel dafür, daß erfolgreiche Unternehmensführung heute eine Reihe von nicht-ökonomischen Faktoren berücksichtigen muß.

Daher ist es eine entscheidende Frage für das evolutorische ökonomische Forschungsprogramm, wie aktives menschliches Verhalten, das im traditionell ökonomischen Sinn als begrenzt rational bezeichnet werden muß, mit einem solchen Prozeß interferiert. Mit anderen Worten: Zielgerichtetes menschliches Verhalten spielt eine wichtige Rolle bei der sozialen Evolution, und dies ist bei der ökonomischen Analyse zu berücksichtigen.

8.3 Gesellschaftlicher Wandel durch Institutionen

Der Ansatz, menschliches Verhalten und gesellschaftliche Entwicklung durch die Existenz von *Institutionen* zu erklären, bietet ein ganz anderes Bild als Erklärungsmodelle, in denen Systeme im Zentrum des Theoriegebäudes stehen (wie die soziologische Systemtheorie oder der koevolutorische Ansatz Norgaards). Denken in Institutionen statt in *Systemen* entspricht eher einem Denken in *Strukturen*, einem *strukturalistischen* Verständnis von Gesellschaft. Die Existenz sozialer Muster, Machtverhältnisse, Mechanismen und Tendenzen bestimmen in einer solchen Sicht menschliches Verhalten in sozialen Organisationen. Das Wissen darüber, wie sich der Wandel dieser Strukturen vollzieht, ist wichtig für die Umsetzung jeglicher politischer Strategie. Bietet eine koevolutorische Sicht eine theoretische Grundlage, um den Wandel des gesellschaftlichen und wirtschaftlichen Systems in Interaktion mit der Umwelt zu modellieren und damit besser zu verstehen, so versuchen institutionalistische Ansätze die Triebkräfte, die hinter dem Wandel des sozioökonomischen Gesellschaftssystems selbst stehen, von einer anderen Seite her zu beleuchten.

Welche sozialen Muster menschliches Verhalten eigentlich beeinflussen, ist eine spannende Forschungsfrage. Werden menschliche Präferenzen und Verhaltensweisen nicht einfach als gegeben vorausgesetzt, sondern nur teilweise auf autonome, selbstbestimmte Entscheidungen zurückgeführt, so wirft dieser Ansatz ein Licht auf die zugrundeliegenden Strukturen, die das Verhalten mitbestimmen. Wesentlich sind vor allem auch externe Faktoren, die das Individuum selbst kaum beeinflussen kann und denen auch andere Individuen seiner sozialen Gruppe unterworfen sind. Zu denken ist dabei an die natürliche Umgebung des Menschen, aber auch an seine eigene Natur, die wesentlichen Einfluß auf sein Verhalten ausübt. Ethische, kulturelle und sprachliche ebenso wie soziale und psychologische Aspekte spielen eine einflußreiche Rolle, natürlich auch politische, ökonomische und soziale Strukturen (wie z.B. die Familienstruktur oder das Verkehrssystem). Gewisse Überschneidungen mit einer evolutorischen Sicht gesellschaftlicher Entwicklungen lassen sich bei den Strömungen, die sich in den Wirtschaftswissenschaften unter dem Begriff *Institutionalismus* konstituiert haben, nicht von der Hand weisen. Der Begriff «Institutionalismus» ist vielschichtig; es ist hier aber nicht das Forum, die verschiedenen Richtungen zu unterscheiden.[11] Wir wollen fragen, was von einer institutionalistischen Sicht für die Debatte um ökologische Wirtschaftspolitik genutzt werden kann.

Was ist eine Institution?

Schon zu Beginn dieses Jahrhunderts versuchten Ökonomen aus den unterschiedlichsten Richtungen, eine den statisch-mathematischen Modellen entgegengesetzte ökonomische Theorie zu entwickeln, die die Dynamik des gesellschaftlichen Wandels realitätsnäher erfassen konnte. In Anlehnung an die deutsche Historische Schule rückten vor allem Thorstein Veblen, Wesley C. Mitchell und John R. Commons den Begriff der Institution in den Mittelpunkt ihrer abstrakten Beschreibung gesellschaftlichen und wirtschaftlichen Wandels. Der Institutionenbegriff an sich ist schillernd; im folgenden wird eine Definition von Hans Opschoor zugrunde gelegt. Demnach sind Institutionen *«sowohl gefestigte Muster menschlichen Verhaltens formeller oder informeller Art als auch soziale Konventionen und Organisationen, die menschliches Verhalten beeinflussen»*.[12]

Menschliches Verhalten spielt sich also nach *gefestigten Mustern* ab, die individuelle Entscheidungen begrenzen. Diese Muster können *formeller* Art sein, wie die vertragliche Festlegung von Besitzverhältnissen und Verfügungsrechten (z.B. in Arbeits- und Kaufverträgen oder in staatlichen Verfassungen) oder *informeller* Art wie ungeschriebene Vereinbarungen und soziale Konventionen. Letztere können kulturellen bzw. religiösen Ursprungs sein, können sich über Jahrhunderte gebildet, gefestigt und das Verhalten der Mitglieder der jeweiligen Gesellschaft beeinflußt haben. Ebenso können *soziale Organisationsmuster* das menschliche Verhalten bestimmen, also allgemein das politische, rechtliche System, der Markt oder Produktions- und Konsummuster. So sind demokratische Partizipationsmöglichkeiten von der politischen Organisation abhängig, Lebensmittelpreise nicht nur von Angebot und Nachfrage, sondern auch vom Steuersystem; das Waschverhalten ist von den Nutzungsmöglichkeiten und der Akzeptanz von Waschsalons beeinflußt oder das Freizeitverhalten am Wochenende durch das Freizeitverhalten der anderen, die jeweilige Siedlungsstruktur bzw. die Bereitstellung von Infrastruktur usw. Natürlich sind beide – informelle und formelle Institutionen – nicht einfach zu trennen und bedingen sich gegenseitig. Institutionen sind «Regeln, welche die Handlungsmöglichkeiten der Akteure in der einen oder anderen Form beschränken», um eine Definition von Manfred Streit zu verwenden.[13] Regeln sind das Ergebnis des Versuches gesellschaftlicher Akteure, eine Ordnungsstruktur zu schaffen und gewisse Unsicherheiten bezüglich des Verhaltens anderer zu minimieren. «Institutionen strukturieren unser tägliches Leben und verringern auf diese Weise dessen Unsicherheiten.»[14]

Institutionen schränken aber Handlungsmöglichkeiten nicht nur ein, sie bieten den gesellschaftlichen Akteuren auch Handlungssicherheit. Von allen akzeptierte Handlungsrichtlinien beschränken das Verhalten aller, gewähren aber damit eine gewisse Sicherheit über das Verhalten der anderen und stabilisieren die eigenen Erwartungen. Es kann somit sicherer in die Zukunft geplant werden – um den Preis der Beschränkung der eigenen Handlungsalternativen. Durch diese Einschränkungen können sich den Individuen nun allerdings andere Möglichkeiten eröffnen. Ein einfaches Beispiel: Eine Ampel zwingt FußgängerInnen einerseits zum Stehenbleiben, gibt ihnen aber andererseits die Möglichkeit, eine vielbefahrene Straße sicherer zu überqueren.

Pfadabhängigkeit gesellschaftlicher Entwicklung

Douglass C. North, Nobelpreisträger für Wirtschaftswissenschaften 1993, sieht in der Existenz von Institutionen die Begründung, warum Gesellschaften verschiedene Entwicklungslinien einschlagen können. Nach North determinieren Institutionen die Möglichkeiten in einer Gesellschaft.[15] Zwar vollzieht sich gesellschaftlicher Wandel mit dem Wandel von Institutionen. Indem aber Regeln, Normen und Konventionen die Handlungsalternativen von Individuen und damit der Gesellschaft selbst einschränken, schlägt der gesellschaftliche Wandel eine bestimmte, durch Institutionen festgelegte Richtung ein, einen «Pfad des geschichtlichen Wandels». Gesellschaftliche Entwicklung ist damit ein offener Prozeß, der von historischen Gegebenheiten abhängig («pfadabhängig») ist. Die Richtung des einmal eingeschlagenen Weges kann nur schwer geändert, der Weg nur durch revolutionäre Geschehnisse abgebrochen werden. Wie lange eine Institution bestehen bleibt oder wann sie durch eine neue abgelöst wird, bestimmen allein die Individuen selbst. Sinkt das Vertrauen in eine Institution und entscheiden sich immer mehr Akteure, die ihnen auferlegten Normen nicht weiter zu befolgen, verliert die Institution allmählich ihre Eigenschaft, Erwartungen stabilisieren zu können. Ihre Ablösung ist mit der Zeit unvermeidlich, die Grundlage, auf der sich ihre Existenz begründet hat, erodiert in einem sich selbst verstärkenden Prozeß.

North erklärt das Zustandekommen und die Ablösung von Institutionen allein aus dem Verhalten der Individuen heraus: Ihr persönliches Nutzenkalkül, eine rationale Kosten-Nutzen-Abwägung, bestimmt Existenz und Bildung von Institutionen und damit den gesellschaftlichen Wandel. Andere Institutionalisten kritisieren daran, daß bei North gesellschaftlicher Wandel allein auf individuelle Rationalentscheidungen zurückgeführt wird. Positiv gewendet sind aber Informationen, Wissen und Werte entscheidend für einen institutionellen und damit auch für einen wirtschaftlichen Wandel. So kann *Wissen um die Komplexität und Wechselbeziehungen von Ökosystemen* von entscheidender Bedeutung sein, um unökologisches Verhalten zu beenden oder zu sanktionieren. Wissen um ökologische Zusammenhänge und dessen Anwendung kann aber auch gesellschaftlichen Wandel anstoßen (wie umgekehrt das Unwissen über ökologische Kausal- und Wirkungsketten ein erster Schritt zu ökologischen Katastrophen sein kann). Die Niederländer Hans Opschoor und Jan van der Straaten betonen beim Versuch, eine institutionalistische Sicht der Umweltproblematik zu definieren, zusätzlich die Bedeutung von *Werten* für die individuelle Entscheidungsfindung. Nicht allein die Maximierung des individuellen Eigennutzes bestimme menschliche Entscheidungen. Auch Werthaltungen sowie moralische und gesellschaftliche Prinzipien beeinflussen die Präferenzen und Vorlieben und damit direkt die Entscheidungen und Verhaltensweisen der einzelnen. Gerade die Forderung nach Gerechtigkeit zwischen den Generationen kann Einfluß auf das Entscheidungsverhalten von Wirtschaftssubjekten haben.[16]

Inge Røpke hat versucht, die Frage zu beantworten, warum in einer entwickelten Gesellschaft mit (nachweislich) hohem Umweltbewußtsein so viele Produkte einfach weggeworfen werden, statt sie zu reparieren, wo doch die ökologisch negativen Auswirkungen des Wegwerfens meist deutlich auf der Hand liegen. Dieses Verhalten kann zwar ein Ergebnis bewußter Überlegungen und des ökonomischen Kalküls sein, ist empirisch jedoch häufiger das Resultat von Routine und fehlender Überlegung. Røpke identifiziert vier grundlegende Kategorien, die das menschliche Kauf- und Wegwerfverhalten determinieren[17]: technologische, ökonomische, soziale und kulturelle Faktoren. *Technologisch* sind sehr viele Produkte weder reparier- noch wiederverwendbar, selbst bei gutem Willen des Käufers. *Ökonomisch* ist es zumeist billiger, Kaputtes wegzuwerfen und neu zu kaufen, als es teuer (weil arbeitsintensiv) reparieren zu lassen. *Sozial* sind fehlende Zeit, Fähigkeiten und Möglichkeiten dafür verantwortlich, daß kaputte Haushaltsgegenstände nicht repariert werden. Zudem ist es *kulturell* weitgehend akzeptiert, kaputte Dinge einfach wegzuwerfen. So ergibt der Mangel an Zeit, Fähigkeiten und Möglichkeiten der Haushalte, wie städtisches Zusammenleben heute organisiert ist: gearbeitet wird in zum Teil hoch spezialisierten Jobs außerhalb der häuslichen Sphäre, für Heimarbeit fehlt nicht nur die Zeit, sondern auch der Raum. Wohnverhältnisse, die Institution des Arbeitsmarktes usw. bestimmen das soziale Muster, nach dem in unseren Gesellschaften gearbeitet wird – und «frieren es ein». Die preislichen Vorteile zugunsten von Wegwerfprodukten reflektieren die ökonomischen Praktiken steigender Arbeitsteilung, Spezialisierung und Mechanisierung, die zu einer steigenden Einsparung von Arbeitskräften, nicht aber von Umweltressourcen führen. Dieses Phänomen der Bevorzugung von arbeitsstatt natursparendem Fortschritt kann auf verschiedene Weise strukturell erklärt werden: mit dem Angebot an verfügbarer Technologie, mit relativen Preisen für Arbeit und Natur, mit sozialen Einflußfaktoren (wie die soziale Infrastruktur oder Investitionshemmnisse) und mit kulturellen Faktoren (wie grundsätzliche Ideen darüber, was es heißt, die Effizienz zu erhöhen). Diese Erklärungsketten könnten noch weiter fortgesetzt werden: Warum sind die relativen Preise für Umweltressourcen so niedrig? Wieso etablierte sich eine Ideologie, die Effizienzsteigerungen mit Rationalisierung von Arbeit gleichsetzt? usw. Alle diese Fragen müssen bei der Konzeption einer ökologischen Wirtschaftspolitik mit berücksichtigt werden.

8.4 Ökologische Ökonomik

Die umweltökonomische Literatur wird seit etwa Mitte der achtziger Jahre bereichert durch einen theoretischen Zweig, der sich um eine adäquatere Berücksichtigung der Umwelt in der Ökonomik bemüht: die *Ökologische Ökonomik (Ecological Economics).*[18] Wenn wir im folgenden von Ökologischer Ökonomik sprechen, meinen wir damit eine in der «International Society for Ecological Economics» (ISEE) institutionalisierte Denkrichtung, die sich in vielerlei Hinsicht von den bisher beschriebenen Ansätzen unterscheidet (auch wenn sie selbst eine gemischte Gruppe von Wissenschaftlern und Wissenschaftlerinnen unter ihrem Dach vereinigt, die sehr unterschiedliche Sichtweisen vertreten). Ökologische Ökonomen befinden sich abseits des *mainstream,* diskutieren im wesentlichen in ihrer eigenen Zeitschrift, auf ihren eigenen Konferenzen. Daher sind ihre Konzepte für die umwelt- oder gar wirtschaftspolitische Praxis bisher kaum relevant. In der ISEE sind WirtschaftswissenschaftlerInnen mit unterschiedlichem Hintergrund, Ökologen, Biologen, Physiker und Journalisten zusammengeschlossen. Eine wesentliche Zielsetzung dieser ökologischen Ökonomen ist es, Methoden und Strategien zu entwerfen, um eine zukunftsfähige Entwicklung zu konkretisieren und umzusetzen. Die ökologische Ökonomik ist nicht nur heterodox – von der herrschenden Lehre abweichend –, sondern auch heterogen: es gibt nicht *die* Schule der ökologischen Ökonomik. Daher gibt es auch nicht *das* theoretische Konzept, das hier darzustellen wäre. Wir können nur Beispiele geben.

Wir haben in den früheren Kapiteln gesehen, daß die Umweltökonomik die natürliche Umwelt als «extern» ansieht, also nicht zufällig «externe Effekte» *der* Schlüsselbegriff dieser Denkrichtung geworden ist: Umweltprobleme sind vor allem das Ergebnis gestörter Allokation (d.h. gestörter Koordination durch den Markt). Ökologische Ökonomen dagegen versuchen, Wirtschaft und Gesellschaft als in die natürliche Umwelt eingebunden und von ihr abhängig darzustellen. Wir können uns hier sehr kurz fassen, weil die Ideen dieser Denkrichtung bereits in unsere Aussagen im zweiten Kapitel eingeflossen sind und dieses mitgeprägt haben.

«Optimale Größe» (scale) und ökologische «Managementregeln»

Weitgehender Konsens herrscht unter ökologischen Ökonomen darüber, daß Umweltprobleme nicht nur als externe Effekte gesehen werden, sondern vor allem mit der Größe der Wirtschaft im Verhältnis zur Ökosphäre zusammenhängen. Für das Ausmaß des Umweltverbrauchs einer Gesellschaft hat Herman Daly den Begriff *scale* (Ausmaß oder Größe) geprägt und auch gleich eine sehr anschauliche Metapher geliefert:

> *«Wenn das Wasser die Wasserlinie (plimsoll-line) berührt, ist das Boot voll, es hat seine sichere Tragekapazität (carrying capacity) erreicht. Natürlich wird das Wasser diese Linie eher erreichen, wenn das Gewicht schlecht verteilt ist. Aber wenn das absolute Gewicht gesteigert wird, wird die Wasserlinie irgendwann erreicht, sogar bei einem Boot mit optimaler Lastverteilung. Optimal beladene Boote werden bei Überladung sinken – wenn sie auch optimal sinken mögen! Es sollte klar sein, daß optimale Allokation und optimale Größe (scale) ziemlich unterschiedliche Probleme sind.»*[19]

Wir haben uns bereits in Abschnitt 2.2 mit der Notwendigkeit befaßt, den scale unserer Wirtschaftsweise zu begrenzen. Ecological Economics versucht, dieses Prinzip in ökonomische Handlungsempfehlungen umzusetzen. Nach Daly ist eine Wirtschaftsweise dann mit der Ökologie verträglich, wenn die absolute Größe des Stoffdurchsatzes konstant bleibt und sich zugleich in Übereinstimmung mit bestimmten Regeln vollzieht. Folgende Regeln (oder *management rules*) sind dabei für Daly «operationale Prinzipien einer nachhaltigen Entwicklung»:

- Der menschliche Stoffdurchsatz (*scale*) soll bis zu dem Niveau gesenkt werden, bei dem die Tragekapazität der Natur nicht überschritten wird;
- die Nutzung erneuerbarer Ressourcen soll deren Regenerationsrate nicht überschreiten;
- die Abgabe von Emissionen an die Umwelt soll die Regenerationsfähigkeit der Senken nicht übersteigen;
- beim Abbau nicht erneuerbarer Ressourcen sollen gleichzeitig im selben Maße erneuerbare Rohstoffe angebaut werden, die langfristig die nicht erneuerbaren Ressourcen ersetzen können.

Scale wird bei Daly zur entscheidenden Variablen des wirtschaftspolitischen Aufgabenbereiches. Daly betont, daß zuerst das Niveau des Wirtschaftens bestimmt und dann eine Entscheidung über die von der Gesellschaft akzeptierte Verteilungsnorm getroffen werden müsse, um schließlich die Ressourcen effizient über den Marktmechanismus zu verteilen. Demnach nehmen auch Verteilungsfragen einen höheren Stellenwert ein als in der traditionellen Umweltökonomik. Wegen ihrer Forderung nach Begrenzung des *scale*, der Größe einer Wirtschaft aufgrund ihrer Abhängigkeit von der Natur, stehen ökologische Ökonomen auch der Notwendigkeit und Möglichkeit von mengenmäßigem (Wirtschafts-)Wachstum weitaus kritischer gegenüber als die meisten Vertreter der ökonomischen Zunft und der herrschenden Politik. In einer begrenzten Umwelt ist unbegrenztes quantitatives Wachstum nicht möglich.

Weitere gemeinsame Ausgangspunkte

Neben der Betonung des *scale* einer Ökonomik gibt es – trotz ihrer Heterogenität – weitere Gemeinsamkeiten der unter der Überschrift «Ökologische Ökonomik» arbeitenden WissenschaftlerInnen[20]. So ist ein Eckpfeiler der ökologischen Ökonomik das, was Costanza, Daly und Bartolomew *vernünftigen technologischen Skeptizismus (prudent technological scepticism)* nennen. Sie meinen damit eine gesunde Skepsis gegenüber der Möglichkeit, durch technischen Fortschritt neue Technologien zur Überwindung der Begrenzungen der natürlichen Quellen und Senken zu finden. Technischer Fortschritt wird als wichtig, aber nicht als allein entscheidend zur Lösung von Umweltproblemen angesehen. Ökologische Ökonomen beschäftigen sich ausführlich mit den Gefahren und Risiken neuer Technologien, die wohl mit den Vorteilen ihres Einsatzes abgewogen werden sollten. Wir haben in Kapitel sechs gesehen, daß viele Ökonomen davon ausgehen, daß neue Technologien es uns ermöglichen werden, mehr oder weniger ungetrübt so weiterzumachen wie bisher. Nimmt man einen technologisch skeptischen Standpunkt ein, impliziert das eine ausgewogene Einschätzung neuer technischer Entwicklungen. Unsicherheit und Unwissenheit über die Folgen der Eingriffe in natürliche und soziale Systeme führen sie zu einem *Vorsichtsprinzip* (für das auch wir im dritten Kapitel Argumente geliefert haben). Hinzu kommt in den Modellen der Ökologischen Ökonomik eine explizite Berücksichtigung der Zeit. Irreversible Prozesse, zeitlich verzögert auftretende Umwelteinwirkungen und die Dynamik gesellschaftlicher und natürlicher Systeme finden Eingang in die Analyse. Dies führt auch zu einer stärkeren Betonung evolutions- und selbstorganisationstheoretischer Ansätze.

Viele ökologische Ökonomen teilen auch den wissenschaftstheoretischen Ansatz, den wir als methodologischen Pluralismus bezeichnet haben, also die Ansicht, daß verschiedene Methoden für verschiedene Probleme anzuwenden sind. Schließlich gewinnt die ebenfalls schon angesprochene Vorstellung von einer «post-normalen Wissenschaft» (Funtowicz/Ravetz) zunehmend Bedeutung innerhalb der ISEE.

Kritische Einordnung

Im Mittelpunkt der ökologischen Ökonomik stehen die Definition ökologischer Grenzen, die Übertragung naturwissenschaftlicher Ansätze (z.B. thermodynamische oder bioökonomische Ansätze), Computersimulationen, Bewertungsmethoden oder Modelle, die eine Verknüpfung von ökologischen und ökonomischen Systemen anstreben (z.B. mit Hilfe von Input-/ Outputbeziehungen).[21] Geringere Aufmerksamkeit haben bislang eher sozial-wissenschaftliche

Fragen gefunden. Während die ökologische Seite einer zukunftsfähigen Entwicklung breiten Raum eingenommen hat, sind Fragen nach der Umsetzung und nach Instrumenten, Fragen nach den sozialen Konsequenzen eines Strukturwandels sowie nach notwendigen Institutionen und Strategien bisher eher vernachlässigt worden. Konflikte mit ökonomischen und sozialen Zielen bleiben eher ausgespart. Auch wenn die Ökologische Ökonomik durchaus Ansätze und Konzepte verspricht, die eine realistischere Verknüpfung von Ökonomie und Ökologie vornehmen als traditionelle Theoriekonzepte, so bleiben viele sozialwissenschaftliche Fragen offen. Dalys *scale* dient zwar als bildhafte Darstellung des Ökonomie-Ökologie-Zusammenhangs, die Operationalisierung dieses Konzepts ist aber nach wie vor umstritten.[22] Ähnliches gilt für die Managementregeln Dalys. Nicht nur die Wirtschaftswissenschaft, auch andere sozialwissenschaftliche Disziplinen können ihren Beitrag dazu leisten. Auch polit-ökonomische Fragen werden kaum gestellt: die Dringlichkeit der ökologischen Probleme verstellt offenbar den Blick auf die Grenzen und Risiken einer Begrenzung des *scale* und anderen als umweltpolitisch notwendig erachteten Maßnahmen. Das Paradigma befindet sich noch auf der Suche nach geeigneten Instrumenten.[23]

Seit relativ kurzer Zeit macht sich aber vor allem die Fraktion der europäischen ISEE-Mitglieder dafür stark, sozioökonomische Fragen in der ökologischen Ökonomik verstärkt zu behandeln. Nur wenn die Rolle von Produktion und Konsum, die Komplexität der Gesellschaft, des Verhältnisses von Wirtschaft und Politik zusätzlich zum Ökologie-Ökonomie-Zusammenhang ausreichend berücksichtigt wird, sind angemessene Antworten zu Fragen einer ökologischen Wirtschaftspolitik möglich.

Anmerkungen

1 Toulmin, 1994, S. 321.

2 «Was einem Kopernikus zur Erklärung des Zusammenseins der Welten im Raum zu leisten gelang, das glaube ich für die Erklärung des Zusammenseins der Menschen auf der Erdoberfläche zu leisten. ... So glaube ich, mich durch meine Entdeckungen in den Stand versetzt, dem Menschen mit untrüglicher

Sicherheit die Bahn zu bezeichnen, die er zu wandeln hat, um seinen Lebenszweck zu erreichen»; Gossen, 1827, zitiert nach Faber/Manstetten, 1988, S. 111. Dieses Zitat von Gossen zeigt, wie sehr für diesen Vorläufer der Neoklassiker das mechanistische Weltbild eine zentrale, erkenntnisleitende Funktion ausübt, vgl. auch Hinterberger/Hüther, 1993.

3 Wir hatten bereits an verschiedenen Stellen auf Mängel in der üblichen ökonomischen Betrachtungsweise hingewiesen, die wir jetzt als Auswirkungen genau dieses mechanistischen Denkens identifizieren können. Die neoklassische Ökonomik basiert auf einem logischen Zeitbegriff und nicht auf einem historischen. Der Unterschied ist, daß Prozesse prinzipiell reversibel sind, das heißt auch umgekehrt ablaufen könnten. Aber spätestens, wenn wir ökologische Prozesse (man denke an das Artensterben) einbeziehen, halten wir dies für unangebracht. Ein mechanisches System ist immer in Teilsysteme aufspaltbar, die als solche untersucht und dann wieder zu einer Gesamtschau verbunden werden können. Wir hatten aber gesehen, daß die Ökologie – und damit auch und erst recht der Ökonomie-Ökologie-Zusammenhang – holistisch betrachtet werden muß.

4 Evolutorische Ökonomik (evolutionary economics) hat sich in den letzten 15 Jahren zu einer eigenständigen (heterodoxen und gleichzeitig heterogenen) Schule innerhalb der Volkswirtschaftslehre entwickelt. An grundlegender Literatur verweisen wir auf Witt, 1987, Nelson/Winter, 1982, Dosi et al., 1988. Im folgenden wird der Begriff «evolutionär» für die Beschreibung tatsächlicher Phänomene, wie der Entwicklung von Systemen, verwendet, während «evolutorisch» die jeweiligen Beschreibungen spezifiziert.

5 Siehe Norgaard, 1994. Eines der fundiertesten Bücher zur Beschreibung der koevolutionären Zusammenhänge zwischen biologischen und sozialen Erklärungsmustern menschlichen Verhaltens stammt von William Durham, Professor für Anthropologie an der Universität in Stanford, USA; vgl. Durham, 1991. Wir haben uns an anderer Stelle ausführlich mit einigen konkreten Übertragungsversuchen des Konzepts der Evolution auf die Analyse sozioökonomischer Prozesse beschäftigt; siehe Hinterberger, 1994a, 1994b, 1994c.

6 Dieser Tempounterschied bezieht sich lediglich auf Makro-Aggregate. Natürlich gibt es in der Natur Teile, die wesentlich schneller evolvieren (etwa im Bereich von Viren, Bakterien oder Insekten).

7 Selbst Richard Dawkins, einer der Biologen, die sehr reduktionistisch argumentieren, sagt: «We are built as gene machines and cultured as meme machines, but we have the power to turn against our creators. We alone on earth can rebel against the tyranny of the selfish replicators»; Dawkins, 1976, S. 201.

8 Zu einer kritischen Auseinandersetzung mit «Konzepttransfers» vgl. z.B. den Aufsatz von Becker et al., 1992.

9 Vgl. unter anderem Wilson, 1975.

10 Lorenz, 1973.

11 Ein umfassendes Bild gibt hierzu Opschoor (1994) mit Bezug auf Jan Tinbergen. Reuter (1994) bietet einen kompakten Überblick über eine bedeutende Strömung des Institutionalismus, den sogenannten amerikanischen Institu-

tionalismus. Im Gegensatz dazu steht die sogenannte «Neue Institutionenökonomik», die sich vor allem als Ergänzung und Erweiterung der Neoklassik ansieht (oder zumindest als solche angesehen wird). Einen Überblick über das Theoriegebäude der zuletzt genannten Neuen Institutionenökonomik gibt Richter (1994). Die genaue Abgrenzung der Strömungen fällt jedoch schwer, da sich zum Teil eine nahezu babylonische Begriffsverwirrung zur Abgrenzung der Richtungen etabliert hat. Für eine Klärung der Begriff- und Richtungsstreitigkeiten siehe Reuter (1994, S. 29–44) sowie Seifert/Priddat (1995, S. 24ff.). Trotz der verschiedenen Perspektiven können doch gemeinsame Fragestellungen und Erklärungsmuster identifiziert werden. So hebt Rutherford, 1995, hervor, daß beide Ansätze sich insbesondere bei der Frage nach den Bestimmungsgründen des menschlichen Verhaltens und der Rolle von Werten, Wertewandel und Ideologien begegnen. Vgl. zur Institutionenökonomik North (z.B. 1990) und Williamson (z.B. 1975). Zum oft auch als evolutionäre Ökonomik bezeichneten Institutionalismus der Veblenschen Tradition vgl. das «Elgar Companion to Institutional and Evolutionary Economics» (Hodgson/Samuels/Tool, Hrsg., 1994) sowie das «Journal of Economic Issues». Zu Veblen selbst vgl. den Band von Penz/Wilkop (Hrsg.), 1996.

12 Opschoor, 1994, S. 4, eigene Übersetzung.

13 Streit, 1995, S. 3. Eine Unterscheidung zwischen externen und internen Institutionen findet sich bei Kiwit/Voigt, 1995.

14 Richter, 1994, S. 2.

15 North, 1990. Die Ausführungen zu Norths Theorie der Institutionen basieren weitgehend auf einem Aufsatz von Birger Priddat (1995).

16 Vgl. hierzu auch Swaney, 1986; Opschoor/van der Straaten, 1993. Wichtig für eine institutionalistische Annäherung an die Umweltproblematik ist K. William Kapps Buch «Soziale Kosten der Marktwirtschaft». Darin analysiert er die inhärente Tendenz marktwirtschaftlicher Institutionen, Kosten auf Dritte abzuwälzen. Diese nennt er nicht externe Effekte, sondern *Sozialkosten*. Dazu zählt er nicht nur Luft- und Wasserverschmutzung, sondern auch die Sozialkosten der Ressourcennutzung, Berufskrankheiten oder die sozialen Kosten der Arbeitslosigkeit. Sie seien nicht einfach zu internalisieren, sondern eine permanente Erscheinung in einer Marktwirtschaft.

17 Røpke, 1994a. Zur Frage, welche Faktoren menschliches Verhalten, insbesondere Kaufverhalten, determinieren, existiert gerade im Bereich des Marketing eine umfangreiche Literatur (grundlegend Kroeber-Riel, 1992). Gerade die zahlreichen theoretischen und empirischen Untersuchungen bei der Analyse von Käuferverhalten belegen den Einfluß sozialer und psychologischer Faktoren – vom ökonomischen Kalkül bestimmtes rationales Verhalten ist dabei nur eine Spielart unter vielen.

18 1988 gegründet, veranstaltete die ISEE ihre erste internationale Konferenz 1990 in Washington. 1996 ist die Gründung einer europäischen Sektion in Versailles vorgesehen. Wichtige Publikationen der ISEE sind z.B. Costanza (Hrsg.), 1991; Jannsson et al. (Hrsg.), 1994; van den Berg/van der Straaten (Hrsg.), 1994; Segura/Costanza (Hrsg.), 1996; außerdem die Zeitschrift «Ecological Economics». Einen Überblick über Programmatik, Inhalte und Methodik geben die erste Ausgabe von Ecological Economics sowie Costanza/Da-

ly/Bartholomew, 1991, und Soete, 1995. Als deutschsprachige Veröffentlichungen siehe insbesondere Beckenbach, 1992, Beckenbach/Diefenbacher, 1994.

19 Daly, 1991, S. 35, eigene Übersetzung. Die folgenden Argumente finden sich in Daly, 1991 und 1992.

20 Vgl. Costanza/Daly/Bartholomew, 1991.

21 Vgl. Soete, 1995, S. 3.

22 Siehe z.B. Duchin, 1996, Luks, 1996a; zu einer Kritik an Dalys Trennung von Allokation, Verteilung und «scale» siehe Stewen, 1996.

23 Pasche beobachtet mit Blick auf den Ansatz der Ökologischen Ökonomik außerdem, «daß ein Hang zu einem *Verlautbarungsstil* statt zur theoretischen Analyse besteht. Das Argument, entscheidend sei letztlich die richtige Orientierung und weniger die exakte theoretische Begründung, ist für einen ernsthaften wissenschaftlichen Diskurs wenig geeignet.» Pasche, 1994, S. 102; Hervorhebung im Original.

III Lösungsansätze
Grundlagen einer ökologischen Wirtschaftspolitik

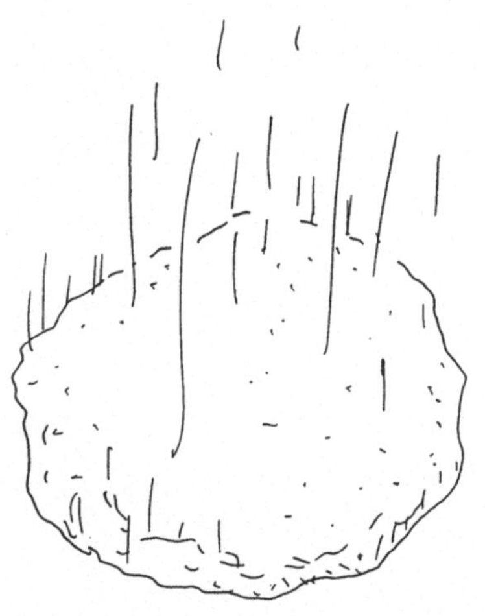

(Karikatur:
Emil Shukurow)

Nach diesen sehr theoretischen Überlegungen kommen wir jetzt zur Umsetzung: den Grundlagen einer ökologischen Wirtschaftspolitik. Nach dem bisher Gesagten wird niemand erwarten, daß nun ein Patentrezept folgt: Wir beginnen in Kapitel neun mit einer Synthese der theoretischen Überlegungen aus Teil zwei. Daraus leiten wir zunächst allgemeine Anforderungen an eine ökologische Wirtschaftspolitik ab. Unseres Erachtens muß eine ökologische Wirtschaftspolitik Leitplanken für die sozioökonomische Entwicklung bereitstellen, innerhalb deren die Mitglieder einer Gesellschaft langfristig umweltverträglich handeln und entscheiden können. Die Notwendigkeit solcher Leitplanken und deren Gestalt ergeben sich aus der Begrenztheit der natürlichen Umwelt (so wie die Natur dem Menschen auch diktiert, daß er einen Sprung aus 20 Metern Höhe ohne Fangvorrichtung nicht überlebt). Die Kenntnis der natürlichen Bedingungen reicht aber nicht aus, uns darüber aufzuklären, *wie* eine Gesellschaft verhindern kann, die Grenzen zu überschreiten, mit anderen Worten: wie die Leitplanken sozioökonomisch zu konstruieren sind.

Als erstes muß in der Gesellschaft ein weitgehender Konsens darüber hergestellt werden, wo sich die natürlichen Grenzen befinden. Dies ist Grundvoraussetzung dafür, daß ökologische Leitplanken definiert werden können. Entscheidend ist also ein Leitbild, das von möglichst vielen akzeptiert wird. Wir werden zeigen, daß das Konzept der Dematerialisierung, das wir im ersten Teil des Buches aus ökologischer Sicht begründet haben, ein solches Leitbild darstellen kann. Die Erkenntnis der Notwendigkeit ökologischer Leitbilder und Leitplanken bildet das Fundament für konkretere Überlegungen darüber, wie geeignete Maßnahmen und Instrumente einer ökologischen Wirtschaftspolitik aussehen könnten. Wir werden in Kapitel zehn eine ganze Reihe von Maßnahmen und Instrumenten skizzieren, die – einzeln und in Kombination – einer Dematerialisierung Vorschub leisten können. Der Bogen spannt sich von der Bereitstellung von Informationen (über die Notwendigkeit und Möglichkeit einer Dematerialisierung) bis hin zu Steuern und Zertifikaten auf den Materialverbrauch.

In Kapitel elf argumentieren wir, daß die individuellen Freiräume der Gesellschaftsmitglieder im Zuge einer ökologischen Wirtschaftspolitik (bei Durchführung flankierender Maßnahmen) durchaus größer werden können – sowohl ökonomisch als auch politisch und sozial. Dieser Zuwachs an Handlungsalternativen kann die Chancen einer politischen Umsetzung mit breiter Akzeptanz in der Gesellschaft entscheidend vergrößern.

9 Der Weg ist das Ziel: Leitbild und Leitplanken

Wir fassen in diesem Kapitel zunächst die Angebote aus den Wirtschafts- und Sozialwissenschaften zusammen, die uns im vorhergehenden Teil dieses Buches beschäftigt haben, und versuchen dabei, sie auf unsere Frage zuzuspitzen: Wie kann eine zukunftsfähige Entwicklung angestoßen werden (9.1)? Wir beleuchten zwei Grundvoraussetzungen dafür näher: die Bedeutung eines Leitbildes zukunftsfähiger Entwicklung (9.2) sowie ökologischer Leitplanken, die beide Umweltkatastrophen von sozioökonomischen Entwicklungen fernhalten sollen (9.3).

9.1 Was war noch mal die Frage? – Eine zusammenfassende Synthese

Vielleicht fühlen sich an dieser Stelle die geneigten Leserinnen und Leser ähnlich wie eine der Versuchspersonen in Dörners Computerexperimenten. Droht nicht angesichts der hier ausgebreiteten Fülle möglicher wissenschaftlicher Ansätze die Kapitulation vor der viel beschworenen Komplexität des Gegenstandes? Am Anfang dieses Streifzuges durch die Landschaft der Sozialwissenschaften stand folgende Problematik: Der Mensch ist dabei, die natürlichen Grenzen seines Umweltraums zu überschreiten. Das heißt nicht weniger und nicht mehr, als daß er seine Überlebensbedingungen langfristig gefährdet. Wenn wir dies verhindern *wollen,* was zunächst eine (normative) Entscheidung ist, die nicht alle mittragen müssen, stellt

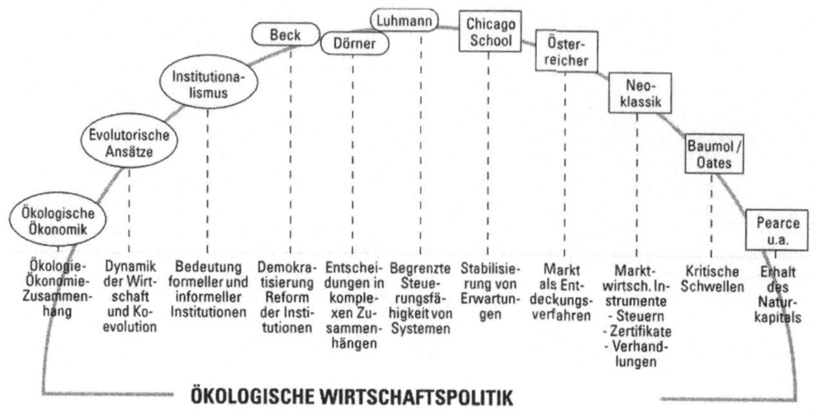

Abbildung 9.1: Synopse «alternativer» wirtschafts- und sozialwissenschaftlicher Ansätze

sich die Frage, ob es sich verhindern *läßt*. Unser Streifzug durch die Wirtschafts- und Sozialwissenschaften führte uns zu verschiedenen Antworten, optimistischeren und pessimistischeren. Ökologische Wirtschaftspolitik bewegt sich in einem Spannungsfeld zwischen der *Notwendigkeit* einer «Umsteuerung» einerseits und den Grenzen der *Möglichkeiten* einer solchen Steuerung andererseits. Während hinsichtlich der Notwendigkeit immer mehr Menschen der Forderung zustimmen, daß etwas geändert werden müsse, hat hinsichtlich der Möglichkeiten, etwas ändern zu können, und deren Beschränkungen bisher kaum ein Nachdenken eingesetzt. Und wenn, dann scheint ein radikaler «Steuerungspessimismus» Platz zu greifen, während «Steuerungsoptimisten» meist relativ unhinterfragt einfach von der Möglichkeit einer Umsteuerung ausgehen. Zur Beantwortung der Frage, was letzten Endes zu tun ist, müssen aber unterschiedliche Standpunkte eingenommen werden, um zu einem angemessenen Gesamtbild zu kommen (siehe die *Abbildung 9.1*).

Wir können unsere Frage nun konkretisieren: Wie kann eine ökologische Wirtschaftspolitik im Sinne einer Dematerialisierung unter den Bedingungen einer demokratischen Marktwirtschaft umgesetzt werden? Wie kann ein ökologischer Strukturwandel in einer Gesellschaft *angestoßen* werden, ohne dabei diktatorische Tendenzen heraufzubeschwören? Grundlegend ist sicherlich die Diskussion um geeignete umweltpolitische Instrumente zur *Internalisierung der externen Effekte* dort, wo dies möglich ist. Die neoklassisch inspirierte Umweltökonomik bietet zwar ein formal überzeugendes theoretisches Bild, das zumeist aber mit der Realität wenig gemein hat. Ihr Anwendungsbereich ist jedenfalls sehr begrenzt.[1]

Um wirtschaftliche und gesellschaftliche Veränderungen wie technische Innovationen, Wertewandel und das Entstehen neuer Organisationsformen erfolgreich und in die gewünschte Richtung anstoßen zu können, ist es erforderlich, gesellschaftlichen und wirtschaftlichen Wandel nicht mechanisch, sondern evolutorisch zu verstehen. Zudem werden Versuche, Umweltbeeinträchtigungen in Geld zu bewerten, damit sie ins ökonomische Kalkül der Individuen einbezogen werden können, der komplexen Umweltproblematik nicht gerecht. Jeder theoretische Erklärungsansatz muß sich somit an drei Meßlatten messen, wenn man erkennen möchte, was er zur Lösung unserer Fragestellung beitragen kann: *erstens,* inwieweit er der Komplexität ökologischer Systeme gerecht wird, *zweitens,* was er zu einer Erklärung der ökonomischen Entwicklung und zur Identifikation der Triebfedern für gesellschaftlichen Wandel leisten kann, und *drittens,* inwieweit er Anhaltspunkte für die Frage nach der Umsetzung einer ökologischen Wirtschaftspolitik bietet, die einen ökologischen Wandel der Wirtschaftsstrukturen und – damit untrennbar verbunden – auch einen gesellschaftlichen Wandel anstoßen soll. Lassen wir also noch einmal unsere Kronzeugen Revue passieren.

Die Berücksichtigung komplexer ökologischer Zusammenhänge

Wir haben gezeigt, daß auch die meisten *Erweiterungen* der neoklassischen Umweltökonomik (Kritische Schwellen, Naturkapital etc.), mit deren Hilfe versucht wird, die Belastungsfähigkeit der Natur zu bestimmen, an der Komplexität des ökologischen Problems scheitern müssen, auch wenn der Ansatz im Kern genau richtig ist: Wir brauchen aus der Natur ökologischer Systeme abgeleitete Prinzipien, an denen sich die Wirtschaft und die Gesellschaft orientieren kann und muß, wenn sie nicht in ökologische Katastrophen geraten möchte. Diese Prinzipien können aber nur sehr grobe Richtwerte sein und keine genauen Zielwerte.

Wissenslücken anzuerkennen und die Begrenztheit des Menschen bei der Konfrontation mit komplexen Systemen zu akzeptieren, dafür plädiert der Psychologe *Dietrich Dörner*. Mit Hilfe seiner Computersimulationen zeigt er, daß einzelne Menschen zum Teil hoffnungslos überfordert sind, sollen sie sich in komplexen Handlungssituationen behaupten. Wenn aber schon der oder die einzelne überfordert ist, dann gilt das auch für die Politik: *Ulrich Beck* diagnostiziert, daß die steigende ökologische Gefährdung unsere Gesellschaft in eine Risikogesellschaft verwandelt hat, in der nur unzureichende Entscheidungs- und Kontrollmechanismen für den Umgang mit ökologischen Risiken bestehen. Zwar hofft er, daß die ökologischen Gefährdungen zu einer wachsenden Mobilisierung und Politisierung der Bevölkerung führen, seine Hoffnung basiert jedoch auf der Prämisse, daß durch den Eintritt von Umweltkatastrophen die Sensibilisierung der Bevölkerung wächst. Daß es dann vielleicht schon zu spät sein oder die Mobilisierung der Bevölkerung nicht ausreichen könnte, sieht Beck sehr wohl, weiß darauf aber keine befriedigende Antwort. Als pessimistisch erweist sich auch die Luhmannsche Systemtheorie, nach der Umweltprobleme nur wahrgenommen werden, wenn über sie kommuniziert wird, und nur Berücksichtigung finden, wenn sie in die Systemsprache übersetzt werden können.

Aber wenn man alle diese Warnungen ernst nimmt, und dennoch nicht gleich aufgeben möchte vor der Unlösbarkeit der Aufgabe, was dann? Sowohl (ko-)evolutorische als auch institutionalistische Ansätze können bestimmte Lücken, die die neoklassische Umweltökonomik offenläßt, schließen.

Koevolutorische Ansätze betonen die gegenseitige Abhängigkeit und das Zusammenwirken ökonomischer, sozialer und ökologischer Systeme. Gesellschaftliche Entwicklung ist dabei pfadabhängig: Einmal eingeschlagene evolutionäre Wege sind schwer zu wechseln. Zum gleichen Ergebnis – und nicht nur hier zeigen sich deutliche Überschneidungen zwischen beiden Ansätzen – kommen institutionalistische Konzepte. Hier sind es vor allem Institutionen, sowohl informelle (Gebräuche, Gewohnheiten etc.) als auch formelle (Gesetze, DIN-Normen etc.), die die Handlungsalternativen von Individuen beschneiden und damit die Richtung der gesellschaftlichen Entwicklung beeinflussen. Beide Forschungsrichtungen sind allerdings noch relativ jung und nur wenige ihrer Anhänger sind bislang zu Fragen des Zusammenhangs zwischen Ökologie und Ökonomie vorgedrungen.

Ecological Economics versucht demgegenüber seit einigen Jahren, der Wirtschaftswissenschaft ihre ökologischen Grundlagen zurückzugeben. Hier hat sich mit der Betonung des *scale* des Wirtschaftens eine Sichtweise durchgesetzt, die insbesondere das Niveau dieses Wirtschaftens hervorhebt. Dieses Niveau gilt es deutlich abzusenken, um eine zukunftsfähige Entwicklung zu ermöglichen. Damit kann gleichzeitig dem Nichtwissen um die Auswirkungen unseres Tuns auf die komplexen natürlichen Systeme Rechnung getragen werden. Allerdings fehlt hier meist die sozioökonomische Seite der Betrachtung.

Die Frage der Steuerbarkeit

Angesichts dieser Komplexität ganz zu kapitulieren, gar nichts zu tun und alles Weitere den individuellen «rationalen» Einzelentscheidungen zu überlassen, wie es die Aussagen der *Chicago-Schule*, der *Österreichischen Schule* oder auch der *Neuen Institutionenökonomik* nahelegen, verbietet sich, wenn man die gravierenden Umweltprobleme, die wir hier diskutieren, ernst nimmt. Wir haben aber im ersten Teil unseres Buches auch gezeigt, daß gerade die Verbreitung des Bewußtseins über die Ernsthaftigkeit der ökologischen Probleme zu den Voraussetzungen einer erfolgreichen Umweltpolitik gehört. Ein blinder Glaube an die Erreichbarkeit jedes gewünschten Zustandes ist dagegen wenig hilfreich, weil er den Blick auf die Steuerungsdefizite verstellt, die jede Umweltpolitik berücksichtigen muß, wenn sie erfolgreich sein will. Die gemachten Aussagen sind wichtig für die Umsetzungsdebatte, gerade aufgrund der Betonung der Notwendigkeit von Innovationen, aufgrund des Hinweises, daß der Markt als «Entdeckungsverfahren» am besten geeignet ist, verstecktes Wissen und neue Informationen aufzuspüren und aufgrund der Nichtplanbarkeit eines wirtschaftlichen Strukturwandels. Immerhin spricht auch Hayek von der Möglichkeit der Politik, günstige Umstände für die gesellschaftliche Entwicklung herzustellen («create favourable circumstances»). Österreichische Ökonomen betonen die Bedeutung des Wissens für einen wirtschaftlichen Wandel, woraus wir die Bedeutung ökologischen Wissens für einen ökologischen Strukturwandel ableiten können. Wir hatten im ersten Teil dieses Buches das Prinzip der Dematerialisierung als eine Möglichkeit präsentiert, den einzelnen wirtschaftlich handelnden Akteuren (Konsumenten, Produzenten wie auch der Politik) konkrete Informationen an die Hand zu geben, wie sie sich ökologisch verhalten können. Während sich für die Österreicher und auch für die Ökonomen aus Chicago solches Wissen ausschließlich über die Preise vermittelt, plädieren wir dafür, Informationen über die Materialintensität und über die Möglichkeiten zu einer Erhöhung der Ressourcenproduktivität auch als solche zu vermitteln. Auch Luhmann zeigt mit Hilfe seiner Systemtheorie mögliche Auswege, die den eben genannten zumindest nicht widersprechen: Nur in die Sprache eines Systems übersetzt (bei der Wirtschaft also in die Sprache der Preise), reagiert ein System (sprich: die Wirtschaft als Ganzes) auf äußere Einflüsse. Sein Ansatz verweist aber auch darauf, wie wichtig es ist, über eine ökologische Um-Orientierung zu kommunizieren. Dazu gehört die möglichst weite Verbreitung eines entsprechenden Leitbildes in der Bevölkerung und insbesondere unter den Entscheidungsträgern aus Wirtschaft und Politik.

Eine Beeinflussung der Richtung des gesellschaftlichen Wandels scheint also doch möglich, wenn eine ökologische Wirtschaftspolitik von richtigen Voraussetzungen ausgeht. Institutionalistische und strukturalistische Ansätze verdeutlichen darüber hinaus, daß und wie sozioökonomische Institutionen und Strukturen sich ändern und auch geändert werden können und daß von ihrer Veränderung entscheidende Impulse ausgehen können, um die gesellschaftliche Entwicklung in eine bestimmte Richtung zu lenken. Dazu gehört auch, die Problematik von Machtfragen und ungleicher Verteilung von Vermögen und Einkommen zu verstehen. Beck betont, daß das bestehende Gesellschaftssystem Macht- und Verantwortungsstrukturen erzeugt, die zu ökologischen Gefahren und Risiken führen, ohne daß dafür die Verantwortlichen herangezogen werden können. Macht bedeutet für Beck die Möglichkeit, Verantwortung zu definieren – oder von sich zu weisen, Haftungsregeln durchzusetzen – oder sie zu umgehen. Um hier eine Veränderung herbeizuführen, hofft Beck vor allem auf eine tiefgehende Politisierung und Demokratisierung der Gesellschaft; sein Konzept zeigt Parallelen zu selbstorganisatorischen Paradigmen. Auch das Aufkommen und die Veränderung von Institutionen stellt an sich einen selbstorganisierenden Prozeß dar. Doch bei aller Hoffnung auf derartige Prozesse: Die gesellschaftliche Entwicklung bedarf eines Rahmens, um sie in eine zukunftsfähige Richtung zu lenken.

Ein ökonomischer und ökologischer Rahmen für eine zukunftsfähige Entwicklung

Bereits die Ergebnisse Dörners haben verdeutlicht, wie wichtig es ist, einen *Rahmen* zu schaffen, innerhalb dessen sich die einzelnen Entscheidungen vollziehen können, einen Rahmen, der bewirkt, daß die Folgen möglicher Fehlentscheidungen der gesellschaftlichen Akteure minimiert werden. Dies gilt für soziale, aber erst recht für ökologische Fragen. Swaney und in bezug darauf Opschoor und Van der Straaten sehen in dem Konzept einer *koevolutionären Zukunftsfähigkeit* (coevolutionary sustainability) einen ersten Schritt, der natürlichen und gesellschaftlichen Evolution die ökologisch richtige Richtung zu geben. Unter koevolutionärer Zukunftsfähigkeit verstehen sie, «daß Entwicklungspfade oder die Anwendungen von neuem Wissen vermieden werden sollten, die ‹ernsthafte Bedrohungen für die andauernde Verträglichkeit von gesellschaftlichen und ökologischen Systemen darstellen›».[2]

Folgt man dieser Perspektive, so erscheint das Postulat der Zukunftsfähigkeit aus neuer Sicht. Bisher vorherrschende Definitionsversuche gehen von einer eher statischen Perspektive aus: Daß «Naturkapital» nicht verringert werden, die «Assimilationsfähigkeit der Natur» nicht beeinträchtigt werden dürfe, bezieht sich meist auf den Erhalt von Funktionen der natürlichen Systeme bzw. die Aufrechterhaltung statischer Bestandsgrößen. Eine koevolutorische Perspektive ermöglicht es, den Sustainability-Begriff auf sich dynamisch entwickelnde Systeme zu übertragen und damit das Nachhaltigkeitspostulat zu erweitern.[3]

Wie kann sich der gesellschaftliche Wandel auf einem Pfad vollziehen, der für die Gesellschaft das Überleben sichert? Entscheidend sind *ökologische Leitplanken*, innerhalb denen sich gesellschaftliche Entwicklung vollzieht. Der Weg des Wandels soll nicht vorbestimmt sein; allein seine Richtung soll beeinflußt werden – und zwar so, daß eine Fortbewegung auf dem Entwicklungspfad auch noch in Zukunft ermöglicht wird. Noch einmal zusammenfassend: Um eine zukunftsfähige Entwicklung zu erreichen, wird ein *ökologischer* Rahmen (der Umweltraum, der Faktor 10) und ein *wirtschaftlicher und gesellschaftlicher* (Ordnungs-)Rahmen benötigt, innerhalb dessen sich die Wirtschaft so entwickeln kann, daß die Entwicklungsbedingungen der Natur in ausreichendem Maße erhalten bleiben.

Die Bedeutung der politikwissenschaftlichen und soziologischen Dimension wird insbesondere bei der Frage der Umsetzung ökologischer Leitplanken in einer Demokratie offensichtlich. Dabei tritt die Frage der Umsetzung und Umsetzbarkeit in den Vordergrund. Entscheidend dabei ist auch ein ökologisches Leitbild. Dieses ergibt sich insbesondere aus der Bedeutung von *Institutionen* als Schlüsselelemente einer Umsetzungsstrategie: sei es die Institution des Marktes, seien es Werthaltungen oder gesetzliche Rahmenregelungen. Erst wenn aus der Idee der Dematerialisierung eine *Institution* geworden ist, wenn sich die Forderung, die Materialintensität aller konsumierten Güter und Dienstleistungen zu reduzieren, in den Köpfen der Menschen «festgesetzt» hat und jeder einzelne daraus Handlungsanweisungen ableiten kann, ist ein tiefgreifender ökologischer Strukturwandel möglich. Das MIPS-Konzept und die Idee der Dematerialisierung müßte nicht nur in formellen Institutionen (im Ordnungsrahmen der Gesellschaft), sondern vor allem als *Leitbild* für jeden einzelnen Niederschlag finden.

Ökologische Leitbilder und Leitplanken ergänzen einander, wenn es darum geht, eine ökologische Wirtschaftspolitik umzusetzen. Darum geht es in den nächsten beiden Abschnitten dieses Kapitels.

9.2 Dematerialisierung als Leitbild

Wir haben im achten Kapitel auf die Bedeutung von Institutionen für den gesellschaftlichen Wandel hingewiesen. Die dort vorgestellten ökonomischen Ansätze betonen die Bedeutung, die formelle und informelle Muster menschlichen Verhaltens sowie Konventionen und Organisationen für die wirtschaftliche Entwicklung haben. Institutionen bestimmen ganz wesentlich die Entwicklungspfade von Wirtschaft und Gesellschaft. Wir haben dabei den Doppelcharakter solcher Institutionen betont: sie beschränken Möglichkeiten, gleichzeitig *schaffen* oder *erleichtern* sie aber Verhaltensoptionen. Das Ziel, den Materialverbrauch um den Faktor 10 zu senken, ist in diesem Sinne mehr als eine mathematische Formel. Es muß zu einer gesellschaftlichen Institution werden, damit aus einer ökologisch richtigen Forderung auch eine tatsächliche Änderung der gesellschaftlichen Entwicklung entspringt. Formelle und informelle Institutionen sind nicht unabhängig voneinander, auch sie *koevolvieren.* Die Veränderung von Werthaltungen, sozialer Organisation und Technologien lassen sich nicht verordnen. Selbst wenn entgegen den vorherrschenden gesellschaftlichen Regeln neue Normen oder Gesetze etabliert werden, so haben diese dauerhaft nur Bestand, wenn sie mit bestehenden informellen Institutionen kompatibel sind. Ansonsten werden sie von den Gesellschaftsmitgliedern solange unterlaufen, bis sie ihren Zweck, Erwartungen zu stabilisieren, verfehlen und aufgegeben werden müssen. Ein oft zitiertes Beispiel für das Unterlaufen ökologisch motivierter Regeln sind die «Dummie-Mitfahrer». Als in Kalifornien gesonderte Fahrspuren für Fahrgemeinschaften eingerichtet wurden, kamen einige Autofahrer auf die Idee, lebensgroße Puppen in ihrem Auto zu plazieren, um so auch ohne Fahrgemeinschaft freie Fahrt zu haben.

Neue Gesetze können wiederum die Gesellschaftsmitglieder veranlassen, bestehende Institutionen zu hinterfragen, neue Informationen aufzunehmen und gegebenenfalls bestehende Verhaltensregeln zu ändern. Bei vielen Entscheidungen wird erst nach ihrer Durchführung ersichtlich, wer daraus Vorteile zieht oder ob die Nachteile so gravierend sind wie befürchtet. Die Komplexität gesellschaftlicher Systeme führt auch hier zu einem Dilemma:

Neue, formelle Institutionen und staatlich gesetzte Regeln sind in einer demokratischen Gesellschaft nur dann langfristig festsetzbar, wenn diese schon von einem großen Teil der Bevölkerung akzeptiert werden, also vergleichbare informelle Institutionen in irgendeiner Art und Weise bestehen. So konnte sich der Grüne Punkt nur durchsetzen, weil schon vorher ein gesellschaftlicher Konsens über die Notwendigkeit der Müllvermeidung bestanden hatte (das Beispiel verdeutlicht aber auch, daß neue Institutionen dann wieder hinterfragt werden, wenn sie ihr Ziel – hier: Müllvermeidung – nicht erreichen). Umgekehrt können formelle Regeln aber auch informelle Konventionen und Verhaltensrichtlinien entscheidend prägen. Gerade individuelle Verhaltensweisen sind aber auch durch die Existenz informeller Institutionen geprägt.

Die Macht der Gewohnheit: Konventionen und «Persistenz»

Das Bewußtsein über Umweltprobleme hat sich in den letzten Jahren sicher erhöht, es herrscht aber auch – wie in der Umweltpolitik – gewissermaßen eine End-of-the-pipe-Philosophie vor. Man benutzt jetzt «umweltfreundliche» Plastiktüten, aber eben Plastiktüten. Das neue Auto hat selbstverständlich einen Drei-Wege-Katalysator, aber eben auch Leistungs- und Beschleunigungswerte, die eher durch Michael Schuhmacher als durch den Brundtland-Report motiviert sind (beide sind Institutionen). Und wenn z.B. ein Haushaltsgerät kaputt ist, wird ein – natürlich umweltfreundliches – neues Gerät gekauft. Das ist weitgehend akzeptiert, «öko» ist zwar «in», aber eben meist an der Oberfläche. Das Leitbild der Dematerialisierung betont demgegenüber, daß es auf Ressourcenverbrauch von der Wiege bis zur Bahre (oder bis zur neuen Wiege) ankommt, und daß die – bisher praktisch nicht berücksichtigten – ökologischen Rucksäcke in die Beurteilung von Umweltfreundlichkeit mit einbezogen werden müssen. Leitbilder sind Vorstellungen darüber, wie etwas sein soll, sie sind also normative Aussagen. Die Leitbildfunktion der Dematerialisierung zielt also darauf ab, bisher nicht berücksichtigte (potentielle) Umweltfolgen beim (wirtschaftlichen) Verhalten mit zu berücksichtigen. Leitbilder können dazu beitragen, unhinterfragte gesellschaftliche Tabus aufzubrechen, das heißt sie bringen *etwas zur Sprache,* über das vorher nicht oder so nicht diskutiert wurde. Sie entsprechen mehr dem Erzählen als dem Zählen, um eine von Wolfgang Sachs formulierte Unterscheidung zu verwenden. Leitbilder erzählen gewissermaßen Geschichten darüber, wie gesellschaftlicher Wandel aussehen könnte.[4]

Das klingt einfacher, als es ist; Institutionen weisen eine gewisse «Persistenz» auf. Dieser Begriff bedeutet soviel wie das Bestehenbleiben eines Zustandes über einen langen Zeitraum. Persistente Verhaltensweisen sind Muster, die beharrlicher und ausdauernder Natur, also nur schwer veränderbar, sind. Diese Persistenz wird nicht einfach durch das Ausrufen eines neuen Leitbildes überwunden: hier ist Überzeugungsarbeit und ein breiter gesellschaftlicher Diskurs notwendig. Wenn aber viel über Leitbilder diskutiert wird, wie z.B. nach der Veröffentlichung der Studie «Zukunftsfähiges Deutschland», ist das ein erster wichtiger Schritt. Die «alten» Leitbilder zu hinterfragen, ist Voraussetzung dafür, daß sich neue Leitbilder durchsetzen können. Von entscheidender Bedeutung sind dabei Informationen und das Wissen über ökologische Folgen von Verhaltensweisen.

Informationen und Wissen

Wir hatten bereits in Kapitel zwei auf die Rolle von Informationen hingewiesen. Über die Bedrohung durch Umweltprobleme sind mehr und bessere Informationen notwendig. Dazu gehört auch das Wissen darüber, daß die Ursachen und die genauen Folgen von Umweltschädigungen eben oft nicht bekannt sein können. Die Berechnung des Materialinputs von Regionen oder Ländern hat hier eine wichtige Funktion. Umweltprobleme scheinen dem einzelnen oft «weit weg». Wer denkt beispielsweise an die ökologischen Rücksäcke, wenn er oder sie einen Kaffee trinkt, ein neues Auto kauft oder ein Haus baut? Das Problembewußtsein ist hier sicher gestiegen, aber es fehlen nach wie vor systematische Informationen und folglich auch das Wissen darüber, wieviel Umwelt verbraucht wird, wie tief in die Ökosphäre eingegriffen wird.

Das hat auch zur Folge, daß Verbraucherinnen und Verbraucher oft wie der vielzitierte «Ochs vorm Berg» stehen, wenn sie sich umweltbewußt verhalten wollen. Denn selbst wenn das Wissen um ökologische Probleme zu dem Wunsch führt, weniger Umwelt zu verbrauchen, fehlt oft die für ein entsprechendes Verhalten notwendige Information über die Umweltbelastungsintensität von Gütern und Dienstleistungen. Hier kann das MIPS-Konzept einen wichtigen Beitrag leisten: als richtungssicherer Schätzer des Potentials der Umweltschädigung kann es Verbraucher in die Lage versetzen, unterschiedliche Produkte miteinander zu vergleichen, ohne daß dafür ein zweisemestriger Kurs in Umweltwissenschaften notwendig ist (siehe die Abschnitte 3.3 und 3.4).

Ein Beispiel: MIPS ermöglicht den Vergleich von verschiedenen Getränken, z.B. verpacktem oder selbstgepreßtem Orangensaft und Apfelsaft, der aus der Region bezogen wird. Orangensaft hat in der Regel einen hohen transportbezogenen Materialinput, darüber hinaus ist die Orangenproduktion mit einem erheblichen Input an Wasser verbunden. Der verpackte Saft schleppt außerdem die Verpackung und deren ökologischen Rucksack mit sich herum. Außerdem schmeckt industriell produzierter Saft in der Regel weniger gut als frisch gepreßter. Das Selbstpressen spart die Verpackung, macht aber mehr Arbeit. Gleichzeitig finden viele Menschen Spaß daran, ihre Getränke und Nahrungsmittel selbst zuzubereiten, dann wäre die zusätzliche «Arbeit» ein Nutzen. Der Apfelsaft, der aus Äpfeln der umliegenden Region hergestellt wurde, ist zudem offensichtlich weniger transportintensiv. Es liegt nahe, daß der Saft aus der Region ökologisch besser zu bewerten ist, da weniger Transportleistung notwendig ist. Um diese Frage wirklich zu beantworten, bräuchte man aber einen Indikator wie zum Beispiel MIPS. MIPS ermöglicht es, relativ einfach und doch richtungssicher Aussagen zu treffen über die Umweltbelastungsintensität, die von Produktion, Transport, Gebrauch und Entsorgung eines Produkts ausgeht.

Mit Hilfe eines solchen Indikators wäre es den Verbraucherinnen und Verbrauchern möglich, «das ökologisch Bessere zu wählen» (Schmidt-Bleek). Damit verbunden wäre eine erhebliche Komplexitätsreduktion bei Kauf- und Mietentscheidungen. Langfristig könnte die mit dem Verbrauch verbundene Materialintensität und die mit dem Verbrauch verbundene Umweltbelastung ebenso selbstverständlich zur Produktinformation gehören wie heute der Preis. Wieso behaupten wir, eine derartige Reduktion von Komplexität, wie sie eine Fixierung auf den Materialinput einer Gesellschaft bedeutet, käme der Komplexität ökologischer Zusammenhänge am ehesten gerecht? Eben weil diese Fixierung sich in der Unsicherheit über ökologische Zusammenhänge begründet und ökologisches Nichtwissen explizit berücksichtigt.[5] Weil nur sehr wenig über die Auswirkungen unseres Tuns bekannt ist, kann der Materialinput als ein ungefährer Schätzer dienen.[6]

Dematerialisierung und ein neues Unternehmensleitbild

Das Konzept der Dematerialisierung kann nicht nur als umfassendes Leitbild für das Verhalten von Konsumenten dienen, sondern auch Unternehmensentscheidungen erleichtern, wenn es darum geht, umweltfreundlich zu produzieren. Anhand der Beispiele, die wir in diesem Kapitel hauptsächlich aus Sicht der Konsumenten beleuchten, wird sehr schnell deutlich, daß Umweltmanagement im Sinne einer Dematerialisierung bedeutet, genau solche Produkte und Dienstleistungen auf dem Markt anzubieten, die über ihren gesamten Lebensweg zu einer deutlichen Reduzierung der Stoffströme beitragen.

Das ändert nichts daran, daß das Streben nach Gewinn *das* Ziel unternehmerischer Aktivitäten ist und bleibt. Unternehmen werden nicht gegründet, um die Umwelt zu schützen, genauso, wie es nicht zu ihren Aufgaben zählt, zur Sicherung des Weltfriedens beizutragen. Unternehmer unternehmen etwas, um Gewinne zu erwirtschaften. Diese Funktion ist auch weitgehend akzeptiert. Ebenso scheint es einen Konsens darüber zu geben, daß Rahmenbedingungen geschaffen werden müssen, innerhalb deren sich unternehmerisches Handeln vollzieht. Ökologische Leitplanken gehören zu einem solchen Rahmen.

In der Debatte um den Schutz der Umwelt hört man oft von seiten der Unternehmen: «Wir würden lieber heute als morgen ökologisch verträglichere Produkte anbieten. Der Kunde nimmt sie aber nicht an.» Umgekehrt beschweren sich Konsumenten, daß keine umweltfreundlichen Produkte auf dem Markt sind. Die Politik wiederum scheut sich, «unpopuläre» Maßnahmen zu ergreifen. Das Leitbild der Dematerialisierung, wenn es eine breite Unterstützung erfährt, könnte hier nicht nur Informationen über die Wünsche und Möglichkeiten der jeweils anderen Seite vermitteln. Es könnte auch helfen, Erwartungen zu bilden und zu verstetigen, so daß es sinnvoll wird, dematerialisierte Produkte und Dienstleistungen anzubieten. Und: je mehr Haushalte und Unternehmen sich bereits entsprechend verhalten, um so stärker würde auch die Unterstützung für entsprechende politische Maßnahmen und Instrumente sein, etwa für eine ökologische Steuerreform.

Es zeigt sich aber auch in vielen Fällen, daß sich eine Erhöhung der Ressourcenproduktivität schon unter Kostengesichtspunkten «rechnet» und dadurch dematerialisierten Produkten und Dienstleistungen neue Marktchancen eröffnet werden können. Weil Unternehmen – zum Beispiel aus Imagegründen – sehr wohl ein Interesse an einer umweltgerechten *Performance* haben, stellt sich für sie die Frage, wie dies ökologisch *und* ökonomisch am vorteilhaftesten erreicht werden kann.

Ein interessantes Beispiel, wie ein neues Unternehmensleitbild in der Praxis aussehen kann, ist die Kambium Möbelwerkstätte. Kambium hat nicht nur die Verantwortung für künftige Generationen in seiner Umweltpolitik betont (das ist einfach und kostet nichts), sondern achtet bei seiner Einkaufspolitik auch auf ökologische Aspekte und bemüht sich zudem um eine umweltfreundliche Energieversorgung. Dabei wird nicht nur auf die Reduzierung von Emissionen geachtet, sondern auch versucht, bei der Energieversorgung die Materialströme insgesamt zu reduzieren. Den größten Teil der benötigten Energie stellt Kambium selbst in der firmeneigenen Windkraftanlage und einem Blockheizkraftwerk her. (Für Spitzenbelastungen kann auf das öffentliche Netz zurückgegriffen werden, in das normalerweise auch Energie *eingespeist* wird.) Die energiebedingten Materialströme konnten so im Vergleich zu einer konventionellen Energieversorgung um einen Faktor von drei bis vier reduziert werden. Darüber hinaus installierte Kambium ein System für eine ressourcenschonende Wasserversorgung und verzichtet auf chemische Behandlungsmittel. Das Unternehmen liefert maximal in einen Umkreis von ca. hundert Kilometern und überlegt ein System, die extrem langlebigen Küchen, die dort produziert werden, gegebenenfalls wieder zurückzunehmen, aufzuarbeiten und weiter zu verkaufen. Die Langlebigkeit der von diesem Unternehmen hergestellten Produkte erhöht die bereits erreichte Ressourcenproduktivität noch einmal deutlich.

Dienstleistungen statt Material

Friedrich Schmidt-Bleek hat darauf hingewiesen, daß es meist die Dienstleistung von Produkten ist, die jemand haben möchte, nicht das Produkt selber. «Auch ein Produkt wie der elektrische Strom, ein Auto, eine Küchenmaschine oder eine Mausefalle ‹leistet› uns ‹Dienst›, bringt uns Nutzen, arbeitet als ‹Dienstleistungsmaschine›.»[7] Ökonomisch ausgedrückt ist es also der Strom an Dienstleistungen und nicht der Bestand an materiellen Produkten selbst, der zur Bedürfnisbefriedigung beiträgt. Natürlich gibt es Produkte, bei denen die «Materialität» selbst die Dienstleistung ist. Ein teuerer Sportwagen beispielsweise bietet mehr als nur die Dienstleistung «Mobilität». Gerade bei sogenannten Statussymbolen ist eben der Status Teil der Dienstleistung. Aber vielleicht ist es in der Zukunft möglich, daß Status auch durch besonders ökologisches Verhalten erworben werden kann.

In den meisten Fällen ist es jedoch die Dienstleistung, um die es eigentlich geht, wenn wir etwas kaufen. Nur wenige sammeln etwa Bohrmaschinen und stellen sie in ihrem Wohnzimmer aus. In der Regel ist es die Dienstleistung «Bohren», weswegen man ein solches Gerät erwirbt. Und eine Waschmaschine kauft man eigentlich nur, um saubere Wäsche zu erhalten. Nicht auf den Kühlschrank kommt es an, sondern auf frische Speisen und Getränke. Und ist es nicht die Dienstleistung «Kommunikation», die wir mit Faxgerät, Telefon und Modem erwerben? Statt der kleinen Technologieparks, die heute in vielen Wohnungen stehen, wären auch Lösungen denkbar, die die genannten Funktionen in einem Gerät vereinigen. Das schont die Umwelt und hat den positiven Nebeneffekt, daß Platz geschaffen wird. So sind Automobile meist eher «Autostabile» (K.-O. Schallaböck), weil sie den größten Teil ihrer Lebenszeit gar nicht bewegt werden. Neue Nutzungsformen, wie etwa das *Carsharing* wäre hier eine ökologisch *und* ökonomisch sinnvolle Alternative zum Besitz eines PKW.

Neue Wohlstandsmodelle: Technik allein reicht nicht aus

Im ersten Teil des Buches haben wir uns mit den Ursachen der Umweltkrise beschäftigt. Wir haben dabei unter anderem gezeigt, daß die Dynamik der Wirtschaft und das herrschende Wachstumsparadigma in großem Maße zu den heute vor uns liegenden Umweltproblemen beitragen. Ganz wesentlich erscheint uns daher die Umorientierung des technischen Fortschritts. Eine Entkopplung von Wirtschaftswachstum und Zunahme der Umweltbelastung ist unerläßlich. Aber diese Entkopplung ist nicht grenzenlos möglich. Deshalb wird eine Reduzierung des Verbrauches unumgänglich sein. Das bedeutet aber nicht, daß der Wohlstand einer Gesellschaft sinken muß. Im Gegenteil: Die Studie «Zukunftsfähiges Deutschland» hat mehrere Leitbilder entworfen und zur Diskussion gestellt: Leitbilder für ein verändertes Maß für Zeit und Raum, eine «grüne Marktagenda», die Bedeutung zyklischer Produktionsprozesse und «gut leben statt viel haben». Insgesamt wurde die Studie sehr positiv aufgenommen, aber viele Menschen fühlen sich durch sie auch provoziert – wohl vor allem durch die Rede von der Notwendigkeit einer neuen «Genügsamkeit». Ein Kommentator bezeichnete die Studie als «Wunschtraum-Katalog» und «Potpourri aus moralinsauren Appellen», sie sei «das Gemälde einer Idylle, die bei nüchterner Betrachtung der Gegenwart unerreichbar erscheint».[8] Abgesehen davon, daß die Studie «Zukunftsfähiges Deutschland» den Deutschen nun gerade nicht Askese verordnen will, sondern «das gute Leben» betont, zeigt gerade die nüchterne Betrachtung der Gegenwart, daß es utopisch ist, so weiterwirtschaften zu wollen wie bisher. Darüber nachzudenken, wie anders gelebt werden kann, ist sicher realistischer als die Forderung nach einem blinden «weiter so». Daß das Gemälde eines zukunftsfähigen Deutschland unerreichbar erscheint, hängt mit den heute bestehenden Institutionen, mit bestimmten Wahrnehmungsweisen und vielleicht auch mangelnder Phantasie zusammen. Und es beweist, daß es ohne Diskussionen und Auseinandersetzungen keinen ökologischen Strukturwandel geben wird. Die Vision neuer Wohlstandsmodelle ist auch ein Versuch, Zukunft vorstellbar zu machen.

Wolfgang Sachs hat eine Annäherung an das, was neue Wohlstandsmodelle bedeuten können, in seinen vielzitierten «vier E's» zusammengefaßt: Entschleunigung, Entflechtung, Entkommerzialisierung und Entrümpelung.[9] Ein zukunftsfähiger Lebensstil wird ein entschleunigter sein. Die Geschwindigkeit, mit der heute der Raum überwunden wird, mit der immer neue Produkte auf den Markt strömen (man denke an die immer kürzer werdenden Produktlebenszyklen im Bereich der Personalcomputer), hat schwerwiegende Folgen für die Umweltintensität der industrialisierten Gesellschaften. Außerdem hat Beschleunigung einen entscheidenden Nachteil: «Man kommt immer schneller dort an, wo man immer kürzer bleibt.»[10] Vieles sollte also langsamer gehen. Doch andererseits muß auch manches schneller gehen, der ökologische Strukturwandel beispielsweise. Es kommt also darauf an, einen *Rhythmus* zu finden, der weder ökologisch katastrophal noch unerträglich langweilig ist.[11] Das ist eine prosaische Formulierung dessen, was wir in unseren theoretischen Überlegungen als Sicherung der «Entwicklungsbedingungen natürlicher und sozioökonomischer Systeme» bezeichnet haben.

Entkommerzialisierung und Entrümpelung beziehen sich gewissermaßen auf die «Ausstattung» des «industriell-konsumeristischen Wohlstandsmodells». Verschafft einem der «letzte Schrei» wirklich die Befriedigung, die die Werbung verspricht? Ist die Akkumulation von Gegenständen, vom elektrischen Dosenöffner über die neueste Computergeneration bis zum 200 km/h schnellen Familienauto, wirklich notwendig für ein gutes Leben? Es wäre bereits ein großer Schritt getan, wenn überhaupt über den (Un-)Sinn von Konsum nachgedacht würde. Dazu kann und soll niemand gezwungen werden. Einen gesellschaftlichen Diskurs über unser Wohlstandsmodell anzuzetteln, ist weit von einer «Ökodiktatur» entfernt, die manche in diesem Zusammenhang vermuten.

Die Entflechtung bezieht sich auf Verkehrsstrukturen, Transportwege und Mobilität, Energiebereitstellung und andere Infrastrukturen – und auf die interregionalen Handelsbeziehungen. Die Regionalisierung von Produktion und Konsum spielt dabei eine besondere Rolle, und zwar im nationalen wie internationalen Rahmen. Regionalisierung bedeutet, daß Transportwege kürzer werden, daß die Orte des Verbrauchs näher an den Orten der Herstellung liegen. Gelänge eine solche Regionalisierung, würden Infrastrukturen, regionale Wirtschaftsstrukturen und die Produkte des täglichen Verbrauchs andere sein als heute (zum Beispiel: mehr Rosenkohl statt Tomaten im Winter). Energie würde dezentraler erzeugt, zum Beispiel durch kleine Blockheizkraftwerke, Einsparpotentiale vor Ort würden eher realisiert.[12]

Eine Dezentralisierung impliziert auch völlig andere *Konsum-, Produktions- und Sozialstrukturen*. In Kapitel zwei haben wir darauf hingewiesen, daß die Strukturen, in denen konsumiert und produziert wird, Mitursache für die Überlastung der natürlichen Umwelt sind. Deshalb, und auch aufgrund der Zielsetzung einer gerechten Verteilung von Arbeit, sind andere Lebens- und Versorgungsweisen notwendig. Verschiedene Lebensbereiche wie Arbeit, Wohnen und Freizeit könnten räumlich näher zusammenrücken, dadurch würden individuelle Lebensbereiche überschaubarer. Allein dem Markt als «Entdeckungsverfahren» kann diese Frage aber nicht überlassen werden: notwendig sind wieder Informationen, Überzeugung, individuelle Wertvorstellungen, Anreize, über den Tellerrand des Bekannten hinaus zu denken. Dies erfordert einen offenen Suchprozeß, in dem unterschiedliche Lebensformen ausprobiert werden können.[13] Das Steuerungsproblem stellt sich hier auf eine besonders komplizierte Weise: denn während die Bedingungen für Effizienzsteigerungen sehr stark wirtschaftlich beeinflußt sind und durch ökonomische Instrumente verändert werden können, gilt dies für Änderungen im Konsumverhalten weit weniger. Eine Änderung der Rahmenbedingungen könnte allerdings schon wesentliche Anreize ausüben.

Wichtig ist auch die Erkenntnis, daß es eben nicht nur die wirtschaftliche Leistungsfähigkeit ist, die menschliches Wohlbefinden determiniert (siehe oben), sondern auch psychologische Faktoren. Und diese Faktoren hängen auch zusammen mit der Art und Weise, wie Menschen arbeiten. Als sinnlos empfundene Arbeit wird oft durch Konsum «kompensiert». Diese Kompensation, Selbstverwirklichung über Besitz und Verbrauch, sind, so Bierter und von Winterfeld, «der Konsumgesellschaft immanent». Wir müssen also weg von dieser Konsumgesellschaft hin zu einer «Kultur des Genießens».[14]

Müssen? Wer bestimmt das? Und sind derartige Forderungen nicht ohnehin elitär, Hirngespinste von gutverdienenden Intellektuellen? Diese Fragen verdeutlichen erneut, daß sich hier eine «Steuerungsproblematik» ganz anderer Art stellt. Denn: auch hier kann nicht im eigentlichen Sinne gesteuert werden. Für neue Wohlstandsmodelle ist die Politik zunächst einmal die falsche Adresse. Ein «Wertewandel» kann und soll nicht verordnet werden. Aber es können Bedingungen geschaffen werden, in denen sich ein ökologischer Wandel vollziehen kann. In «falschen Strukturen» ist ein «richtiges» (hier: ökologischeres) Verhalten nur schwer möglich.[15] Es geht also darum, Freiräume zu schaffen, in denen sich neue Wohlstandsmodelle überhaupt erst entwickeln können. Denn wie wir in Kapitel zwei dargelegt haben: die Durchsetzung des «industriell-konsumeristischen Wohlstandsmodells» hat auch dazu geführt, daß von diesem Modell abweichende Lebensweisen verdrängt oder verhindert wurden. Und dominierende Denkweisen bestimmen natürlich nicht nur die Wahrnehmung der natürlichen Umwelt, sondern auch die Wahrnehmung dessen, was unter Wohlstand verstanden wird.

Die Forderung, daß andere, weniger ressourcenintensive Lebensweisen erprobt werden können, ergibt sich auch aus den von uns formulierten normativen Ausgangspunkten. Libertät (Entscheidungsfreiheit) impliziert unter anderem, daß man über seine Lebensweise bestimmen können soll. Niemand soll zu einem bestimmten Wohlstandsmodell gezwungen werden – weder zu einem «neuen» noch zu einem industriell-konsumeristischen. Und auch aus dem Postulat der Pluralität ergibt sich, daß *verschiedene* «ways of life» in einer Gesellschaft möglich sein sollen.

Neue Wohlstandsmodelle dürfen nicht mit «Verzicht», «Enthaltsamkeit» und «Askese» gleichgesetzt werden. Erstaunlicherweise werden aber diese drei Vokabeln (und schlimmere) immer wieder verwendet, um neue Vorstellungen von Wohlstand zu brandmarken. Selbstverständlich ist der Appell an die Reflexion über das eigene Konsumverhalten Teil derartiger Konzepte – aber eben nur ein Teil. Strukturelle Veränderungen, andere Qualitäten oder neue Ideen sind Kennzeichen dessen, wovon hier die Rede ist, nicht der in Jute gehüllte Studienrat.

Es geht vor allem darum, überhaupt Freiräume zu schaffen, um neue Wohlstandsmodelle auszuprobieren, und das erfordert neue Strukturen, unter anderem im Konsum- und im Entscheidungsfindungsbereich. Sich heute anders – ökologischer – zu verhalten, ist in der Tat schwierig. Phantasie zu entwickeln, wie ein dematerialisierter Lebensstil aussehen kann, welche Änderungen dazu notwendig sind, das ist die Aufgabe derjenigen, die neue Wohlstandsmodelle für notwendig halten. Richtig organisiert können neue Nutzungsformen sich aber sowohl ökologisch als auch gewinn- und nutzenbringend erweisen. Daß derartige Strategien bis heute unbedeutend geblieben sind, sagt wenig über deren zukünftige Durchsetzungschancen aus.

Zählen und Erzählen

Wir haben in Kapitel acht die Bedeutung von *Kommunikation* für eine zukunftsfähige Entwicklung betont. Die reale Wirksamkeit von Umweltschäden hängt zwar nicht von der menschlichen Kommunikation darüber ab, Maßnahmen zum Schutz der natürlichen Umwelt sind jedoch ohne Kommunikation unmöglich. Dies untermauert die Bedeutung von Bürgerbewegungen, deren Arbeit ja vor allem darin besteht, Kommunikation über bestimmte Probleme überhaupt erst herzustellen. Über Umweltprobleme zu kommunizieren, ist unter anderem so schwer (und deshalb auch so wichtig), weil sich die ökologischen Handlungsfolgen oft in großer Entfernung «abspielen», und weil Problembewußtsein oft an der von den Medien produzierten Wirklichkeit orientiert ist. Nicht zuletzt deshalb sind die medienwirksamen Auftritte von Greenpeace und anderen Organisationen so bedeutungsvoll – und die dabei oft erzielten «Showeffekte» dienen gerade dazu, die Kommunikation über bestimmte Themen zu eröffnen.[16] Es ist wichtig, sich über das *Potential* der Umweltfolgen menschlichen Handelns zu verständigen. Ein Indikator wie MIPS soll dazu dienen, die Umweltfolgen von Produkten vergleichbar zu machen. Anders formuliert: MIPS ermöglicht die Kommunikation über ökologische Konsequenzen verschiedener Produkte und Herstellungsverfahren. Die Idee der Dematerialisierung kann, um mit Luhmann zu sprechen, Resonanz in der Gesellschaft erzeugen – zum Beispiel in dem Sinne, daß wir von der gegenwärtigen emissionsorientierten Umweltpolitik wegkommen und beginnen, der Inputseite des gesellschaftlichen Stoffwechsels die nötige Aufmerksamkeit zu schenken.

Die Bedeutung von MIPS und dem Konzept der Dematerialisierung geht also über das Erfassen von Stoffströmen («zählen») hinaus. Die Berechnung von Materialintensitäten und ökologischen Rucksäcken ist essentiell, um notwendige Informationen bereitzustellen, die den wirtschaftlichen Akteuren ökologisches Handeln erleichtern bzw. erst ermöglichen sollen. Außerdem werden Informationen darüber benötigt, wie weit sich Wirtschaft und Gesellschaft von einem zukunftsfähigen Pfad entfernt haben. Wenigstens als grobe Abschätzung sollte bekannt sein, wieweit sich das «Ist» vom «Soll» unterscheidet. Zählen allein reicht aber nicht aus, Erzählen ist ebenso notwendig – nicht zuletzt deshalb, weil viele Menschen mit Zahlen und Tabellen nichts anfangen können, sondern Bilder brauchen und wieder andere «harte Fakten» benötigen, um einen Zugang zu Problemen und Lösungsmöglichkeiten zu bekommen.

Wolfgang Sachs weist darauf hin, daß Reduktionsziele (wie der Faktor 10) zwar informieren, aber niemanden begeistern. «Denn die Zahl motiviert kaum und beflügelt nicht, dafür braucht es Erzählungen, dafür braucht es das Wort, welches Vorstellungsbilder für das geistige Auge zeichnet.»[17] Solche Erzählungen sind die oben erwähnten «Leitbilder» der Studie «Zukunftsfähiges Deutschland». Die Dematerialisierung hängt eng mit diesen Leitbildern zusammen. Sie ist eine Konkretisierung des übergreifenden Leitbildes einer zukunftsfähigen Entwicklung. Dematerialisierung «erzählt» also über einen anderen Umgang der Gesellschaft mit der Natur. Andere Erzählungen sind beispielsweise die erwähnten ökologischen Fußabdrücke. Wir glauben, daß gerade eine Aussage dazu, wieviel Natur eine Bahnfahrt im Vergleich zu einer Autofahrt oder einem Kurzstreckenflug benötigt, daß ein kleiner, langlebiger Radiowecker in der Regel ökologisch besser ist, daß zwei Autos doppelt soviel Umwelt verbrauchen wie eines, jedem einleuchtet.

Das Leitbild der Dematerialisierung kann also Wirkungen entfalten auf «die entscheidende Ressource des Wandels: das Interesse und auch den Stolz von Menschen, auf der Höhe der Zeit zu agieren».[18] Anders formuliert: Leitbilder können die *Werte* von Verbrauchern, Produzenten und Politikern verändern. Wenn es sich einmal herumgesprochen hat, daß der Materialverbrauch ein entscheidender Faktor für die Umweltprobleme ist und daß Dematerialisierung weniger mit moralinsauren Maßhalteappellen, sondern vielmehr mit Verantwortung für heutige und kommende Generationen zu tun hat, und wenn Menschen darüber nachdenken, ob sie wirklich Bohrmaschinen, Wäschetrockner und Autos *besitzen* müssen, um sie zu nutzen, kann das der Beginn eines Prozesses sein, in dessen Verlauf es «in» wird, weniger Umwelt zu verbrauchen. Dematerialisierung ist also nicht nur die Basis für neue umwelt- und wirtschaftspolitische Instrumente, sondern auch eine «neue Erzählung» über den verantwortlichen Umgang mit Umweltressourcen.

Um zusammenzufassen: es kommt also darauf an, Veränderungen anzustoßen. Hinsichtlich der *Werthaltungen* ist von seiten derer, die sich um die Erhaltung unserer natürlichen Umwelt bemühen, Überzeugungsarbeit zu leisten. Werte reichen aber nicht aus, wenn das *Wissen* fehlt, was überhaupt ökologisch positiv oder negativ ist. Erst wenn dies – unter Berücksichtigung dessen, was nicht gewußt werden kann – geklärt ist, kann dieses Wissen in individuelles Handeln übersetzt werden. Ein wesentlicher Vorteil der Dematerialisierung ist, daß sich daraus unmittelbar Handlungsempfehlungen ableiten lassen, beispielsweise für die Gestaltung umweltfreundlicher Produkte oder für ein ökologisches Management auf Unternehmensebene.[19] Diese Handlungsempfehlungen sind eng mit der Entwicklung entsprechender *Technologien* verwoben. Schließlich wird sich auf dem Weg zu einer ökologischeren Wirtschaftsweise auch die *Organisation* unseres Zusammenlebens auf vielen Ebenen ändern (was sie ohnehin tut – auch ohne ökologieorientiertes Zutun). Das *Ergebnis* dieses Veränderungsprozesses läßt sich weder vorhersehen noch planen. Dies ist auch nicht notwendig. Es geht um die *Richtung*, die die Entwicklung nimmt. Weder technische Effizienzsteigerungen noch neue Wohlstandsmodelle werden *alleine* ausreichen, um einen zukunftsfähigen Entwicklungspfad zu erreichen. Wir brauchen beides. Das Konzept der Dematerialisierung kann als «Zählarbeit» und als «Erzählung» zu beidem beitragen.

9.3 Ökologische Leitplanken: Ein Ordnungsrahmen für den Umgang mit ökologisch-ökonomischer Komplexität

Die Etablierung neuer Institutionen, wie ökologischer Leitbilder und Handlungskonventionen, ist eine notwendige Bedingung für den Einstieg in eine gesamtwirtschaftliche Dematerialisierung. Doch die Hoffnung, allein die Vermittlung von Wissen, Werten und Informationen brächte eine Gesellschaft in eine zukunftsfähige Richtung, wäre nicht berechtigt. Ein hohes Umweltbewußtsein allein schlägt sich nicht zwingend in einem entsprechenden umweltverträglichen Verhalten nieder; viele Studien aus Marktforschung, Soziologie und Psychologie haben dies gezeigt. Ohne eine gleichzeitige *Änderung der gesellschaftlichen Rahmenbedingungen* wird sich menschliches Verhalten wohl kaum tiefgreifend verändern. Doch genau hier beginnt das Problem. Gesellschaftlicher Strukturwandel ist ein konstitutives Element jeder gesellschaftlichen Entwicklung. Das *Ergebnis* dieses Veränderungsprozesses läßt sich weder vorhersehen noch planen.

Ökologischer Strukturwandel ist derjenige (wirtschaftliche) Strukturwandel, der dazu geeignet ist, bestehende ökologische Probleme zu reduzieren, und der neue erst gar nicht entstehen läßt. Dies ist möglich durch einen sinkenden Anteil relativ material- und energieintensiver Wirtschaftsbranchen am Sozialprodukt bzw. innerhalb einzelner Branchen durch einen Anstieg des Anteils weniger umweltbelastender Produktionsprozesse und Produkte. Wenn die Marktprozesse selbst einen ökologischen Strukturwandel nicht herbeiführen (können), er sich aber auch nicht ohne großen Schaden «künstlich» («durch menschlichen Entwurf»; F.A. von Hayek) herbeiführen läßt – was dann?

Der entscheidende Punkt ist, daß eine *Planung* des Strukturwandels keineswegs nötig ist. Es geht um die *Richtung*, die die Entwicklung nimmt. Staatlich gesetzte Marktsignale sind dabei notwendig. Ein ökologischer Strukturwandel ist nur dann möglich, wenn Werte sich ändern, ebenso wie soziale Organisationsstrukturen und Technologien, wenn Transportwege im Durchschnitt kürzer werden, wenn Produkte intensiver – das heißt, von mehr Menschen – genutzt werden, damit weniger Stoffströme bei ihrer Produktion in Bewegung gesetzt werden. Recyclingkaskaden und Produktlanglebigkeit würden konstitutive Elemente unseres Wirtschaftens werden.

Eine entscheidende Begründung, warum ein *Anstoß* des Strukturwandels in eine zukunftsfähige Richtung einen selbstorganisierenden Prozeß in Gang setzen kann, liefert das Argument der *Pfadabhängigkeit* evolutionärer Entwicklung. Einmal eingeschlagene Wege können nur recht schwer wieder verlassen werden. In Abschnitt 8.3 sind uns bei Douglass C. North und anderen Institutionalisten diese Vorstellungen schon einmal begegnet. Solche Gedanken finden sich ebenfalls in der Systemtheorie: Philipp Herder-Dorneich spricht von «Verzweigungen», an denen die gesellschaftliche Entwicklung in die eine oder andere Richtung angestoßen werden kann. Ist jedoch einmal ein Entwicklungsprozeß in Gang gekommen, laufe er folgerichtig ab.[20] Ein Beispiel ist die Errichtung bestimmter Infrastrukturen: In einer Gesellschaft, deren Verkehrsinfrastruktur vor allem am motorisierten Individualverkehr ausgerichtet ist, kann es nicht verwundern, daß sich die vorherrschenden Präferenzen und Technologien vor allem am Automobil ausrichten. Jede Infrastrukturentscheidung determiniert damit auch die weitere Richtung des wirtschaftlichen Wandels.

Ziel der Umweltpolitik muß es demnach sein, einen ökologischen Strukturwandel *anzustoßen*, nicht zu *planen*. Dabei ist aber, um es nochmals zu sagen, die alleinige Hoffnung auf ein Leitbild und einen Werte- und Verhaltenswandel aus sich heraus nicht ausreichend. Friedrich Schmidt-Bleek spricht in diesem Zusammenhang von *ökologischen Leitplanken* und meint damit eine gesellschaftliche Rahmenordnung, durch die «zukünftige Entwicklungen im Rahmen der von der Ökosphäre vorgegebenen Leitplanken bleiben».[21] Eine solche Rahmenordnung müßte die Freiheit der gesellschaftlichen Akteure, nicht nur ihre wirtschaftliche, zur Entfaltung bringen – das heißt, genügend Freiräume schaffen für ein selbstbestimmtes Leben und Wirtschaften. «Ist aber überhaupt Freiheit mit Ordnung vereinbar?» fragte schon Walter Eucken, und seine Antwort war eindeutig: «Freiheit und Ordnung sind kein Gegensatz. Sie bedingen einander»; und er folgert weiter: «Bedingungskonstellationen oder Wirtschaftsordnungen zu schaffen, die nicht ungewollt verhängnisvolle Tendenzen [Instabilitäten und Unfreiheit] der Wirtschaftspolitik in Gang setzen, ist somit eine zentrale Aufgabe der Wirtschaftspolitik.»[22] Einen solchen Ordnungsrahmen für die Umweltpolitik zu schaffen, hat zwei entscheidende Vorteile: Er erhöht die Wahrscheinlichkeit einer *ökologisch* zukunftsfähigen Entwicklung, er bietet *ökonomisch* sowohl Handlungsfreiheiten als auch Stabilität, was die Innovationsbereitschaft der Wirtschaftssubjekte und die wirtschaftliche Dynamik nicht nur erhält, sondern sogar begünstigen kann.

Die ökologische Vorteilhaftigkeit: Ökologische Leitplanken als Rahmen wirtschaftlicher Entwicklung

«Der Versuch, quantitative Aussagen über die vertretbare Naturnutzung zu machen», so konstatiert Reinhard Loske vom Wuppertal Institut, «sollte eher mit dem Zimmern eines Bilderrahmens verglichen werden. Der Rahmen gibt zwar die maximal verfügbare Fläche vor, die dem Künstler ... zur Verfügung steht, nicht aber Form, Stil und Farbkomposition des Bildes. Diesbezüglich ist er völlig frei. So wie wir die Schwerkraft, den Tag-Nacht-Rhythmus, klimatische Unterschiede und die Thermodynamik selbstverständlich als ‹Naturrahmen› unseres Wirtschaftens akzeptieren, können wir auch die Begrenztheit von Rohstoffen oder die begrenzte Aufnahmefähigkeit der Natur für die Abprodukte des Wirtschaftens annehmen.»[23]

Die Größe dieses «Naturrahmens» und des zur Verfügung stehenden Umweltraums kann wissenschaftlich nicht exakt bestimmt werden, auch nicht auf Basis einer gesamtgesellschaftlichen Kosten-Nutzen-Abwägung, wie sie Paul Klemmer vorschwebt. Ein Reduktionsziel wie der Faktor 10 bietet für den gesamten Materialinput einer Volkswirtschaft eine plausible *Richtung* an, in die sich der wirtschaftliche und gesellschaftliche Wandel bewegen müßte, um Zukunftsfähigkeit zu erreichen. Ein solches Ziel hat gegenüber anderen Ansätzen den Vorteil, daß es nicht auf der exakten Konkretisierung von «Notwendigkeiten» basiert. Der von Friedrich Schmidt-Bleek vorgeschlagene Faktor 10 basiert auf der Einschätzung, daß eine Reduktion der globalen Stoffströme um etwa die Hälfte eine notwendige Bedingung für eine zukunftsfähige Entwicklung ist: Angesichts der heutigen ungleichen Verteilung der Umweltnutzung zugunsten der industrialisierten Länder bedeutet dies eine Reduktion der Stoffströme um den Faktor 10 (also 90%) in ca. 50 Jahren.[24]

Wenn wir, den Begriff der ökologischen Leitplanken im Sinne des Dematerialisierungskonzeptes etwas genauer fassen, können wir sie – so Harald Woeste – definieren als «politisch festzulegende Grenzen des gesamtwirtschaftlichen Materialinputs, die einen Handlungsrahmen beschreiben, innerhalb dessen das Handeln der individuellen, wirtschaftlichen und institutionellen Akteure stattfinden sollte».[25] Eine derartige Begrenzung des gesamtwirtschaftlichen Materialinputs könnte zum Beispiel durch die Ausgabe einer bestimmten Menge an Zertifikaten erfolgen; aber auch eine Vielzahl anderer Instrumente sind denkbar.[26] Entscheidend ist, daß das festzulegende Ziel, «die ökologische Leitplanke», als Teil des wirtschaftlichen Ordnungsrahmens stabile Regeln induziert, an dem sich die Wirtschaftsakteure langfristig orientieren können – wesentliche Vorbedingung für die *ökonomische* Vorteilhaftigkeit ökologischer Leitplanken.

Die ökonomische Vorteilhaftigkeit: Freiraum zu Innovation und Eigeninitiative

Mindestens vier Argumente sprechen für eine auch ökonomische Vorteilhaftigkeit eines ökologischen Ordnungsrahmens auf Basis eines Dematerialisierungsziels.[27]

Erstens impliziert eine koevolutorische Sicht gesellschaftlicher Entwicklung, daß menschliche Eingriffe in die Natur durch die Wirtschaft nicht nur die Umwelt transformieren, sondern daß sich die so veränderte Umwelt auch auf die Bedingungen des wirtschaftlichen Handelns auswirkt. Eine Dematerialisierung verringert das Risiko zukünftiger Umweltschäden, und somit das Risiko der Zerstörung der ökologischen Grundlagen des Wirtschaftens. Langfristige Rahmensetzungen stabilisieren *zweitens* die Erwartungen der Wirtschaftssubjekte und erleichtern somit heutige, längerfristige Investitionsentscheidungen. Im Vergleich zum stop-and-go heutiger Umweltpolitik bietet ein Dematerialisierungsziel eine sichere langfristige Entscheidungsgrundlage. Hinzu kommt *drittens,* daß eine Fortführung der bisherigen Umweltpolitik beim Auftreten neuer Schadstoffe und stärkerer ökologischer Bedrohungen unweigerlich in ein noch dichteres Netz von Regulierungen führen wird, die langfristig die ökonomischen Freiheiten erheblich einschränken werden. Das Postulat der Dematerialisierung bedeutet sicherlich auch Einschränkungen der Handlungsmöglichkeiten, eine Fortschreibung der alten «Verordnungspolitik», als die wir die Umweltpolitik im wesentlichen kennen, auf lange Frist aber noch viel mehr. *Viertens* sind es diese höheren Freiheitsgrade, die den Freiraum schaffen für Innovationen, die gerade für die Umsetzung einer Dematerialisierungsstrategie von entscheidender Bedeutung sind. Wer weiß denn heute bereits, was zukunftsfähige Technologien sind? Bestehende Strukturen zu konservieren, auf bestimmte Branchen und Technologien zu setzen, von denen wir nicht wissen, ob sie zukunftsfähig sind, kann somit kein Weg sein. Was wir brauchen, sind *ökologische Leitplanken*, die dem kreativen Innovationsprozeß von Erfindern und Unternehmen mehr Freiheitsgrade lassen und diese nur dort einschränken, wo es aus sozialer und ökologischer Sicht notwendig ist. Also: Energie und Material einsparen, nicht nur durch Vereinbarungen über spritsparende Autos auf sogenannten «Autogipfeln», sondern Entwicklung von innovativen Verkehrssystemen. Sektoren mit mangelnder Flexibilität, die nach dem Staat schreien, anstatt nach vorne zu gehen und nach neuen Gewinnchancen zu suchen, werden womöglich zu den Verlierern eines solchen Strukturwandels gehören; aber ein Wandel der Strukturen ist schließlich Element jeglicher gesellschaftlichen Entwicklung.

Die dazu notwendigen technischen und sozialen Innovationen erfordern eine wirtschaftliche Dynamik. Eine wichtige Frage in diesem Zusammenhang lautet: Sind Innovationen *und eine solche wirtschaftliche Dynamik* überhaupt noch möglich, wenn der zur Verfügung stehende Umweltraum langfristig durch ökologische Leitplanken begrenzt wird? Gerhard Wegner hat aus einer evolutorischen Sicht heraus untersucht, inwieweit Innovationen durch Wirtschaftspolitik überhaupt angeregt werden können. Entscheidend ist für ihn, daß sowohl auf dem Markt als auch durch Umweltpolitik *Handlungsmöglichkeiten entwertet* werden. Ob durch den Vorstoß eines Marktteilnehmers durch ein neues Produkt oder durch Einschränkungen durch die Umweltpolitik, immer werden alte Handlungsmöglichkeiten eingeschränkt bzw. entwertet. Die Wirtschaftssubjekte erhalten dadurch einen Anreiz, sich auf die Suche nach neuen Möglichkeiten zu begeben. Ein ökologischer Strukturwandel kann nur das *Ergebnis* eines solchen Prozesses sein und nicht im vorhinein geplant werden.

Ein Zwischenergebnis: Die ordnungsökonomische Einordnung ökologischer Leitplanken

Kompatibel ist das Konzept «ökologischer Leitplanken» mit einem ordnungspolitischen bzw. ordnungsökonomischen Leitbild der

Wirtschaftspolitik. Schon in Abschnitt 4.2 wurde kurz auf die Bedeutung Walter Euckens, dem Begründer der sogenannten Freiburger Schule, für die Entwicklung eines wirtschaftspolitischen Leitbildes der Nachkriegszeit in Deutschland hingewiesen. Eucken gilt als Begründer der sogenannten Ordnungspolitik, wonach der Staat den Rahmen für die Wirtschaftstätigkeit setzt, um die Funktionsfähigkeit des Marktes zu gewährleisten und den Gesellschaftsmitgliedern Entscheidungs- und Handlungsfreiheit zu ermöglichen. Nach Eukken ist weder eine reine Marktwirtschaft noch eine zentral geleitete Verwaltungswirtschaft in der Lage, eine geeignete Konzeption bereitzustellen. Das Leitbild der sozialen Marktwirtschaft, wie es u.a. von Alfred Müller-Armack und Ludwig Erhard in der frühen Nachkriegszeit in der Bundesrepublik Deutschland entwickelt worden ist, basiert auf den ordnungstheoretischen Ideen Walter Euckens.[28]

Der folgende Vergleich soll die Kompatibilität ökologischer Leitplanken mit ordnungstheoretischen Vorstellungen verdeutlichen. Erstens sind die *normativen* Ausgangspunkte beider Konzepte ähnlich. Sowohl individuelle Entscheidungsfreiheit als auch soziale Gerechtigkeit zählen zu den Grundnormen der Ordnungstheoretiker; Müller-Armack spricht davon, «das Prinzip der Freiheit auf dem Markt mit dem des sozialen Ausgleichs zu verbinden».[29] Ähnlich wie Euckens Konzeption sowohl gegen den freien Markt *als auch* gegen die zentrale Verwaltungswirtschaft gerichtet ist, gilt unsere Ablehnung sowohl umweltpolitischem Laissez-faire *als auch* öko-autoritären Tendenzen.

Entscheidend für die ordnungstheoretische Konzeption ist die Funktion des *Ordnungsrahmens.* Für den Ordoliberalismus begrenzt ein Ordnungsrahmen für den Markt die wirtschaftliche Freiheit der Akteure, gewährleistet die Funktionsfähigkeit des Marktes und damit die wirtschaftliche und gesellschaftliche Entwicklung. Ökologische Leitplanken begrenzen den Zugriff der Gesellschaft auf die Umwelt. Diese Begrenzung ist eine notwendige Bedingung für eine ökologisch zukunftsfähige Entwicklung. Nach Eucken sind es vor allem bestimmte *Prinzipien,* die verwirklicht werden müssen, wenn eine Wettbewerbsordnung realisiert werden und Bestand haben soll. Dazu zählen etwa das Recht auf Privateigentum, die Vertragsfreiheit und die Offenheit der Märkte (siehe auch 4.2). «Sie tragen *praktischen* Charakter. Sie enthalten also Forderungen allgemeiner Art, und ihre Erfüllung ist notwendig, um das Ziel zu erreichen. ... Es gibt auch auf anderen Lebensgebieten keine Möglichkeit, sinnvoll Ordnungen zu errichten, wenn nicht derartige Prinzipien erarbeitet sind.»[30] Ein solches Prinzip wäre auch die Forderung nach Dematerialisierung unserer Wirtschaftsweise. Sie entspricht einer Euckenschen «Forderung allgemeiner Art», ohne die eine Wirtschafts- und Gesellschaftsordnung auf lange Sicht Gefahr läuft, sich ihre Grundlagen zu entziehen.

Für Ordnungstheoretiker sind Interventionen nur bei Erhalt der Funktionsfähigkeit des wirtschaftlichen und politischen Systems und seiner Selbststeuerung gerechtfertigt. Beim Konzept der ökologischen Leitplanken geht es darüber hinaus um den Erhalt der Funktionsfähigkeit des ökologischen Systems und seiner Selbststeuerung. Auch für Eucken ist die Stabilisierung der Erwartungen der Gesellschaftsmitglieder eine zentrale Frage. Die *Konstanz der Wirtschaftspolitik* ist für ihn eines der wichtigsten Prinzipien der Wettbewerbsordnung. Eines der Hauptanliegen unseres Vorschlages ist die *Verstetigung der Umweltpolitik*: Durch langfristig festgelegte Reduktionsziele sollen die Erwartungen der Wirtschaftsakteure stabilisiert werden. Die Abkehr von einer interventionistischen, ad hoc reagierenden Umweltpolitik soll Investitionssicherheit fördern und Innovationsmöglichkeiten eröffnen. Ähnlich wie feste Geldmengenziele die Erwartungen der Wirtschaftssubjekte über die zukünftige mittelfristige Geldversorgung stabilisieren, könnten mittelfristige Reduktionsvorgaben für den Materialinput Erwartungen bezüglich des Zugriffs auf natürliche Ressourcen stabilisieren.

Unklar bleibt bei Eucken, wer den Ordnungsrahmen setzt und ob eine Vorgehensweise, einen Ordnungsrahmen exogen vorzugeben, einer Demokratie gerecht wird.[31] Diese Kritik könnte auch für ökologische Leitplanken zutreffen. Auf den Zusammenhang von informellen und formellen Institutionen haben wir bereits hingewiesen. Im elften Kapitel möchten wir zudem explizit auf die Rolle des politischen Prozesses eingehen. Zuvor möchten wir kurz einige Vorschläge für mögliche Instrumente zur Diskussion stellen, mit denen eine Dematerialisierung umgesetzt werden könnte.

Anmerkungen

1 Der Versuch, wirtschaftspolitisch relevante Vorschläge aus den ästhetisch und intellektuell sehr reizvoll aufgebauten theoretischen Gebilden abzuleiten, könnte mit dem Versuch eines Cellospielers verglichen werden, der anstelle einer Partitur Piet Mondrians «Broadway Boogie Woogie» vorgelegt bekommt (ein ästhetisch sehr reizvolles Ölbild aus der Reihe von Gittergemälden, bei denen Mondrian versucht hat, den Rhythmus von Musik einzufangen). Im Gegensatz zu Mondrians Gitterbild fehlt neoklassischen Modellen jedoch zumeist die Dynamik (jedenfalls im Sinne einer echten evolutionären Dynamik, die Neues entstehen läßt).

2 ".. coevolutionary sustainability means simply that development paths or applications of knowledge that 'pose serious threats to continued compatibility of sociosystem and ecosystem evolution should be avoided'" (Swaney, 1987b, S. 1750).

3 Siehe zum Begriff der koevolutionären Zukunftsfähigkeit Swaney, 1987a, S. 306, und 1987b, S. 1750, sowie Opschoor/Van der Straaten, 1993, S. 205, und Opschoor, 1994, S. 5.

4 Über die Bedeutung von Geschichten, Metaphern und anderem «literarischen Handwerkszeug» findet in der Wirtschaftswissenschaft seit den frühen achtziger Jahren eine intensive Diskussion statt. Sie wurde unter der Überschrift «Rhetorik der Ökonomik» von D. McCloskey angestoßen, vgl. z.B. McCloskey 1985, 1990, 1994. Ein erster Versuch, diese Diskussion explizit auf die ökologische Ökonomik anzuwenden, findet sich in Luks, 1996b.

5 Das heißt nicht, das bei sicher vorhandenem Wissen nicht gehandelt werden sollte; siehe unsere Bemerkungen unter 3.3 zur Gefahrstoff- und Technologiepolitik.

6 Ein solcher Indikator für das Umweltbelastungspotential ist vergleichbar mit der Geldmenge M3 der Bundesbank, die zur Abschätzung für die Preisentwicklung dient und damit komplexe wirtschaftliche Zusammenhänge durch einen Indikator zu erfassen versucht.

7 Schmidt-Bleek, 1994, S. 183.

8 Jens Nissen, «Augenwischerei», Kommentar in der Allgemeinen Zeitung Mainz, 24.9.1995.

9 Sachs, 1993a.

10 Sachs, 1993a, S. 70.

11 Vergleiche in diesem Zusammenhang Böge/Winterfeld, 1995, Winterfeld, 1996.

12 Vgl. Lehmann/Reetz, 1995. Dezentralisierung und die anderen Komponenten neuer Wohlstandsmodelle werden weitgehende Veränderungen in anderen Bereichen hervorbringen. In diesem Zusammenhang und mit Blick auf einen anderen Umgang mit Natur hat Elmar Altvater festgestellt: «Das geht nicht mit zentralistischer Planung. Wir brauchen Entschleunigung, Entflechtung, aber auch Dezentralisierung. Dann kann man alles dem Markt überlassen. Aber der Markt wäre kein Weltmarkt mehr, so wie wir ihn heute haben» (Altvater, 1996, S. 23f.).

13 Müller/Hennicke, 1994, S. 95ff.
14 Bierter/Winterfeld, 1993, S. 21, 23.
15 Winterfeld, 1993.
16 Sachs, 1995.
17 Sachs, 1995, S. 23.
18 Sachs, 1995, S. 24.
19 Vgl. Schmidt-Bleek/Tischner, 1995, Liedtke et al., 1995.
20 Herder-Dorneich, 1988, S. 36ff.
21 Schmidt-Bleek, 1994, S. 234.
22 Eucken, 1990/1952, S. 179 und 218, der Einschub in Klammern ist eine Anmerkung der Verfasser.
23 Loske, 1994, S. 6.
24 Schmidt-Bleek, 1993a, 1993b, 1994, Factor 10 Club, 1994.
25 Woeste, 1995, S. 57.
26 Wir kommen darauf im nächsten Kapitel zurück.
27 Vgl. zum folgenden Hinterberger/Wegner, 1996, Wegner, 1996a, 1996b, Hinterberger/Welfens, 1994, Woeste, 1996.
28 Vgl. u.a. Eucken 1990/1952, Müller-Armack 1974, 1976, Erhard, 1964 und die Beiträge in der von Walter Eucken und Franz Böhm seit 1948 herausgegebenen Zeitschrift «ORDO»; siehe auch zu den Konzeptionen des Ordoliberalismus und der sozialen Marktwirtschaft Giersch, 1961, Schachtschabel, 1976, Kromphardt, 1991. Neuere Strömungen versuchen, die Grundgedanken der Freiburger Schule mit österreichischen und institutionalistischen Ideen zu verknüpfen, z.B. Streit, 1995. Friedrich von Hayek wird oft als derjenige bezeichnet, der die Ideen Euckens weiterentwickelt habe. Zwar sind sich Eucken und Hayek in ihrer Ablehnung der zentralen Verwaltungswirtschaft einig. Während aber Hayek für soziale Gerechtigkeit nicht viel übrig hatte, kann für Eucken das «Anliegen der sozialen Gerechtigkeit ... nicht ernst genug genommen werden», Eucken, 1990/1952, S. 315. Zu einer Verbindung der ökologischen Leitplanken mit ordo-liberalen Konzepten vgl. Woeste, 1996.
29 Müller-Armack, 1976, S. 243.
30 Eucken, 1990/1952, S. 252; Hervorhebung im Original.
31 Vgl. Riese, 1972.

10 Maßnahmen und Instrumente einer ökologischen Wirtschaftspolitik

Wir haben im vorangegangenen Kapitel die Möglichkeiten einer Dematerialisierung diskutiert und die Bedingungen dargestellt, unter denen sich wirtschaftlich handelnde Akteure umweltfreundlich, das heißt ressourcenschonend, verhalten können. Dazu gehören ausreichende Informationen über das, was überhaupt umweltfreundlich ist, eine möglichst weite Verbreitung dieses Wissens und eine möglichst weitgehende Einigung auf ein Konzept, damit sich die unterschiedlichen Verhaltensweisen zu einer gesamtwirtschaftlichen Strategie der Ressourcenschonung bündeln. Entscheidend für eine erfolgreiche Umsetzung einer ökologischen Wirtschaftspolitik ist ein bestimmtes Leitbild, das den unterschiedlichen Akteuren gemeinsame Ziele vermittelt, und ökologische Leitplanken, die Handlungsmöglichkeiten einschränken und andere eröffnen. Eine ökologische Wirtschaftspolitik versucht, diese abstrakten Konzepte umzusetzen. Sie richtet sich sowohl an Unternehmen wie auch direkt an Bürgerinnen und Bürger. Unter einer ökologischen Wirtschaftspolitik verstehen wir die Summe aller wirtschafts- und umweltpolitischen Maßnahmen und Instrumente, die eine Dematerialisierung der gesamten Wirtschaft zum Ziel haben. Sie ist untrennbarer Teil der allgemeinen Wirtschaftspolitik. Zu ihr gehören die in diesem Kapitel vorgestellten eigenständigen Maßnahmen und Instrumente. Eine geeignete Mischung müßte sich mit der Zeit in einem politischen Prozeß herauskristallisieren. Ökologische Wirtschaftspolitik beeinflußt aber auch zum Beispiel die Industriepolitik, die Geld- und Fiskalpolitik und die Sozialpolitik.

Wie wir gesehen haben, reicht es nicht aus, alleine auf die endogenen Kräfte der Marktwirtschaft zu hoffen. Auch wenn es heute schon vielfältige Möglichkeiten gibt, sich ökologisch zu verhalten: Eine zukunftsfähige Entwicklung benötigt viel mehr den mehr oder weniger starken Druck durch umweltpolitische Instrumente. Wir behandeln in diesem Kapitel deshalb verschiedene Möglichkeiten, einen ökologischen Strukturwandel durch geeignete Maßnahmen und Instrumente zu unterstützen, geordnet nach der Intensität, mit der sie die individuellen Entscheidungen beeinflussen. Innerhalb der einzelnen Politikbereiche sind nicht nur neue Maßnahmen und Instrumente von Bedeutung, sondern auch positive und negative Auswirkungen existierender politischer Eingriffe.

Thema des Buches sind die *Grundlagen* einer ökologischen Wirtschaftspolitik. Wir werden daher an dieser Stelle die einzelnen Maßnahmen und Instrumente nur sehr allgemein beschreiben und keine detaillierten Konzepte vorlegen können. Auch dafür ist ein wissenschaftlicher und politischer Diskurs vonnöten, im Zuge dessen die hier angelegten Grundlagen weiter verfeinert werden. Gemeinsam mit zahlreichen Kolleginnen und Kollegen des Wuppertal Instituts sind wir nun seit knapp drei Jahren dabei, einen solchen Diskurs zu initiieren und mit unseren Ideen zu beeinflussen.[1]

Wir beginnen in Abschnitt 10.1 mit Möglichkeiten zu einer Verbesserung der Informationssituation der privaten Entscheidungsträger und anderen Instrumenten, die freiwillige Aktivitäten wirtschaftlich handelnder Akteure unterstützen. In diesem Zusammenhang behandeln wir auch staatliche Möglichkeiten der Zuweisung von Eigentumsrechten an bestimmten Ressourcen sowie der Unterstützung von Kooperations- und Verhandlungslösungen. In Abschnitt 10.2 skizzieren wir Instrumente zur Beeinflussung der Anreizstruktur individueller Akteure über Preise (Steuern und Subventionen) und Mengenbeschränkungen. Aus unseren bisherigen Ausführungen ergibt sich, daß wir keinen «Königsweg» vorschlagen können und wollen. Viel eher präferieren wir eine Kombination verschiedener Maßnahmen, also das, was man heute als «gemischten Instrumenteneinsatz» oder «Instrumentenmix» bezeichnet (Abschnitt 10.3). Bei den einzelnen Maßnahmen ist zu beachten, daß sie einerseits möglichst an die Wurzeln der Faktoren gehen sollten, die wir im ersten Teil unseres Buches (Kapitel zwei) als Begründungen für die anstehenden Umweltprobleme identifiziert haben. Andererseits sind die Hindernisse für den Erfolg umweltpolitischer Maßnahmen zu berücksichtigen, die wir in Kapitel fünf angesprochen haben. Schließlich sind die Argumente aus den Sozial- und Wirtschaftswissenschaften zu beachten, die wir im zweiten Teil unseres Buches diskutiert haben.

10.1 Unterstützung freiwilliger Veränderungen

Am wenigsten greifen Maßnahmen in die individuelle Entscheidungsfreiheit ein, die freiwillige ökologische Verhaltensänderungen wirtschaftlich handelnder Akteure unterstützen. Hier möchten wir vier unterschiedliche Politikbereiche ansprechen. Erstens kann die Politik versuchen, das Entstehen und die Etablierung eines bestimmten *Leitbildes* zu unterstützen. Zweitens benötigen – wenn über die Richtung des notwendigen gesellschaftlichen und wirtschaftlichen Wandels ein breiter Konsens besteht – die einzelnen wirtschaftlich handelnden Akteure *Informationen* darüber, wie sie sich im Sinne dieses Leitbildes verhalten können und wie ein solches Verhalten im Einvernehmen oder Widerspruch zu anderen Zielen, wie etwa dem Gewinnstreben von Unternehmen, steht. Ein heute häufig diskutierter Spezialfall sind drittens Umweltinformations- und -managementsysteme, beziehungsweise sogenannte *Öko-Audits*. Solche Systeme, wie sie derzeit vor allem auf Betreiben der Europäischen Union überall in Europa erprobt werden, können und sollen unseres Erachtens zu Ressourcenmanagementsystemen weiterentwickelt werden, die im Sinne einer Dematerialisierung zu einer weitgehenden Reduzierung der Materialintensität aller angebotenen Güter und Dienstleistungen führen. Dazu kommen viertens Maßnahmen zur umweltgerechten *Erziehung* und *Weiterbildung*.

Leitbilder lassen sich nicht verordnen. Sie entstehen und verfestigen sich in gesellschaftlichen Selbstorganisationsprozessen, als institutioneller Wandel. Die Politik kann aber versuchen, solche Prozesse zu beeinflussen. Dies geschieht etwa durch die ihr zur Verfügung stehenden publizistischen Möglichkeiten von Parteiorganen bis hin zum öffentlich-rechtlichen Rundfunk. Sie kann die Veröffentlichung bestimmter Erkenntnisse und Meinungen fördern und selbst öffentliche Diskussionsprozesse einleiten, wie es die Parlamente des Bundes und der Länder zum Beispiel mit ihren Enquete-Kommissionen tun. Dies sind Gremien, in denen Parlamentarier und Experten über mehrere Jahre über bestimmte Themen beraten und Berichte verfassen, wie etwa – in unserem Zusammenhang – die Enquete-Kommission «Schutz des Menschen und der Umwelt» zu «Perspektiven für einen nachhaltigen Umgang mit Stoff- und Materialströmen». Solche Kommissionen sollen parlamentarische Entscheidungen über mögliche Maßnahmen zur Gestaltung einer nachhaltig zukunftsverträglichen Industriegesellschaft vorbereiten. Während der Bericht der ersten Enquete-Kommission zum gleichen Thema eher ein Dokument der «alten» (Schad-)Stoffpolitik ist, wäre zu hoffen, daß die jetzige Kommission sich und der Öffentlichkeit ein umfassenderes Bild über die Möglichkeiten und Grenzen einer Stoffpolitik macht.[2]

Initiativen wie Enquete-Kommissionen zeigen auch ein anderes Merkmal staatlicher Politik. Politik heißt heute immer weniger, daß Politikerinnen und Politiker in ihren jeweiligen Zuständigkeitsbereichen Entscheidungen treffen, die dann die Verwaltung auszuführen hat und denen sich die Bürger fügen müssen. Wir hatten bereits im ersten Teil unseres Buches gesagt, daß die Verwaltung in Bund und Ländern immer größeren Einfluß auf die Politik ausübt. Dies ist nicht immer positiv zu bewerten, aber andererseits auch schwer vermeidbar. Positiv sind aber andere Formen der Zusammenarbeit mit verschiedenen gesellschaftlichen Gruppen. In Enquete-Kommissionen arbeiten Parlamentarier mit Wissenschaftlern zusammen. Andere Formen der Zusammenarbeit sind Forschungsprojekte, die öffentliche Stellen, wie Ministerien des Bundes und der

Länder, aber auch in großem Umfange die Europäische Kommission, vergeben. Zu den Auflagen solcher Projekte gehört regelmäßig auch eine entsprechende Veröffentlichung der Forschungsergebnisse. Auch dieses Buch enthält Informationen und Gedanken, die im Rahmen solcher Projekte erstmals veröffentlicht wurden. In zunehmendem Maße arbeiten hier auch Regierungen mit Nicht-Regierungsorganisationen zusammen. Friends of the Earth Europe lassen beispielsweise von der Europäischen Union ihr Projekt «Sustainable Europe» finanzieren, das sie wiederum bei anderen Organisationen – unter anderem dem Wuppertal Institut – in Auftrag geben. Der Staat wirkt letzten Endes auch durch die Organisationen, die er finanziert.

Regelmäßig wird in solchen Zusammenhängen die Frage gestellt, wie weit denn Studien ins «Normative» hineinreichen dürfen, inwieweit es staatlichen und nichtstaatlichen Organisationen zusteht, Handlungsrichtlinien zu entwerfen. Ökologische Leitbilder, wie sie etwa in der Studie «Zukunftsfähiges Deutschland» formuliert werden, zielen nicht darauf ab, jemandem «vorzuschreiben», was er oder sie in einem zukunftsfähigen Deutschland zu tun hätte. Dies könnte eine wissenschaftliche Einrichtung wie das Wuppertal Institut auch gar nicht. Die *Notwendigkeiten*, die diese Studie aufzeigt, beginnen und enden dort, wo ökologisch motivierte Reduktionserfordernisse aufgezeigt werden. Leitbilder zeigen aber mögliche Wege auf, wie ein ökologischer Strukturwandel im Einklang mit anderen individuellen und gesellschaftlichen Wünschen erreicht werden kann. Hier können Wissenschaftler, die letzten Endes ja auch teilnehmende Beobachter des sozioökologischen Systems sind, das sie beschreiben, auch wertende Vorschläge machen. Dazu gehören auch bestimmte «Fingerzeige» – etwa der Art, daß der Besitz eines Fahrzeugs, das 95 Prozent seiner Lebenszeit steht, nicht nur ökologisch, sondern auch ökonomisch unsinnig ist, solange nicht aus dem stehenden Auto ein erheblicher persönlicher Nutzen gezogen wird. Dazu gehört auch, auf die Zwänge hinzuweisen, die bestimmte Verhaltensweisen herbeiführen, und Alternativvorschläge zu machen. Zum Beispiel sind viele Menschen durch bestimmte Infrastrukturen gezwungen, ein Auto zu benutzen, um zum Arbeitsplatz zu gelangen. Entsprechende Ratschläge stehen auch der Politik zu. Die Trennlinie zur «Öko-Diktatur» verläuft dort, wo aus solchen Ratschlägen Vorschriften werden. Diese Überlegungen leiten bereits zu unserem nächsten Punkt über.

Informationen über die Materialintensität

Wie soll man sich beim Kauf einer Waschmaschine, eines Pullovers oder einer Zahnbürste entscheiden, wenn man sich umweltfreundlich verhalten möchte? Soll ich meinen Tee besser auf dem Stövchen, der Warmhalteplatte oder in einer Thermoskanne warmhalten? Wieviel Umwelt verbraucht ein Kilogramm Paprika, das im Winter im Supermarkt angeboten wird? Ist es besser, das Gemüse im Sommer einzufrieren? Ist es ökologischer, Geschirr mit der Hand zu spülen oder im Geschirrspüler? Soll ich, um das neue Regal zu montieren, mir doch endlich eine Bohrmaschine zulegen, oder sie wieder bei der Kollegin leihen? Vor ähnlichen Fragen stehen auch Unternehmen: Sollen Autokarosserien aus Aluminium statt aus Stahl hergestellt werden? Ist Massivholz ökologisch besser als Spanplatten? Das alles kann hinsichtlich der Materialintensität eindeutig beantwortet werden.[3]

Es gehört zu den fundamentalen Prinzipien der Wirtschaftswissenschaft, daß weder Konsumenten noch Produzenten ökologisch und ökonomisch richtige Entscheidungen treffen können, wenn ihnen Informationen fehlen. Wenn sich Konsumenten umweltfreundlich verhalten möchten, brauchen sie Informationen über die Umweltbelastung, welche die Produktion, der Gebrauch und die Entsorgung der von ihnen gekauften Güter verursachen. Eine Kennzeichnung der Produkte scheint hier unumgänglich. Nun ziert aber bereits ein Dschungel von Etiketten viele Produkte, vom blauen Umweltengel des Umweltbundesamtes über den grünen Punkt bis zu Produktbezeichnungen wie «Öko» und «Bio». Zeitschriften, Fernseh- und Radiosendungen, die Werbung wie auch Studien von verschiedenen Organisationen beteiligen sich an der Information über die Umweltfreundlichkeit von Produkten und Umweltgefährdungen, die von Produkten ausgehen. Das Problem dabei: Praktisch immer sind es Detailprobleme, auf die sich diese Informationen beziehen, niemals der gesamte Material- und Energieverbrauch im Verlauf des gesamten Produktlebenszyklus.

Was nützt der nachweislich geringere Wasser- und Energieverbrauch einer Waschmaschine, wenn sie möglicherweise mit wesentlich größerem Material- und Energieverbrauch produziert wurde oder sehr schwierig zu entsorgen ist? Was nützt die umweltfreundliche Entsorgung einer Verpackung, wenn diese von weit her transportiert wurde? Und noch schwieriger: wie kann ich verschiedene Aspekte, wie etwa die geringere Transportintensität, mit einem höheren Wasser- oder Energieverbrauch vergleichen? Eine Produktkennzeichnung für den Konsumenten muß daher auch verstehbar sein. Als Minimal-Information wird deshalb vorgeschlagen, die Materialintensität auf die Verpackung von Produkten oder die Produkte selbst aufzudrucken. Dazu ist ein einheitlicher und kontrollierbarer Standard der Berechnung notwendig, damit wirklich sichergestellt ist, daß die Werte verschiedener Anbieter auch vergleichbar sind. Mit Hilfe der MAIA-Methodik (Kapitel drei) ist die Materialintensität einer Dienstleistungs- oder Nutzungseinheit genau zu berechnen.

Schwierig wird die Ermittlung der Materialintensität bei Produkten, die aus dem Ausland importiert werden. Theoretisch wäre es ideal, wenn Importeure verpflichtet wären, dem importierten Gut eine Aufstellung beizufügen, aus der eindeutig die materiellen Bestandteile und die Materialinputs der vorherigen Produktionsstufen unter Einschluß der ökologischen Rucksäcke hervorgehen würde, eine Art *Materialbestandsliste*. Von der Kontroll- und Harmonisierungsproblematik einmal abgesehen, würde dies auch im Ausland ausgebaute betriebliche Umweltmanagementsysteme und Massenrechnungen voraussetzen. Ein vorstellbarer, wenngleich nicht völlig zufriedenstellender Ausweg wäre eine vorläufige Mindestabschätzung des Materialinputs aller Produkte anhand standardisierter Richtwerte. Denkbar ist dabei auch, den einzelnen Importeuren zu ermöglichen, eine Unterschreitung des so ermittelten Durchschnittswertes gesondert nachzuweisen.

Eine andere Möglichkeit, umweltrelevante Informationen zu veröffentlichen, bietet das sogenannte Öko-Audit. In einer Verordnung der Europäischen Union (EU) wurde 1993 festgelegt, daß Unternehmen sich freiwillig einer Umweltbetriebsprüfung unterziehen können. Getestet werden hier nicht Produkte, sondern Unternehmensstandorte. Unternehmen, die sich einer solchen Prozedur unterziehen, müssen dabei ein Umweltprogramm erstellen, in dem sie für sich selbst festlegen, welche umweltrelevanten Ziele in welcher Zeit erreicht werden sollen. Für seine Umsetzung muß – ähnlich wie im Rahmen der Qualitätskontrolle – ein Umweltmanagementsystem eingeführt werden. Im Rahmen der Umweltbetriebsprüfung (neu-deutsch: Öko-Audit) werden dann Umsetzung und Zielerreichung in regelmäßigen Abständen kontrolliert. Liest man die Verordnung, wird deutlich, daß die Anforderungen, die die EU an solche Umweltprogramme und Umweltmanagementsysteme stellt, sehr unterschiedlich konkretisiert werden können. Und lediglich die Erfüllung der EU-Anforderungen wird beurteilt, nicht aber, ob an einem Produktionsstandort tatsächlich umweltgerecht produziert wird. Das bedeutet, daß ein Unternehmen, dessen Umweltmanagementsystem der EU-Anforderung entspricht, das aber umweltschädigende Produkte herstellt, trotzdem das entsprechende Zertifikat erhalten kann. Es ist daher zu befürchten, daß – wenn keine weitere Harmonisierung dieser Anforderungen erfolgt – Öko-Audits nach sehr unterschiedlichen Maßstäben vergeben werden können, was das an sich hilfreiche Instrument stark entwertet. Wie bei unterschiedlichen Produktkennzeichen wäre der Informationswert am Ende sehr beschränkt.

Es zeigt sich aber auch, daß es möglich ist, fast alle Anforderungen, die die EU-Verordnung an die Qualität einer Umweltbetriebsprüfung stellt, sich mit Hilfe einer Materialintensitätsanalyse erfüllen lassen. So kann etwa die Umsetzung der Dematerialisierung auf betrieblicher Ebene als unternehmerisches Umweltziel für einen Betriebsstandort definiert werden. Ein solches Ziel kann nicht alleine durch eine Umstellung der eigenen Produktionsprozesse erreicht werden (Stichwort: produktionsintegrierter Umweltschutz). Es betrifft – entsprechend dem MIPS-Konzept – auch den Einkauf von Vorprodukten, deren Herstellung möglichst wenig Material und Energie verbrauchen sollte, und die möglichst intensive Nutzbarkeit des hergestellten Produktes. Mit anderen Worten: es geht um die Reduzierung der Materialintensität pro Dienstleistungseinheit (MIPS). In seinem Umweltprogramm könnte also ein Unternehmen sich selbst dazu verpflichten, die Materialintensität der an einem bestimmten Standort hergestellten Waren gemäß diesem Konzept pro Jahr um vier bis fünf Prozent zu reduzieren. Genau dies ließe sich dann anhand der MAIA-Methodik relativ einfach und nachprüfbar feststellen.

Betriebliche Maßnahmen, die zu einem solchen Umweltprogramm gehören, wären nicht nur Investitionen in neue Produktionsanlagen. Dazu gehörten möglicherweise auch ein neues Design, das zum Beispiel eine Verkleinerung der hergestellten Produkte, eine Erhöhung der Funktionalität und den Einsatz ressourcensparenderer Materialien ermöglicht. Dazu gehören aber auch neue Vermarktungsstrategien, die beispielsweise dazu führen können, daß langlebige Produkte verleast oder als Pool angeboten werden, anstatt sie separat an einzelne Kunden zu verkaufen – natürlich nur in Fällen, in denen sich das ökologisch (und ökonomisch) rechnet. Ein weitgehender Vorschlag wäre die Einführung einer betrieblichen Massenrechnung, die parallel zur unternehmensinternen Kosten- und Leistungsrechnung nach einer ähnlichen Systematik aufgebaut werden könnte.[4]

Zur Rolle von Erziehung und Weiterbildung

Die Untersuchungen des Psychologen Dörner (siehe Kapitel 7.1) haben deutlich gemacht, daß für den Umgang mit einer komplexen Realität andere Formen von Erziehung und Weiterbildung notwendig sind. Dies gilt nicht nur für die Schulen und Kindergärten, sondern auch für die betriebliche Ausbildung, das Studium an Universitäten und die Erwachsenenbildung. Die bloße Anhäufung von spezialisiertem Wissen reicht heute nicht mehr aus (es ist fraglich, ob sie je ausgereicht hat), Erziehung und Weiterbildung sollten darauf ausgerichtet sein, Problemlösungskompetenz zu fördern.[5]

Um diese Kompetenz zu schulen, werden in der Pädagogik schon seit längerem Konzepte wie ganzheitliches Lernen, verstärkte Handlungsorientierung, vernetztes Denken, fächerübergreifender Unterricht, Interdisziplinarität und lebenslanges Lernen diskutiert.[6] Das ist doch nichts Neues, mag man bei diesen Stichworten denken. Dennoch werden derartige Ideen in der *Praxis* bis heute kaum umgesetzt. An Universitäten beispielsweise finden sich bisher immer noch wenige Ansätze, die in diesem Sinne den Umgang mit Komplexität vermitteln. Eine Umsetzung solcher Vorstellungen steht also noch aus und könnte Grundlage dessen sein, was wir oben als problemorientierte «postnormale» Wissenschaft bezeichnet haben.

Wichtig für das Erlernen des Umgangs mit Komplexität ist auch die Akzeptanz von Nichtwissen und Unsicherheit. Das Leitbild der Dematerialisierung beruht auf dieser Akzeptanz und kann deshalb zu einem adäquateren Umgang mit Komplexität beitragen. Gleichzeitig hat es nur dann eine Chance, von breiten Bevölkerungsschichten akzeptiert zu werden, wenn sich die Erkenntnis durchsetzt, daß eben nicht alle Auswirkungen menschlichen Handelns vorhersagbar sind. Außerdem kann eine Umsetzung der Dematerialisierung Komplexität reduzieren und damit die Anforderungen für den Umgang mit ihr erleichtern. Ein Denken in Stoffströmen und Materialintensitäten ist relativ einfach, aber nicht trivial. Um ein Verständnis solcher Zusammenhänge zu vertiefen, könnten Schulen, Universitäten und andere Bildungseinrichtungen einen wesentlichen Beitrag leisten.

Materialintensität und Eigentum

Wie wir vor allem im sechsten Kapitel gezeigt haben, sehen viele Ökonomen in der Zuweisung geeigneter Eigentumsrechte an Umweltgütern *das* Patentrezept für die Umweltpolitik. Sein Reiz liegt vor allem in der (jedenfalls vorgeblichen) geringen Eingriffsintensität. «Vorgeblich» deshalb, weil die damit verbundenen Informationserfordernisse meist geflissentlich übersehen werden. Änderungen von Eigentumsrechten (etwa die «Privatisierung» oder «Verstaatlichung» bisher frei genutzter Umweltmedien) greifen schon recht stark in die Rechte derer ein, die Eigentums- oder Nutzungsrechte verlieren, zum Beispiel in der Weise, daß sie plötzlich nicht mehr einfach Abwässer in einen Fluß leiten oder nicht mehr einen bestimmten Strand besuchen dürfen. Wir haben in Kapitel sechs ausführlich die Einschränkungen diskutiert, denen eine Internalisierung externer Effekte durch die Zuteilung von Eigentumsrechten unterliegt. Dennoch kann die Verteilung von Eigentumsrechten in bestimmten Fällen auch für eine Dematerialisierung genutzt werden.

Ein Schlüsselbegriff im Zusammenhang mit der Diskussion um Eigentumsrechte ist die *Produktverantwortung*. Beim Verkauf eines Gutes durch ein Unternehmen an einen Konsumenten (der bezeichnenderweise oft als «Endverbraucher» tituliert wird), verliert das Unternehmen nicht nur alle Rechte, darüber zu verfügen, sondern auch alle Pflichten, sich um den Verbleib seines Produktes kümmern zu müssen, und damit auch jedes Interesse. Dies ist vor allem bei solchen Produkten von Bedeutung, die regelmäßig weit unter ihrer Nutzungskapazität genutzt werden. Viele Haushalte verfügen über ganze Werkzeugparks (Bohrhämmer, Akkuschrauber, Winkelschleifer etc.), die sie nur sehr selten nutzen, um zum Beispiel ein neues Regal zu montieren. Dafür sind die teuer angeschafften Geräte dann doch über- oder unterdimensioniert. Dabei könnte es gerade auch im Interesse der Anbieter sein, an jeder Nutzung solcher Geräte mitzuverdienen. Aus einer Eisenwarenhandlung würde dann ein Servicebetrieb für kleinere Wohnungsreparaturen, der mit entspechender Beratung die richtigen Geräte für einen bestimmten Zweck verleiht. Die damit verbundene Veränderung der Verteilung von Eigentumsrechten könnte auch zu verstärkten Anreizen der Unternehmen führen, die Lebensdauer und die Wartungsfreundlichkeit der entsprechenden Produkte zu erhöhen.

Entsprechend der ökonomischen Theorie würden sich veränderte Eigentumsrechte auch auf den Umgang mit den natürlichen Ressourcen auswirken. Während es der Theorie nach auf vollkommenen Märkten unter reinen Effizienzgesichtspunkten völlig gleichgültig ist, bei wem die Eigentumsrechte liegen, spielt dies auf real existierenden Märkten offensichtlich eine nicht unbedeutende Rolle. Neue Nutzungskonzepte mit veränderten Eigentumsverhältnissen könnten diesem Umstand Rechnung tragen: Zu denken ist an die Vermietung von Gebrauchsgegenständen, deren gemeinsame Nutzung, neue Methoden des Leasings oder neue Formen des Sharing (z.B. bei Autos). Die Politik müßte sich also überlegen, wie solche Änderungen der Eigentumsrechte gefördert werden können. Ob sich derartige Nutzungskonzepte in einem nennenswerten Ausmaß durchsetzen, hängt zum einen davon ab, ob technologische und soziale Innovationen gefunden werden, die solche Nutzungsformen auch für breitere Bevölkerungsschichten attraktiv machen, zum anderen aber auch davon, ob die einzelnen für sich einen zusätzlichen Nutzen darin erkennen. Dieser kann sich aus dem Bewußtsein ergeben, etwas Positives für die Umwelt zu tun, aber auch aus neu entstehenden Sozialkontakten (etwa dem Kennenlernen des neuen Nachbarn).[7]

Bei vielen Produkten tritt aber auch ein anderer Fall auf: Sie müssen ersetzt werden, weil sie defekt oder nicht mehr ansehnlich sind. Hier könnte ein vertrautes Element der Konsumentenpolitik im Rahmen einer ökologischen Wirtschaftspolitik ausgebaut werden: die Garantien. Über die Lebensdauer eines Produktes hat ein Konsument üblicherweise nur sehr wenig Informationen. Dies gilt für elektronische Geräte ebenso wie für Alltagsgegenstände, wie etwa einen Brauseschlauch, ein Möbelstück oder einen Dosenöffner. Ähnliches gilt auch für Kleidungsstücke. Hier könnten sowohl Vorschriften über eine Produktkennzeichnung wie auch über längere Mindestgarantiezeiten die Situation verbessern. Oft genügen aber auch nur einige Gebrauchsinformationen. Wer weiß schon, daß zum Beispiel Schuhe wesentlich länger halten, wenn sie nur jeden zweiten Tag getragen werden.

Wenn sich die Idee der Dematerialisierung weiter durchsetzt, könnte zwischen den Unternehmen ein Garantie-Wettbewerb einsetzen. Über verlängerte Garantiezeiten könnten Unternehmen die Konsumenten glaubwürdig über die erwartete Lebensdauer ihrer Produkte informieren.

Neben einer Stärkung der Produktverantwortung wäre ein zusätzlicher wesentlicher Schritt mit der allgemeinen Verschärfung des Haftungsrechtes getan. Das neue bundesdeutsche Haftungsrecht ist als erster Schritt sicherlich zu begrüßen, reicht aber bei weitem nicht aus. Um eine weitgehende Haftung für negative Umwelteinwirkungen durch betriebliche Produktion durchzusetzen, bedarf es einer Ausweitung des Haftungsrechtes, zum Beispiel durch die Möglichkeit von Umweltverbänden, bei raumübergreifenden Umweltschäden zu klagen (siehe Abschnitte 6.1 und 11.2). Allerdings ist auch das Haftungsrecht kein Königsweg: In vielen Fällen von Umweltzerstörung findet sich eben kein Kläger oder Anzuklagender.

Kooperation und Verhandlungslösungen

Kooperation zwischen privaten Akteuren und staatlichen Instanzen ist sicherlich ein wesentliches Instrument, mit dem eine Dematerialisierung freiwillige Unterstützung finden könnte. Zu denken ist hier an Abkommen des Staates mit einzelnen Branchen einerseits (z.B. in Form von Selbstverpflichtungen) und an Verbandslösungen andererseits, bei denen sich beispielsweise mehrere Betriebe zusammenschließen und mit einer staatlichen Behörde in Verhandlung treten. Bekanntes Beispiel für eine Verbandslösung ist die aus Amerika stammende sogenannte «Bubble-Politik». Hierbei schließen sich Betriebe unterschiedlicher Branchenzugehörigkeit zusammen, um mit einer staatlichen Behörde über die Art und Weise zu verhandeln, wie Luftverschmutzung innerhalb einer bestimmten Region («Bubbles») zu den geringsten Kosten reduziert werden kann. Daß von Verhandlungslösungen allerdings nicht immer zufriedenstellende Ergebnisse zu erwarten sind, zeigt das Beispiel der Selbstverpflichtung der Deutschen Industrie zur Reduktion der CO_2-Emissionen: Hier hat man sich auf ein Reduktionsziel verpflichtet, das schon heute erreicht worden ist, jedoch nicht durch umweltschonende Aktivitäten. Man ging nämlich von einem Basisjahr vor der Wiedervereinigung aus – durch den Zusammenbruch der DDR haben sich damit die von der Industrie gesetzten Ziele beinahe automatisch erfüllt.

10.2 Umkehr von Anreizstrukturen

In diesem Abschnitt kommen wir nun zu dem, woran die meisten vermutlich zunächst denken, wenn es um Instrumente einer ökologischen Wirtschaftspolitik geht: einen Umbau des Subventionssystems, eine ökologische Steuerreform und handelbare Umweltzertifikate. In der Tat sind diese Instrumente wichtig, wenn es darum geht, einen ökologischen Strukturwandel anzustoßen. Sie sind aber keineswegs unabhängig von den bisher gemachten Vorschlägen. Vom Typ her entsprechen diese Instrumente den wichtigsten auch in der umweltökonomischen Literatur und der umweltpolitischen Debatte diskutierten Vorschlägen.[8] Das neue daran ist die konsequente Orientierung auf den Stoffdurchsatz (also die Materialintensität). Wir skizzieren hier die wichtigsten Ansatzpunkte.

Subventionen

Seit langem wird in Deutschland intensiv über einen Subventionsabbau diskutiert. Das Ziel als solches ist nahezu unbestritten. Problematisch wird es, wenn es daran geht, an welcher Stelle zuerst abgebaut werden soll. Es zeigt sich dann das typische Problem, daß es schwer ist, eine Maßnahme durchzusetzen, die von der Mehrheit gewünscht wird, wenn eine (kleine) Minderheit davon stark betroffen ist. Zudem sind die Gewinne für die Mehrheit weitaus diffuser und unsicherer als die Verluste für die, denen eine bestimmte Förderung *nicht* (mehr) zuteil wird. Subventionen bedeuten finanzielle Anreize zu bestimmten wirtschaftlichen Aktivitäten. Gleichzeitig werden andere Aktivitäten benachteiligt. Nur ein kleiner Teil der heute ausgeschütteten Subventionen dienen umweltpolitischen Zwecken, und wenn, dann weisen sie ganz überwiegend in Richtung der «alten» Umweltpolitik. Der Staat fördert etwa den Einbau von Katalysatoren und Filteranlagen, aber auch Investitionsprojekte des sogenannten produktionsorientierten Umweltschutzes.

Andererseits gehen von *jeder* Subvention, auch wenn sie nicht umweltpolitisch motiviert ist, auch Anreize für den ökologischen oder unökologischen Umgang mit den natürlichen Ressourcen aus. Eine Vielzahl von Finanzhilfen und Steuervergünstigungen haben negative ökologische Auswirkungen, wie zum Beispiel Finanzhilfen für intensive Landwirtschaft, Mineralölsteuervergünstigungen, Kohlehilfen. Ihr Einsatz wird auf unterschiedliche Weise begründet: niedrigere Produktionskosten im Ausland, Sicherung der Arbeitsplätze, Versorgung der inländischen Bevölkerung etc. Zumeist fehlt aber eine Prüfung ihrer ökologischen Verträglichkeit, die mindestens gleichberechtigt neben die Ziele der Wettbewerbsfähigkeit oder der Sicherung der Arbeitsplätze gestellt werden sollte. Neben den offenen Subventionen sind aber auch versteckte Subventionen relevant, sogenannte «Schattensubventionen», die dadurch entstehen, daß für bestimmte Leistungen nicht in vollem Umfang bezahlt werden muß.[9] So decken etwa die Mineralölsteuer und die Kfz-Steuer nicht die gesamten Kosten des Straßenverkehrs.

Andererseits könnten zeitlich befristete Subventionen auch eine bedeutende Rolle spielen, wenn es um das Anstoßen eines ökologischen Strukturwandels geht. Die Materialintensität entsprechend der MAIA-Methodik könnte dabei als allgemeines Kriterium für einen ökologischen Subventionsumbau genutzt werden.[10]

Steuern

Stößt ein Subventionsumbau in der Regel auf beträchtliche Widerstände, so gilt dies nicht minder für die Einführung ökologischer Steuern. Seit gut einem Jahrzehnt werden zahlreiche Vorschläge zum ökologischen Umbau des Steuersystems in die Diskussion gebracht. Alle Parteien diskutieren inzwischen Pläne zur ökologischen Umstrukturierung des Steuerrechts. Daß dennoch bislang noch keine spürbaren Resultate zu verzeichnen sind, ist nur aufgrund deutlicher Widerstände gesellschaftlicher Interessensverbände zu erklären – immerhin geht es ja in der Mehrzahl der Ökosteuervorschläge nicht um die Einführung zusätzlicher Steuern, sondern um den Umbau des bestehenden, unökologischen Steuersystems. Unökologisch deshalb, weil vor allem der Produktionsfaktor Arbeit mit Steuern belastet wird: So stieg im Zeitraum von 1970 bis 1993 der Anteil der Lohnsteuer und der Sozialabgaben an den gesamten bundesdeutschen Steuer- und Abgaben um 41 bzw. 37 Prozent, während die Steuerbelastung des Naturverbrauchs um 22 Prozent zurückgegangen ist – ein Trend, der sich auch international nachweisen läßt.[11]

Das von Ernst U. von Weizsäcker vorgeschlagene Konzept einer ökologischen Steuerreform zielt auf die Verschiebung der Steuerbelastung von den Löhnen und Gehältern auf die Umweltbelastung und dabei insbesondere auf Energieträger. Dabei würden die Preise für Energie um fünf Prozent pro Jahr inflationsbereinigt über 40 Jahre hinweg erhöht, ausgehend vom heutigen Endverbraucherpreis. Grundidee dieser langfristigen Preissteigerung ist die Beeinflussung des technischen Fortschritts, des Verbrauchsverhaltens und anderer nur sehr langsam veränderbarer Prozesse. Steuern als prozeßpolitisches Instrument sind daraufhin zu untersuchen, ob eine Verlagerung der Bemessungsgrundlage von Energieträgern zum Ressourcenverbrauch möglich ist. Eine Steuer auf fossile Energieträger scheint in der politischen Diskussion derzeit die größten Chancen auf eine Umsetzung zu haben. Sie ist auch unter Praktikabilitätsgesichtspunkten wohl der chancenreichste aller derzeit diskutierten Ansätze. Ein solches Steuersystem könnte auch Anreize zugunsten einer Dematerialisierung schaffen.

Im Sinne einer Dematerialisierung wäre aber im nächsten Schritt eine Steuer zu prüfen, die direkt am Materialinput (MI) ansetzt und diesen als Bemessungsgrundlage heranzieht. Energiesteuern und MI-Steuern sind artverwandt: Beide Steuern wären Inputsteuern, also nicht an Emissionen oder Abfällen orientiert, sondern an den eingesetzten Stoffen. Beide Bemessungsgrundlagen (Energie wie Materialinput) liefern einen Schätzwert für das Umweltbelastungspotential. In beiden Fällen ergibt sich das Problem des Grenzausgleichs aus ökonomischen und ökologischen Gründen. Das technische Problem ist dabei die Berechnung des Energiegehalts bzw. des «ökologischen Rucksacks» von importierten Stoffen an der Grenze. Im Inland wären nur diejenigen Unternehmen direkt von einer Materialsteuer betroffen, die direkt Material bewegen. Sieht man von Wasser und Luft einmal ab, bewegen nur wenige Branchen selbst Material; zum Beispiel das Baugewerbe und der Bergbau. Für ein normales Industrieunternehmen bezieht sich die Materialbewegung im wesentlichen auf den Wasserverbrauch. Alle anderen Unternehmen wären nur indirekt betroffen, und zwar dadurch, daß Unternehmen, die direkt Material bewegen, wegen der Steuerbelastung ihre Preise erhöhen.[12]

Ein wesentlicher *Unterschied* zwischen Material- und Energiesteuern liegt aber darin, daß es weniger Energieträger gibt als Stoffe, die als Materialinput zu berücksichtigen wären, so daß die Energiesteuer vermutlich besser administrierbar wäre. Bei der Einführung einer Energiesteuer wäre dann zu überlegen, wie diejenigen Stoffströme verringert werden können, die von einer Energiesteuer nicht in ausreichendem Maße betroffen sind. Wie in Abschnitt 3.4 gesagt, besteht zum Beispiel für unterschiedliche Typen von Energieträgern ein bis zu 45facher Unterschied in der Materialintensität, die für die Produktion einer Kilowattstunde Strom erforderlich ist.

Zertifikate

Alternativ zu einer Steuerlösung könnte an ein weiteres Instrument gedacht werden, das zumindest in die Diskussion gebracht und untersucht werden sollte: Materialinput-Zertifikate. Auch sie müßten im einzelnen auf ihre Einsatzmöglichkeiten zur Reduzierung von Stoffströmen überprüft werden. Obwohl allgemein Zertifikate theoretisch über viele Vorteile verfügen, werden sie in Europa bislang kaum eingesetzt. Ein MI-Zertifikat wäre eine Erlaubnis, eine bestimmte Menge an Primärmaterial (lautend auf Tonnen MI im Sinne von MAIA) zu bewegen. Beim Einsatz im Rahmen einer Dematerialisierung wäre eine Umweltnutzung an den Besitz entsprechender Materialinput-Zertifikate geknüpft. Eine nationale oder internationale Behörde könnte dann entsprechend dem gesamtwirtschaftlichen Reduktionsziel (der Faktor 10) die zulässige Extraktionsmenge als ökologische Leitplanken festlegen und genau in diesem Ausmaß Zertifikate ausgeben, während dem Markt die Preissetzung für die Ressourcennutzung überlassen würde. Wer Primärmaterial bewegen will (und damit Material einsetzt, also im allgemeinen Unternehmen), muß dafür im entsprechenden Ausmaß Zertifikate an eine ausgebende Stelle zurückgeben. Konsumenten benötigten nur insofern Zertifikate, als sie selbst Primärmaterial bewegen, etwa durch einen eigenen Brunnen. Hier sollten aber Geringfügigkeitsregelungen eingeführt werden, das heißt unter einer bestimmten Grenze müßten keine Zertifikate erworben werden.[13]

Wer nun mehr Material bewegen will, als er Zertifikate besitzt, muß zusätzliche Zertifikate auf dem Markt erwerben; wer weniger bewegt, könnte welche verkaufen. Dafür könnte eine eigene Börse eingerichtet werden. Der Verkauf von Zertifikaten lohnt sich für ein Unternehmen dann, wenn der Erlös aus dem Verkauf höher ist als die Kosten der dafür notwendigen Einsparung von Material. Zertifikate würden hingegen dann hinzugekauft, wenn ihr Preis unterhalb dieser Vermeidungskosten liegt. Auf diese Weise pendelt sich – nach Angebot und Nachfrage – allmählich ein Preis auf dem Markt für Zertifikate ein. Um das Faktor-10-Ziel in etwa 50 Jahren zu erreichen, müßte die Menge an Zertifikaten jährlich um ca. fünf Prozent sinken. Im zweiten Jahr werden dann entsprechend weniger Zertifikate ausgegeben. In den nächsten Jahren würde dieses Verfahren fortgesetzt, mit immer weniger Erlaubnissen (Zertifikaten), Primärmaterial zu bewegen. Tendenziell würden nun mehr Unternehmen Zertifikate fehlen, die sie zu einem im allgemeinen höheren Preis ankaufen müßten. Sie können aber auch versuchen, Materialinputs zu vermeiden, indem sie zum Beispiel auf recycliertes Material zurückgreifen, Material sparen oder durch ein neues Design auf Stoffe umsteigen, die geringere Stoffströme erfordern. Denkbar ist auch, daß die staatliche Institution, die die Zertifikate ausgibt, oder andere gesellschaftliche Gruppen, wie z.B. Umweltverbände, Zertifikate kaufen oder verkaufen.

Sowohl für Steuern auf den Materialinput als auch für Materialinput-Zertifikate würden allgemeinverbindliche Angaben über die MIPS-Zahlen aller Produkte nicht benötigt. Es müßte nur kontrolliert werden, daß an der jeweiligen Stelle (im Bergwerk, bei der Wasserentnahme, gegebenenfalls auch beim Verbrennen von Luft) für alle anfallenden Stoffströme auch Zertifikate abgegeben bzw. Steuern bezahlt werden. Wenn wir diese Kontrollproblematik lösen könnten, würde dieses Verfahren dazu führen, daß materialintensive Produkte teurer werden, vorausgesetzt, ein entsprechender Grenzausgleichsmechanismus existierte, falls nicht die ganze Welt solche Maßnahmen einführt. Bei langlebigen Produkten, die mit verhältnismäßig wenig zusätzlichem Materialinput produziert wurden, besteht ein Anreiz, sie länger zu nutzen, weil dann der Preis pro Nutzung geringer ist.

Im Gegensatz zu Zertifikatslösungen würde man bei einer MI-Steuer für jedes bewegte Primärmaterial anstatt in Zertifikaten in DM bezahlen. Während bei Zertifikaten die gewünschte Menge an Materialinput genau festgelegt werden muß, entsteht als zusätzliches Problem bei einer Materialinput-Steuer die Festsetzung des Steuersatzes in DM/Tonne, der notwendig ist, um die Reduzierung der gesamtwirtschaftlichen Stoffströme im angestrebten Ausmaß sicherzustellen. Im Falle von Zertifikaten würde deren Preis auf dem Markt ermittelt werden. Der Einsatz beider Instrumente schließt sich nicht unbedingt aus: Zertifikate können auch auf spezifische Teile des gesamten Materialinputs angewendet werden, z.B. nur auf MI ohne Wasser, alleine auf Wasser oder auf Energieträger. Sowohl für Steuern als auch Zertifikate gilt: Die vorherige Ankündigung des langfristig zu erreichenden Reduktionszieles könnte zu einer Stabilisierung der Erwartungen der Wirtschaftssubjekte beitragen – eine wesentliche Bedingung für die Schaffung eines stabilen Ordnungsrahmens, wie wir ihn im vorhergehenden Kapitel erläutert haben.

10.3 Es gibt keinen Königsweg: Plädoyer für einen ökologischen Instrumentenmix

Wir haben in diesem Kapitel gesehen, daß es einen ganzen Strauß von möglichen Instrumenten zur Senkung des Materialinputs und damit zur Reduzierung der globalen Stoffströme gibt. Welches Instrument ist das beste? Die ökologische Steuerreform, weil sie zumindest in Deutschland oder Österreich bereits weit oben auf der politischen Agenda steht? Oder doch eher die Zertifikatslösung, die – zumindest rein theoretisch betrachtet – das «sicherste» Instrument wäre, die Stoffströme zu reduzieren? Aber sollten wir nicht zuerst die Subventionen abbauen, weil über die notwendige Reform des «Subventionsdschungels» ein breiter gesellschaftlicher Konsens besteht – zumindest solange es nicht die eigenen Förderungen trifft? Oder greifen alle diese Instrumente zu stark in den Wirtschaftsprozeß und sollte man ganz auf die Unterstützung freiwilliger Maßnahmen setzen? Unsere Antwort ist eindeutig: *Das* beste Instrument existiert nicht. Es gibt keinen Königsweg.[14]

Unterschiedliche Probleme verlangen unterschiedliche Lösungen. Sollten sich die Vorstellungen durchsetzen, wie sie derzeit am Wuppertal Institut entwickelt werden, würden mehrere Instrumente gleichzeitig dem gemeinsamen Ziel dienen: völlig neue, wie z.B. MI-Zertifikate, und gleichzeitig ökologisierte «alte» Instrumente, wie etwa im Subventionsbereich. Erst wenn die Materialintensität bekannt ist, können wir die ökologische Relevanz (das Schädigungspotential) einer wirtschaftlichen Aktivität abschätzen. Diese müßte sich dann auch in den Preisen niederschlagen (sei es in Form eines Steueraufschlags oder eines am Markt gebildeten Zertifikatspreises). Wenn wir aber zudem akzeptieren, daß Unternehmen und Konsumenten sich nicht ausschließlich anhand von Preisen orientieren, und das scheint aus vielerlei Gründen plausibel, sind andere Maßnahmen zur Unterstützung zu diskutieren. Vertraut man nicht allein darauf, daß die Preise die «ökologische Wahrheit» sagen werden, dann erlangen die unter 10.1 besprochenen Maßnahmen und Instrumente zusätzliche Bedeutung. Eine geeignete Mischung der Instrumente müßte sich mit der Zeit durch den politischen Prozeß ergeben.

Hier kommt schnell der Verdacht auf, daß damit der Politik wieder ein Selbstbedienungsladen geöffnet wird, in dem sie nach eigenen und nur vorgeblich aus ökologischen Interessen ihren Einflußbereich ausdehnt. Das Kriterium der Materialintensität, dem alle diese Maßnahmen unterliegen würde, schränkt diese Möglichkeiten aber deutlich ein. Wichtig erscheint uns dabei, daß eine solche Politik die freiwilligen Maßnahmen von seiten der Privaten unterstützt – und umgekehrt. Unterstützung findet sie aber nur, wenn eine ökologische Wirtschaftspolitik überwiegend positive Auswirkungen auf die Gesellschaftsmitglieder haben wird. Daß eine Abschätzung dieser Auswirkungen, sei es auf die Beschäftigung oder andere gesamtwirtschaftliche Ziele noch umfangreiche Forschungsanstrengungen bedarf, ist offensichtlich. Aus diesem Grunde kann hier auch nicht näher darüber spekuliert werden, so wichtig derartige Aspekte auch sind. Dieses Buch möchte den Anstoß zu einer Diskussion über die Möglichkeiten und Grenzen einer ökologischen Wirtschaftspolitik geben.

Der Vorteil einer ökologischen Wirtschaftspolitik liegt schließlich darin, daß sie insgesamt weniger Eingriffe und damit weniger Einschränkungen impliziert als die heutige Umweltpolitik mit ihren unüberschaubaren Verordnungen, technischen Anweisungen und Gesetzen. Allerdings: Durch den Übergang von einer konventionellen Umweltpolitik zu einer ökologischen Wirtschaftspolitik, durch die Einführung einzelner oder mehrerer der in diesem Kapitel genannten Maßnahmen werden die bestehenden Instrumente nicht automatisch bedeutungslos. Eine Dematerialisierung führt zwar tendenziell, aber nicht automatisch auch zu einer Reduzierung von Gefahrstoffen und klimarelevanten Gasen. Wir haben bei der Vorstellung der Dematerialisierung als umweltpolitisches Leitbild (siehe Kapitel drei) ja auch darauf hingewiesen, welchen Beschränkungen eine solche Strategie unterliegt, welche Probleme sie nicht lösen kann. Also doch nur eine *zusätzliche* Politik anstatt einer Reduzierung und Vereinfachung? Ganz einfach ist auch diese Frage nicht zu beantworten.

Zum einen würde wegen der zunehmend deutlicher werdenden Umweltgefährdungen auch ohne eine solche Umorientierung die Notwendigkeit zu neuen Maßnahmen und Instrumenten bestehen. Jedenfalls einen Teil dieser *zusätzlichen* Instrumente kann eine Wirtschaftspolitik ersetzen, die sich an ökologischen Leitplanken orientiert anstatt an immer neuen Einzelgefahren. Zum anderen haben wir in diesem Kapitel gesehen, daß es eine gewisse Affinität zu geben scheint zwischen dem Dematerialisierungsziel und solchen Maßnahmen, die auf eine Verbesserung der Informations- und Anreizsituation der wirtschaftlich handelnden Akteure gerichtet sind. Also auch wenn ein bestimmtes Ausmaß an (neu hinzukommenden) Auflagen und Verboten im Gefahrstoffbereich immer notwendig sein wird, im Bereich der Kennzeichnung, der Steuern und der Zertifikate sollte darauf geachtet werden, daß umweltpolitische Instrumente möglichst umfassend auf eine Reduzierung *aller Stoff-*

ströme gerichtet werden. Eine allgemeine Energiesteuer, wie sie derzeit unter dem Stichwort «ökologische Steuerreform» heftig diskutiert wird, wäre ein erster Schritt in die richtige Richtung. Sie setzt an einem Teil des Materialinputs an und könnte stufenweise auf andere Inputs ausgedehnt werden, wodurch der Steuer*satz*, also der zu zahlende Steuerbetrag pro Tonne Input, gesenkt werden könnte. Schließlich – und das ist vielleicht das entscheidende Argument – würden die meisten spezifischen Belastungen durch die allgemeine Reduzierung der Stoffströme deutlich sinken. Damit würden manche neue Umweltbelastungen erst gar nicht oder später auftreten, andere von selbst wieder unter die kritischen Schwellen absinken. Der Treibhauseffekt wäre heute sicherlich nicht in diesem Ausmaß *das* ökologische Problem des Jahrzehnts, wenn schon vor zwanzig oder dreißig Jahren konsequent mit einer Reduzierung der Stoffströme begonnen worden wäre.

Die Patentlösung kann es angesichts der ökologischen und gesellschaftlichen Komplexitäten gar nicht geben. Wir möchten aber die Vorteile betonen, die die Strategie aufweist, die wir hier vorstellen. Wir meinen, daß diese Vorteile nicht nur im *wirtschaftlichen* Bereich liegen, sondern auch *politische* und *soziale* Handlungsfreiräume eröffnen kann.

Anmerkungen

1 Persönlich nennen möchten wir an dieser Stelle insbesondere Friedrich Schmidt-Bleek sowie Maria J. Welfens und Doris Gerking (für den Bereich Subventionen), Andreas Lemmer (Zertifikate), Harald Woeste (Industriepolitik), Oliver Schelske (Kooperation), Lorenz Freudenberg (marktendogene Veränderungen), Christa Liedtke, Christopher Manstein und Christoph Preimesberger (Öko-Audit), Siegfried Frick (intermediäre Organisationsformen), Nese Yavuz (ökoeffiziente Dienstleistungen), Ingo Bank, Stephan Rauschenberg und Ralf Mackes (institutionelle Aspekte einer ökologischen Wirtschaftspolitik) sowie Kai Schlegelmilch (ökologische Steuerreform) und viele andere, mit denen wir in unzähligen Gesprächen und Diskussionen unsere gemeinsamen Gedanken geschärft und vertieft haben. Ein Buch, das eine ausführliche Darstellung hier entwickelter Möglichkeiten für eine Umgestaltung der Umweltpolitik beschreibt, ist in Vorbereitung.

2 Enquete-Kommission «Schutz des Menschen und der Umwelt» des Deutschen Bundestages, 1994. Vgl. auch Hinterberger/Welfens, 1994.

3 Vgl. zur Materialintensitäts-Analyse (MAIA) die Abschnitte 3.3 und 3.4.

4 Vgl. zum Zusammenhang von Öko-Audit und Ressourcenmanagement Lietdke et al., 1994. Zum Vorschlag einer betrieblichen Massenrechnung siehe Preimesberger, 1994.

5 Diese Erkenntnis ist auch in die Politik vorgedrungen: So betonte der deutsche Bundespräsident in einer Rede: «Wenn es richtig ist, daß eine der gravierendsten Quellen der Verunsicherung die immer schnellere Überholung alten Wissens durch neues ist, dann wäre man mit einem solchen Bildungsmodell [d.h. «die Anhäufung von möglichst viel Spezialwissen in Form von Fakten und Daten», A.d.V.] auf dem Holzweg. Worauf es ankommt, ist die Vermittlung von Kompetenz zur Problemlösung, der praktischen ebenso wie der gedanklichen.» (Roman Herzog, «Leichtes Spiel für fundamentalistische Rattenfänger», in: Süddeutsche Zeitung, 18.1.1996, S. 8).

6 Vgl. z.B. Probst, 1985, Vester, 1993, ISB, 1995. Für einen Überblick siehe Horst, 1995.

7 Vgl. etwa Hinterberger/Stahel (Hrsg.), 1996. Zur Produktlanglebigkeit siehe z.B. Stahel, 1991, 1995, Schmidt-Bleek/Tischner, 1995.

8 Vgl. etwa Wicke, 1993, Jaeger, 1993, Endres, 1985, Jacobs, 1991, Cansier, 1993.

9 Vgl. Welfens et al. 1995.

10 Vgl. zur ökologischen Relevanz von Subventionen und dem Umbau des Subventionssystems siehe z.B. Gerking, 1995, Gerking/Welfens, 1995, Welfens et al. 1995, Stille, 1990, Albrecht/Thormählen, 1985, sowie zur Subventionspolitik allgemein Werner, 1995, Dickertmann/Diller, 1990, Jakli, 1990.

11 Berechnungen von Lorenz Jarass, zitiert in Görres et al., 1994, S. 119f. Als Auslöser für eine Diskussion um eine ökologische Umstrukturierung des Steuersystems kann Binswanger et al., 1983, gelten. Zur Diskussion um die ökologische Steuerreform siehe u.a. Görres, Ehringhaus, Weizsäcker, 1994, DIW/Greenpeace, 1994, Ifo, 1994, Weizsäcker et al., 1992, Benkert et al., 1991, Meier/Walter, 1991, sowie z.B. die Beiträge in Nutzinger/Zahrndt, 1990, Greenpeace, 1995.

12 Vgl. Behrensmeier/Bringezu, 1995. Die Reduzierung des Imports von Ressourcen trifft die oft von Primärgüterexporten abhängigen «Entwicklungsländer» in besonderer Weise, wie insgesamt die Forderung nach Zukunftsfähigkeit die heute bestehenden Weltmarktbeziehungen in Frage stellt. Wir können in diesem Buch auf diese Problematik nicht näher eingehen; vgl. hierzu z.B. BUND/Misereor, 1996, S. 265–285.
Ein Vorschlag zu einer Steuer auf den Materialinput liegt von Stewen, 1996, vor.

13 Vgl. Woeste, 1996. Zum Thema Umweltzertifikate vgl. zum Beispiel: Heister/Michaelis, 1991, OECD 1992, sowie für MI-Zertifikate Lemmer, 1996, und Hinterberger/Luks/Deumling, 1995. Der Verteilungsschlüssel kann auch unterschiedlich sein: nach bisherigem Verbrauch, Industrie, pro Kopf, nach Verlosung, durch Versteigerung etc.

14 Vgl. dazu auch Gawel, 1992.

11 Ökologische Wirtschaftspolitik in einer demokratischen Marktwirtschaft

«(E)s ist zu bezweifeln, daß im Falle einer dramatischen Verschärfung der Umweltkrise das bisherige politische und rechtliche System ... das heute erreichte Freiheitsniveau im wesentlichen erhalten ... kann. ... Ein wirksamer Schutz der Umwelt ist demnach auch als Schutz der geltenden Verfassungsordnung zu verstehen. ... Zwar wird Umweltschutz ... ohne Freiheitsbeschränkungen nicht möglich sein. Die ... aber auf das Notwendige zu beschränken, muß das Ziel bleiben.»
(Michael Kloepfer)[1]

Um eine zukunftsfähige Entwicklung zu erreichen, ist sicherlich weit mehr notwendig, als Vorschläge für einen neuen gesellschaftlichen Ordnungsrahmen und mögliche neue wirtschaftspolitische Instrumente zu skizzieren. Es bedarf der Menschen, die durch solche Vorschläge angeregt werden, sich am gesellschaftlichen Diskurs zu beteiligen. Es bedarf der Unternehmen, die zu Innovationen bereit sind, der Konsumenten, die ihr tägliches Leben neu gestalten. Es bedarf der Kreativität und des Ideenreichtums vieler, wenn nicht aller Gesellschaftsmitglieder, einen komplexen Prozeß anzustoßen, in dem bestehende Produktions- und Konsumstrukturen überdacht und reformiert werden. Dieser Prozeß ist aber undenkbar, wenn die Freiräume dazu nicht bestehen: ökonomische Handlungsfreiräume für Unternehmen und Konsumenten, politische Freiheiten im demokratischen Prozeß sowie soziale und materielle Spielräume. Wir sind uns bewußt, daß an dieser Stelle kaum konkrete Strategien genannt werden können, wie sich ein solcher Wandel im politischen Prozeß zu vollziehen hätte. Solche Vorschläge würden der gesellschaftlichen Komplexität ebensowenig gerecht wie steuerungsoptimistische neoklassische Konzepte oder die Hoffnung auf zentrale Planung von einem (eben nicht existierenden) Zentrum der Gesellschaft.

Die Diskussion um eine Dematerialisierung steht erst am Anfang. Die bisherigen und die folgenden Ausführungen sind demnach als vorläufige, der Diskussion offenstehende Vorschläge und Gedanken aufzufassen. Was und wieviel davon umgesetzt wird (und das beginnt schon bei der Definition des ökologischen Ziels), bleibt dem demokratisch-politischen Prozeß vorbehalten. Darüber hinaus sind weitergehende politologische und soziologische Problemanalysen und Diskurse zu zahlreichen Aspekten notwendig, die unmöglich alle in einem Buch wie diesem, das von Wirtschaftswissenschaftlern geschrieben wird, angerissen werden können. Dennoch wollen wir im folgenden einige Bedingungen skizzieren, welche die Umsetzung einer ökologischen Wirtschaftspolitik in einer demokratischen und sozialen Marktwirtschaft fördern und erläutern, warum eine Dematerialisierung die bestehenden Freiheitsräume nicht reduzieren muß, sondern – im Gegenteil – welche zusätzlichen Freiräume sie eröffnet. Dabei wird deutlich werden, daß für eine ökologische Wirtschaftspolitik begleitende Maßnahmen unabdingbar sind (wie eine geeignete Wettbewerbspolitik oder eine Reform des Sozialsystems). Gerade eine ökologische Wirtschaftspolitik, wie sie hier vorgeschlagen wird, sollte die Handlungsspielräume von Unternehmen und Konsumenten vergrößern.

11.1 Ökonomische Handlungsfreiheit für Unternehmen und Konsumenten

Ökologische Leitplanken – wie auch immer umgesetzt (durch Überzeugung, Information und einen adäquaten Instrumentenmix) –

bedeuten sicherlich Einschränkungen der Handlungsmöglichkeiten von Unternehmen und Konsumenten. Eine Fortschreibung der alten Umweltpolitik, die weitgehend auf Verordnungen und nachträglichen Regulierungen basiert, aber noch mehr. Die Einzelstoffbetrachtung der heutigen Umweltpolitik legt den einzelnen Betrieben ein sehr enges Korsett an. Darüber hinaus ist derzeit die Mitwirkung der einzelnen Konsumentin und des einzelnen Konsumenten nicht gefragt. Jede neu zur verwirrenden Vielfalt sich widersprechender Ergebnisse hinzukommende Ökobilanz vergrößert die Unsicherheit bei jedem einzelnen Kaufakt – und sei die ökologische Sensibilität der Konsumenten auch noch so hoch. Bei jeder Investitionsentscheidung wäre strenggenommen nicht nur zu prüfen, ob diese sehr vielen verschiedenen Anforderungen den umweltpolitischen Regulierungen, sondern auch den vorauseilenden Forderungen umweltpolitischer Interessengruppen entsprechen. Das gilt in ähnlicher Weise auch für Steuer- und Zertifikatslösungen, wenn diese auf eng umschriebene «Schadstoff»gruppen angewendet werden. Bei einer Ausrichtung auf Einzelstoffe können sich technische Innovationen dann nur auf die Vermeidung dieser Schadstoffe beziehen; *grundlegend* neue Produkte und Prozesse sind davon aber kaum zu erwarten.

Unternehmerische Handlungsfreiräume

Nicht in jedem Fall kann nämlich erwartet werden, daß allein die Einschränkung von Handlungsalternativen durch ökologische Leitplanken – wie in Abschnitt 9.3 diskutiert – automatisch zu entsprechenden Suchprozessen der Unternehmen führt. Entscheidend ist, daß *unternehmerische Handlungsfreiheit gewährleistet* wird und *neue ökonomische Freiräume geschaffen* werden, um investieren und nach Innovationen suchen zu können.

Ökonomische Handlungsfreiheit darf allerdings auch nicht einseitig gefördert werden. Bei Großunternehmen der Automobilindustrie mag es noch *vergleichsweise* einfach sein, Innovationsförderung zu betreiben (auch wenn dann vielleicht nicht viel mehr daraus resultiert als ein Drei-Liter-Auto). Hier mögen «Konsensgespräche» zwischen den (wenigen) Beteiligten noch sinnvoll sein. Aber ein gesamtwirtschaftlicher Innovationsschub erfordert eine ganz andere Politik. Eine einseitige Förderung von Großunternehmen ist sicherlich nicht adäquat: Zur volkswirtschaftlichen Partizipation gehört auch Pluralität. Bestehende Strukturen zu konservieren, verhindert nicht nur den Strukturwandel, sondern schränkt auch die ökonomischen Handlungsspielräume innovativer Unternehmen erheblich ein. Das Merkmal einer wirklichen Innovation ist eben, daß sie nicht vorhergesehen werden kann – und die ihrer besten Förderung liegt in der Schaffung unternehmerischer Freiräume innerhalb eines wohldefinierten Ordnungsrahmens. Die gezielte Förderung z.B. eines bestimmten Typs von Katalysatoren (Stand der Technik) ist umweltpolitisch sicherlich nicht geeignet – eben nicht nur wegen der zweifelhaften ökologischen Vorteile der Katalysatortechnik.

Die Belastung der Unternehmen mit Steuern und Abgaben spielt in der Diskussion um den Wirtschaftsstandort Deutschland eine große Rolle. Insbesondere unter dem Stichwort der «Standortsicherung» zielt die derzeitige Wirtschaftspolitik einseitig darauf ab, die Unternehmenskosten zu senken, um die internationale Wettbewerbsfähigkeit zu steigern. Die Begriffe, mit denen heute über Standortqualitäten und globale Konkurrenz diskutiert wird, übersehen aber meist, daß weder die Wachstumswettrennen innerhalb der Triade EU – Japan – USA noch eine Übertragbarkeit des westlichen Konsummodells auf den Rest der Welt mit einer zukunftsfähigen Entwicklung vereinbar sind. Dennoch ist der globale Wettbewerb ein Phänomen, das sich nicht einfach abschaffen läßt.[2]

Die deutsche Wirtschaft *kann* auf Dauer auch gar nicht erfolgreich versuchen, mit den aufstrebenden «Tigern» Ost- und Südostasiens auf dem Gebiet der Kosten zu konkurrieren. Wettbewerbsfähig ist nicht, wer die geringeren Kosten hat (ein Land wie Deutschland sitzt heute dabei *immer* auf dem kürzeren Ast und sollte deshalb gar nicht erst versuchen, mit Südkorea zu konkurrieren), sondern wer die höhere Innovationsfähigkeit besitzt. Die Wirtschaft braucht funktionsfähige Märkte, die in ausreichendem Maße Wettbewerb zulassen. Dazu gehören auch unternehmerische Handlungsfreiräume. Diese werden nicht nur durch Kostenbelastungen eingeschränkt, sondern auch durch die Anzahl von Regulierungen, die Instabilität von Erwartungen und das Fehlen von Informations- und Entscheidungsgrundlagen. Ebenso gehören verbindende Ideen dazu, die den einzelnen Akteuren die Richtung möglicher zukünftiger Entwicklungen aufzeigen, und so zu einer Stabilisierung der Erwartungen der handelnden Akteure beitragen. Die Leitbildfunktion der Dematerialisierungsidee könnte eine solche verbindende Idee sein. Eine erfolgreiche Etablierung ökologischer Leitplanken und erste Erfolge bei der Dematerialisierung könnten helfen, bestehende umweltpolitische Regulierungen abzubauen. Neue informelle und formelle Institutionen würden somit die Erwartungen der Wirtschaftssubjekte entscheidend stabilisieren. Hinzu kommt die mögliche Bereitstellung eines Teils der für Investitionsentscheidungen notwendigen technischen Informationen über die «ökologischen Rucksäcke» verschiedener Produkte und Dienstleistungen.

Zur Rolle der Wettbewerbspolitik

Entscheidungs- und Feiheitsspielräume auf dem Markt sind also eine wesentliche Bedingung für Innovation, ohne die es nicht zu einer weitreichenden Verringerung der globalen Stoffströme kommen kann. Daß Innovationsstärke und technische Weiterentwicklungen nichts mit bestimmten Marktstrukturen oder einer bestimmten Unternehmensgröße zu tun hat, ist eine in der volkswirtschaftlichen Wettbewerbstheorie schon länger verbreitete Einsicht.[3] Daß es die Existenz von Wettbewerb ist, die Innovationen hervorbringt, wird unter Ökonomen weitgehend akzeptiert. Joseph A. Schumpeter beschrieb die Wirtschaft als «Prozeß schöpferischer Zerstörung»: Konkurrenz und Wettbewerb führten zu einer Verdrängung von alten und einer Etablierung von neuen Produkten, Techniken und Organisationstypen.[4] Sind Innovationen aber nur bei Existenz eines hinreichenden Wettbewerbsdruckes zu erwarten, wird der Schutz und die Förderung von Wettbewerb zu einer wesentlichen Aufgabe. Eine «ursachenadäquate Wettbewerbspolitik, die die Wettbewerbsbeschränkungen selbst behindert oder beseitigt»[5], müßte deshalb eine wichtige flankierende Maßnahme gerade auch für eine ökologische Wirtschaftspolitik sein. Ihre Umsetzung hängt entscheidend von der Innovationsbereitschaft der Wirtschaftssubjekte ab.

Daß aber gerade der umweltpolitische Bereich anfällig ist für wettbewerbsbeschränkende Tendenzen, wird immer wieder betont. So warnte kürzlich Dieter Wolf, Präsident des Bundeskartellamts, vor einer «Kartellierung der Republik unter dem Deckmantel der Ökologie».[6] Als Beispiel sei der Abfallsektor genannt. Spätestens seit der Errichtung des Dualen Systems Deutschland (DSD) zählt die Abfallbranche zu den am höchsten konzentrierten Branchen. Feste Sammel- und Recyclingquoten, eine weitgehende Verdrängung von mittelständischen Unternehmen und eine Vielzahl von Wettbewerbsverzerrungen lähmen die Innovationsbereitschaft. So konstatiert der Wettbewerbstheoretiker Hartwig Bartling, daß im Abfallbereich wohl kaum «mit dirigistischen Vorgaben das Potential an innovativen Vorstößen erkannt und hinreichend stimuliert werden» könne. «Zukünftig besteht deshalb eine wesentliche Aufgabe darin, alle wettbewerbsbeschränkenden Verhaltensweisen der DSD zu unterbinden. Außerdem sind die wettbewerbsbeschränkend wirkenden Rahmenbedingungen zu überdenken. ... Ein oberstes Ziel ist es dabei, die wettbewerbliche Selbststeuerungskraft auf den Entsorgungsmärkten wirksam werden zu lassen.»[7] Dasselbe gelte für neu geplante Verordnungen wie die für Altautos, Elektronikschrott und Batterien. Wenn problematische Strukturen erst einmal etabliert sind, lassen sie sich eben nur schwer verändern. In allen Bereichen der Entsorgungswirtschaft sind diese Folgen mangelnden Wettbewerbs zu spüren. So haben in der Diskussion um die Entsorgung und Verwertung gebrauchter Batterien die Hersteller eine gemeinsame Poollösung mit brancheneinheitlichen Entsorgungskosten vorgeschlagen. Das Bundeskartellamt befürchtet dadurch jedoch «eine wesentliche Beschränkung des Innovationswettbewerbs bei der Verwertung».[8] Innovationsbereite Unternehmen hätten nur noch geringe Anreize für einen Markteintritt. Dies ist nur ein Beispiel unter vielen, mit der Folge, daß auch etablierte Unternehmen wenig Veranlassung haben, nach den effizientesten Recyclingmethoden zu suchen oder Innovationen durchzuführen.

Eine ähnliche Problematik, aber mit anderen Ursachen, charakterisiert den Bereich der Energieversorgung. Hier dominieren wenige Energieversorgungsunternehmen den Markt, begünstigt durch eine längst veraltete Rahmenordnung. Neuere Regulierungsansätze (sogenanntes Least-Cost-Planning oder Minimalkostenplanung) versuchen, die bestehende Monopolstruktur einzubinden und durch geeignete Regulierungen Energieeinsparpotentiale zu nutzen. Langfristig wird eine wettbewerbliche Reform der Rahmenordnung des Energiesektors vonnöten sein, um Innovationspotentiale durch den Wettbewerb aufdecken zu lassen.[9]

Was im speziellen für ökologische Maßnahmen in einzelnen Sektoren wie dem Abfall- und Energiebereich gilt, trifft allgemein auch für eine ökologische Wirtschaftspolitik zu: Erst ein ausreichender Wettbewerb schafft innerhalb einer geeigneten Rahmensetzung ausreichende Anreize für die Suche nach Innovationen. Ein wirtschaftlicher Rahmen ohne eine geeignete Politik gegen Wettbewerbsbeschränkungen ist nicht geeignet, die gewünschten Ziele zu erreichen.

Eine so verstandene ökologische Wirtschaftspolitik, bei der die Gewährung unternehmerischer Spielräume zur Innovation, eine Stabilisierung der Erwartungen, eine Verbesserung der unternehmerischen Informations- und Entscheidungsgrundlagen und eine ursachenadäquate Wettbewerbspolitik im Vordergrund stehen, läßt der einzelnen unternehmerischen Entscheidung wesentlich mehr Freiheits*grade*. Dies gilt, obwohl beim Ressourcenverbrauch eine Reduktion in erheblichem Ausmaß gefordert ist.

Neue Handlungsfreiräume für Konsumenten

Auch für Konsumenten gilt: Das Ausmaß des heutigen materiellen Konsums ist mit einer Dematerialisierung nicht vereinbar. Also doch der Weg in die befürchtete Zuteilungsgesellschaft, die Ökodiktatur? Wir haben schon begründet, daß dies nicht der Fall sein *muß* – im Gegenteil. Eine individuelle Begrenzung einer bestimmten Menge Fleisch oder der erlaubten Transportkilometer im Monat würde zu Recht und in fataler Weise an die Lebensmittelzuweisungen in den ersten Nachkriegsjahren erinnern. Das Faktor-10-Ziel dagegen sollte den Anstoß geben für eine über mehrere Jahrzehnte anhaltende Erhöhung der Ressourcenproduktivität.

Die Stärke des Dematerialisierungsziels liegt darin, daß es den einzelnen Unternehmen und Konsumenten freisteht, in welchen Bereichen sie die Ressourcenintensität senken wollen. Unternehmen können dort reduzieren, wo die effizientesten Einspartechnologien entwickelt werden können (mit entsprechenden positiven Auswirkungen auf Unternehmensergebnis und Preisentwicklung der Konsumgüter). Konsumenten sollte es freistehen, in den Bereichen nach Ersatzmöglichkeiten zu suchen, wo es das eigene Wohlbefinden am wenigsten stört oder es sogar verbessert. Der eine wird die Bretagne statt die Küste Madagaskars entdecken, die andere wird vom Komfort einer Intercity-Fahrt überrascht sein und ihren 3er BMW lieber von der Car-sharing-Stelle ausleihen, statt ihn neu zu kaufen (was oftmals langfristig auch günstiger ist, wie manche erstaunt feststellen werden). Und statt geschmacklich standardisierter Golden Delicious aus Übersee entdecken manche die Vielfalt heimischer Obstsorten wieder. Entscheidend ist allein, daß gesamtwirtschaftlich ein gewünschtes Reduktionsziel erreicht wird. Bei zunehmender Unübersichtlichkeit entstehen eben nicht nur neue Handlungsmöglichkeiten, es werden auch immer mehr übersehen. Gilt dies für Unternehmen, so für Konsumenten erst recht. Gewisse, den eigenen Wohlstand steigernde Möglichkeiten werden erst dann aufgegriffen, wenn sie von jemandem beschrieben werden (im Freundeskreis erzählt, in Büchern gelesen) oder wenn andere Anreize dazu bestehen.

Doch auch in anderer Hinsicht werden neue Handlungsfreiräume eröffnet. Die verwirrende Vielzahl sich widersprechender Ökobilanzen kann auch den ökologisch sensibelsten Verbraucher zur Gleichgültigkeit veranlassen. Richtungssichere Indikatoren wie MI oder MIPS wären sicherlich ein guter Anfang. Existieren genauere Informationen über das Produkt, um so besser. Hier bedarf es vor allem einer verstärkten Verbraucherberatung und -information. Die Stärkung von Konsumentenrechten wie der Produkthaftung und die Ausweitung der Verbraucherberatung wären sinnvolle begleitende Maßnahmen. Anstatt Verbraucherzentralen vielerorts zu schließen, sollten gerade Konsumenten in ihrer Souveränität durch vermehrte Produktinformation bestärkt werden, und dies nicht nur aus ökologischen Gründen. Zur Wahrnehmung von Handlungsmöglichkeiten gehört eben auch Informiertheit, sei es als Konsument oder als Teilnehmer am politischen Prozeß.

11.2 Zum politischen Willensbildungs- und Entscheidungsprozeß

Bislang ist viel von möglichen Instrumenten *(policy)*, wenig aber über den politischen Willensbildungs- und Entscheidungsprozeß *(politics)* gesagt worden. Dabei stellen sich vor allem zwei Fragen: Wie soll eine ökologische Wirtschaftspolitik umgesetzt werden? Und wie verhält es sich mit den politischen Freiräumen der Gesellschaftsmitglieder im Zuge der Umsetzung einer Dematerialisierung?

Ökopolitische Vorschläge müssen von den tatsächlichen gesellschaftlichen Strukturen ausgehen – und nicht von irgendwelchen Wunschträumen. Parlamentarische Demokratie und Marktwirtschaft sind zwei entscheidende Charakteristika der meisten westlichen Gesellschaften. Es ist notwendig, einen breiten gesellschaftlichen Konsens zu erreichen, um Maßnahmen für eine zukunftsfähige Entwicklung einzuleiten. Das heißt nicht, daß alle überzeugt werden müssen. Nur: ohne viel Überzeugungsarbeit wird eine Reduzierung des Umweltverbrauches nicht möglich sein. Wir verstehen dieses Buch als einen Teil dieser Überzeugungsarbeit, als einen Teil eines demokratischen Diskurses über Normen und bestehende Institutionen.

Sicherlich kann eine gesellschaftliche Veränderung nicht von heute auf morgen geschehen, und es ist auch nicht damit getan, am Reißbrett Entwürfe zu skizzieren und einer vermeintlichen monolithischen Einheit «Staat» die Verantwortung für die Umsetzung zuzuschieben. Gesellschaftliche Akteure müssen mobilisiert werden, über das Ziel der Dematerialisierung selbst und über die einzelnen Schritte zu ihrer Umsetzung muß ein breiter gesellschaftlicher Diskurs initiiert werden. Blockaden müßten überwunden und eigeninteressierte, in Verbänden zusammengeschlossene Akteure überzeugt werden. Auch verhindert die Gewaltenteilung und gegenseitige Kontrolle der politischen Ebenen (Bund, Länder und Gemeinden) ein «Durchregieren».[10] Entscheidungen auf der einen föderalen Ebene erfordern meist die Durchsetzung auf einer anderen.

Umsetzung im politischen Prozeß

Wie die Akteure des politischen Prozesses motiviert werden können, sich für eine Dematerialisierungsstrategie einzusetzen, wird wohl die entscheidende Frage bei der Umsetzung ökologischer Wirtschaftspolitik sein. Weitverbreitet ist die These, daß die Mitglieder einer Gesellschaft erst dann aktiv werden, wenn ökologische Belastungen nicht mehr erträglich sind. Auch müssen Kapazitäten (Informationen, materielle Mittel, institutionelle Voraussetzungen) vorhanden sein, um politisch aktiv zu werden.[11] Vertreter der Neuen Politischen Ökonomie (siehe Abschnitt 5.2) sehen im Eigeninteresse der politischen Akteure die entscheidende Variable; werden die individuellen Interessen der Akteure negativ berührt oder werden individuelle Nutzenverluste durch die Politik befürchtet, so sind eher Blockadehaltungen und Widerstände zu erwarten. Kosten-Nutzen-Abwägungen sind dabei mitentscheidend für die Teilnahme am demokratischen Prozeß und die Umsetzung ökologischer Reformvorhaben.[12] Der Politologe Volker von Prittwitz unterscheidet *Status-quo-* und *Veränderungsinteressen*, die ihren jeweiligen Nutzen aus der Umweltzerstörung beibehalten bzw. die betreffenden Umweltbelastungen beseitigen möchten, und sogenannten *Helferinteressen*. Letzere versuchen, aus dem umweltpolitischen Konflikt den größten Nutzen zu ziehen.[13] Ihre Mobilisierung sei für die Umsetzung von Umweltpolitik von entscheidender Bedeutung. Zu denken wäre etwa an Industrieverbände, die sich einen Vorteil aus der Umweltpolitik erwarten, an Umweltverbände und Umweltschutzorganisationen. Aber auch Parteien könnten sich Vorteile versprechen und könnten beginnen, Überzeugungsarbeit zu leisten und den Diskurs zu organisieren. Auch die Interessen der Versicherungswirtschaft, deren Haftungssummen aufgrund menschengemachter

Klimaveränderungen, Dürren, Orkane und Fluten in den letzten Jahren erheblich zugenommen haben, könnten hierunter subsumiert werden.

Für die Umsetzung einer ökologischen Wirtschaftspolitik ist «der Bedarf an Mitwirkung nichtstaatlicher Instanzen wegen der Eingriffstiefe der Maßnahmen und des daraus erwachsenden besonderen Informations- und Legitimationsbedarfs höher als bei herkömmlicher Politik».[14] Diskutiert werden müßte, welche Rolle sogenannte *Netzwerke* und *intermediäre Institutionen* für eine politische Umsetzung der Dematerialisierung spielen. Netzwerke sind Organisationsstrukturen nichtstaatlicher Natur, in denen sich unabhängige Akteure selbst organisieren und koordinieren, um ein gemeinsames Resultat zu erreichen. Zu denken ist hier zum Beispiel an ein möglichst gleichberechtigtes Zusammenspiel von Wirtschaftsverbänden, Gewerkschaften, Verbraucherorganisationen und Umweltschutzverbänden mit der Regierung in Bereichen wie Forschungs-, Regional- und der Umweltpolitik. Netzwerke werden immer dann wichtig, wenn das für die Formulierung langfristig orientierter Politik notwendige Wissen, die Möglichkeit der Implementierung politischer Maßnahmen und deren Kontrolle nicht mehr allein bei staatlichen Institutionen gebündelt sind. Genau dies trifft für die Umsetzung einer ökologischen Wirtschaftspolitik zu: Allein ein Zusammenspiel von hierarchischen Strukturen und Netzwerkstrukturen, ein Zusammenspiel aller Akteure und ein Ausbalancieren von Eigeninteressen ist die Grundlage für eine wirkungsvolle Umsetzung jeglicher Umweltpolitik, somit erst recht für eine ökologische Wirtschaftspolitik.

Teil solcher Netzwerke und entscheidende Akteure im umweltpolitischen Diskurs sind die Umweltverbände. Ihre Rolle für die Kommunikation über Umweltprobleme ist von nicht zu unterschätzender Bedeutung. Gäbe es eine Einmischung dieser Umweltverbände nicht, hätte dies fatale Folgen. Umweltprobleme in China und der ehemaligen Sowjetunion konnten nicht zuletzt eine solche Dimension annehmen, weil über sie zu wenig kommuniziert wurde oder wird – und auch aufgrund fehlender politischer Artikulationsmöglichkeiten für Umweltverbände und Bürger innerhalb dieser Länder.

Allerdings stößt das Potential von Netzwerken dann an seine Grenzen, wenn die Koordinierungsprobleme, zum Beispiel aufgrund der großen Zahl von Beteiligten, unüberbrückbar werden. Durch die Beteiligung vieler Gruppen wächst das Problem der Einigung der Akteure und damit das Blockadepotential. Akteure mit unterschiedlichen und zum Teil nicht genau geklärten Interessen können zu entscheidenden Verzögerungen und Verwässerungen der ursprünglichen Zielsetzungen führen. Auch sind die Machtpositionen in Netzwerken regelmäßig unterschiedlich verteilt. Definiert man aber «Macht» als «die Verfügbarkeit von Ressourcen» (Information, Finanzen etc.), so können sich Netzwerke zu «Machtkartellen entwickeln», die in der Lage sind, «problemlösungsorientierte gesellschaftliche Such- und Lernprozesse zu blockieren oder zumindest zu verlangsamen».[15] Netzwerke funktionieren jedoch meist nur dann, wenn wenige Akteure mit dem Staat verhandeln und sich dieser auf die Kompetenz jener Akteure verlassen kann. Bei einer hohen Zahl von Beteiligten ist die Stabilität von Politiknetzwerken tendenziell gefährdet. Netzwerke entstehen außerdem nicht quasi naturwüchsig aus altruistischer Motivation: es geht um die Vertretung von Interessen. Auch Netzwerke brauchen das Machtpotential des Staates. Staatliche Drohgebärden sind deshalb oft entscheidend für den umweltpolitischen Erfolg solcher Netzwerke. Trotzdem, so der Politologe Karsten McGovern – weisen neuere Politikfelder offenere Strukturen auf, die gerade neuen Akteuren bessere Zugangschancen bieten. Eine ökologische Wirtschaftspolitik bietet deshalb auch die Chance, derzeitige politische Strukturen zu öffnen.

Allerdings werden ökologische und andere Rahmensetzungen von Unternehmen, Gewerkschaften und anderen gesellschaftlichen Akteuren sicherlich nicht widerstandslos akzeptiert werden. In der Diskussion um die ökologische Steuerreform beispielsweise haben sich Unternehmensverbände mit ihrer ablehnenden Haltung Gehör verschafft. Vertreter der deutschen Industrie sehen das Ende des «Standortes Deutschland» für den Fall heraufziehen, daß eine solche Reform durchgeführt würde. Auch Repräsentanten der Gewerkschaften haben sich immer wieder sehr kritisch zu ökologischen Vorhaben geäußert. Insbesondere die Funktionäre derjenigen

Gewerkschaften, die sich vom Umweltschutz in besonderer Weise betroffen fühlen, sprechen sich mit dem Hinweis auf den vermeintlichen Widerspruch zwischen Beschäftigung und Umweltschutz gegen weitgehende Maßnahmen aus. Wer einen ökologischen Strukturwandel anstoßen will, muß sich mit diesen Widerständen auseinandersetzen und versuchen, den öffentlichen Diskurs mitzubestimmen.

Politische Vorteilhaftigkeit der Dematerialisierung

Zweifellos sind die Widerstände gegen die Umsetzung einer ökologischen Wirtschaftspolitik nicht zu unterschätzen. Die Befürchtung, die damit verbundenen Kosten könnten den eher langfristig erhofften Nutzen überwiegen, könnte Unternehmen und Konsumenten zu einer ablehnenden Haltung veranlassen. Politiker könnten weiterhin eher Interesse an ihrer Wiederwahl, an kostenintensiven nachsorgenden Umweltschutzmaßnahmen, die aber kurzfristig Erfolge versprechen, und an der Vernachlässigung langfristiger Zielsetzungen haben. Die Bürokratie würde weiterhin ihr Budget maximieren – was dann? Wir möchten verdeutlichen, daß Dematerialisierung auch gerade im politischen Bereich neue Freiräume eröffnen kann – Freiräume, die gleichzeitig genutzt werden können, um bürokratische Strukturen aufzubrechen und den Bereich der Politik für breitere Schichten der Gesellschaft zu öffnen.

Würden diese Freiräume immer mehr wahrgenommen, könnten bestehende Widerstände auch gegen eine Dematerialisierung an Dominanz verlieren. Eine stärkere Information und Kommunikation über Umweltprobleme könnte den Druck auf bestehende politische Institutionen erhöhen, sich einer stärkeren Demokratisierung zu öffnen. Eine Demokratisierung der politischen Strukturen, von Parteien, Gewerkschaften und Interessenverbänden und stärkere betriebliche Mitbestimmung in ökologischen Fragen würden wiederum nicht nur die politischen Handlungsspielräume erheblich vergrößern, sie könnten gleichzeitig für die Umsetzung einer Dematerialisierung hilfreich sein. In diesem Zusammenhang könnte eine ursachenadäquate Wettbewerbspolitik dazu beitragen, den politischen Einfluß einzelner Unternehmen abzubauen.

Für ein langfristig angelegtes Konzept wie das hier vorgeschlagene ist es aber auch entscheidend, daß die wirtschaftlich handelnden Akteure daran glauben, daß eine solche Politik – einmal eingeführt – auch längerfristigen Bestand hat. Ansonsten würden sie ihr Verhalten in ganz anderer Weise ausrichten. Die für einen ökologischen Strukturwandel notwendigen Innovationen würden nicht stattfinden. Obwohl vielfach die kurzfristige Orientierung der Politik gerügt wird und institutionelle Reformen gefordert werden, um langfristigen Aspekten in der Politik mehr Beachtung zu verschaffen, ist eine Verlängerung von Wahlperioden aber kein erstrebenswerter Schritt, zumal die bereits heute geringen Partizipationsmöglichkeiten der Bürger dadurch noch weiter reduziert würden. Die Einrichtung ökologischer Räte scheint in diesem Zusammenhang ein beachtenswerter Vorschlag zu sein. Unklar sind aber sowohl Fragen zu ihrer demokratischen Legitimation als auch zu den Kompetenzen, die ein solcher Rat haben sollte. Ein Rat, wie er Jens Reich vorschwebt, hätte nicht nur das Recht zu Gesetzesinitiativen und ein Vetorecht, sondern wäre auch in der Lage, Ge- und Verbote auszusprechen.[16] Eine derartige Ausgestaltung wäre aus unserer Sicht viel zu weitgehend und daher nicht akzeptabel. Es bestünde die Gefahr einer «ökologischen Expertokratie», in der vermeintlich «Wissende» über das ökologische Wohl und Wehe der Bürgerinnen und Bürger entscheiden. Es könnte das eintreten, wovor zum Beispiel Michael Kloepfer warnt: «Denkbar erscheint mittelfristig ... ein bürokratisch-technokratisches Regime ‹ökologischer Eliten›, welches seine Legitimation vor allem in dem ökologischen Bewußtsein und Sachverstand seiner Repräsentanten und der von diesen vertretenen ökologisch orientierten Politik, nicht notwendig, aber in dem mehrheitlichen Willen der Bevölkerung finden könnte. ... Wer ... genau hinsieht, wird bereits heute Ansätze einer politisch nicht wirklich verantworteten ... Sachverständigenherrschaft auch bei umweltrelevanten Entscheidungswegen in Deutschland finden können.»[17]

Zu denken ist statt dessen an einen *gesellschaftlichen Dialog* auf breiter Basis, mit allen Bevölkerungsgruppen – eben kein Expertendialog, bei denen sich die Politiker von anderen Eliten sagen lassen, was sie tun sollen. Mehr Mitspracherechte und Entscheidungsmöglichkeiten für einzelne Bürger oder Umweltverbände, Stärkung von Bürgerbeteiligungen und Mitsprache (z.B. bei Großprojekten), Umweltverträglichkeitsprüfungen und die oben erwähnten Verbandsklagerechte im Umwelthaftungsrecht, all dies wären geeignete Elemente einer politischen Reform. Von Dialogen auf breiter Basis, die eine Wirkung auf politische Entscheidungen haben, sind wir heute allerdings noch ein gutes Stück entfernt.

Wir haben oben auch deutlich gemacht, daß viele Schritte in Richtung einer starken Reduzierung der Stoffströme auch möglich sind, lange bevor eine ökologische Wirtschaftspolitik an Einfluß gewinnt. Je mehr wirtschaftlich handelnde Akteure sich jetzt schon entsprechend verhalten – viele ermutigende Beispiele sind dazu bekannt[18] –, um so leichter umsetzbar ist auch eine entsprechende Politik. Gelingt die hier vorgeschlagene Verstetigung der Umweltpolitik und ist damit ein Abbau bestehender Regulierungen verbunden, so kann dies den Spielraum zum Abbau bürokratischer Strukturen und politischer Gestaltungsräume erhöhen. Grundsätzliche Vorbedingung, um sich am politischen Prozeß zu beteiligen, ist jedoch die Existenz entsprechender Handlungskapazitäten.[19] Dazu zählen nicht nur institutionelle Möglichkeiten der Partizipation sowie die Verfügbarkeit von Informationen, sondern auch die Gewährleistung einer materiellen Grundversorgung.

11.3 Zur sozialpolitischen Komponente ökologischer Wirtschaftspolitik

Der Erfolg einer ökologischen Wirtschaftspolitik hängt entscheidend davon ab, inwieweit gesellschaftliche Interdependenzen und Rückkopplungen in Betracht gezogen werden. Sowohl aufgrund unserer normativen Ausgangspunkte als auch aufgrund unseres umfassenden Begriffes der Zukunftsfähigkeit sehen wir soziale Fragen als untrennbar mit einer ökologischen Wirtschaftspolitik verknüpft. Die wirtschaftliche Entwicklung, den Schutz der Umwelt und soziale Gerechtigkeit gegeneinander auszuspielen, kann bei der

Debatte um Wege zur Zukunftsfähigkeit nicht zielführend sein. So kann z.B. eine fehlende Berücksichtigung verteilungs- oder beschäftigungspolitischer Auswirkungen ökologisch motivierter Maßnahmen zum Scheitern angestrebter umweltpolitischer Strategien führen. Daher ist es auch nicht angemessen, nach der Umsetzung umweltpolitischer Instrumente mit einer quasi nachsorgenden Sozialpolitik das Schlimmste zu verhüten. Die Verwendung von Ressourcen, der «Scale» der Wirtschaft und die Verteilung von Einkommen und Vermögen sind nicht unabhängig voneinander, ihre Veränderungen sind eng miteinander verwoben.[20] Dies ergibt sich auch aus einer koevolutionären Perspektive der Gesellschaft: Einzelne Bereiche der Gesellschaft können nicht einfach als unabhängig voneinander betrachtet werden, auch wenn dies in der Politik z.B. durch die Trennung von Wirtschafts-, Sozial- und Umweltministerien suggeriert wird. Andererseits können soziale Innovationen, wie sie für eine Dematerialisierung notwendig sind, wohl kaum angeregt werden, wenn viele Gesellschaftsmitglieder keine ausreichenden materiellen Handlungsmöglichkeiten besitzen, z.B. wenn sie erwerbslos sind oder keinen bezahlbaren Wohnraum finden.

Zur Integrationsnotwendigkeit sozialer Aspekte in eine ökologische Wirtschaftspolitik

Soziale Gerechtigkeit muß integraler Bestandteil einer wirtschaftspolitischen Konzeption sein, die eine zukunftsfähige Entwicklung sichern will. Das bedeutet auch, daß soziale Auswirkungen einer Dematerialisierung nicht vernachlässigt werden dürfen. Allerdings findet man sich beim Versuch, eine Politik zu entwerfen, die negative soziale Auswirkungen verhindert, erneut mit der Komplexität sozialer Systeme konfrontiert: Die genauen Auswirkungen einer bestimmten Politikmaßnahme sind nicht im voraus zu bestimmen. Eine Fixierung auf abmildernde oder heilende Maßnahmen im Rahmen einer «end-of-the-pipe-Sozialpolitik» setzt nur an den Symptomen an und erfordert zahlreiche Nachinterventionen, die allenfalls die gröbsten Mängel beseitigen können (wenn sie nicht zu spät kommen). Zu denken ist hier an negative Beschäftigungswirkungen, deren Kurierung im nachhinein wohl höchst problematisch sein wird (wie die mühsamen und nahezu erfolglosen Versuche zeigen, die bestehende Massenarbeitslosigkeit abzubauen). Auch negative Effekte auf die Einkommensverteilung sind zu nennen, die zum einen schwer bestimmbar sind und zum anderen nur mit nachträglichen Umverteilungen korrigierbar wären (die zumeist sehr kritisch beurteilt und wiederum auf starke Widerstände der Betroffenen stoßen werden).

Einen Ausweg aus diesem Dilemma kann es nur geben, wenn schon von vornherein negative soziale Auswirkungen und der Bedarf an nachträglichen Korrekturen vermieden werden. Dies bedeutet, daß bereits bei der Ausgestaltung einer ökologischen Wirtschaftspolitik sozialpolitische Aspekte eine wesentliche Rolle spielen müssen, sei es bei der Ausgestaltung des Ordnungsrahmens, der wirtschaftspolitischen Instrumente oder in Form flankierender Maßnahmen. Welche Vorschläge sind dabei konkret vorstellbar?

Zur integrierten Berücksichtigung negativer Effekte umweltpolitischer Instrumente wurden schon in der Diskussion um die Energiesteuer zahlreiche Vorschläge gemacht. Einer davon ist der Ökobonus: Das jeweilige Steueraufkommen einer Energiesteuer wird zum Teil an die Haushalte zurückgegeben. Dabei ist zum Beispiel eine Pro-Kopf-Ausschüttung denkbar. Empirische Studien zeigen, daß die durch die Energiebesteuerung verursachten negativen Wirkungen auf die personelle Einkommensverteilung rückgängig gemacht werden können – und dies teilweise nur mit einem Bruchteil des Steueraufkommens.[21]

Der Ökobonus – wie auch immer ausgestaltet – ist aber nur ein Beispiel für eine Integration von Sozial- und Umweltpolitik. Am effektivsten wäre eine Verknüpfung einer ökologischen Wirtschaftspolitik mit der ohnehin dringend notwendigen Umgestaltung der Sozialsysteme. Wenn hier von Umgestaltung des Sozialsystems die Rede ist, so verstehen wir das nicht unter der Maxime eines Sozialabbaus. Darüber, daß das Sozialsystem einer grundlegenden Reform bedarf, besteht schon seit längerem ein weit verbreiteter Konsens in der politischen Debatte. Das Steuersystem wird immer unüberschaubarer; an zahlreichen Stellen lassen Versorgungslücken einerseits und Mehrfachleistungen auf der anderen

Seite die Hoffnung auf «Steuergerechtigkeit» zur Farce werden. Die Finanzierung der Krankenkassen gerät aus den Fugen, das Rentensystem scheint auf lange Sicht nicht mehr finanzierbar, an vielen Stellen unseres Sozialsystems bestehen Lücken und Ungerechtigkeiten. Wie sich diese Umgestaltung des Sozialsystems aber vollziehen soll, darüber gehen die Meinungen weit auseinander.

Eine mögliche Option für eine solche Neugestaltung ist eine Integration des Systems von Steuern und Sozialleistungen. Das heutige, vielgliedrige System staatlicher sozialer Sicherung könnte durch eine Art von *Grundeinkommen* für alle (Erwerbstätige, Rentner, Studenten etc.) ersetzt werden. Finanziert wird dieses «Grundeinkommen» (auch «negative Einkommenssteuer» oder «Bürgergeld» genannt) durch den Wegfall bisheriger Transferzahlungen (Sozialhilfe, Wohngeld, Erziehungsgeld, Ausbildungsförderung u.a.), somit durch das allgemeine Steueraufkommen (z.B. auch durch entsprechende Energie- und Materialsteuern) anstatt durch spezielle Sozialbeiträge. Gleichzeitig würde die einseitige Belastung der Arbeit durch die möglich werdende Senkung der Lohnnebenkosten abgemildert. Die Zahlung eines solchen Grundeinkommens soll das Existenzminimum sichern und bei zusätzlichem Einkommen schrittweise reduziert werden. Ein solches Grundeinkommen könnte schon von vornherein helfen, soziale Ungerechtigkeiten abzubauen und die Gesellschaftsmitglieder sozial abzusichern – sie könnte die soziale Flanke einer ökologischen Wirtschaftspolitik schließen.[22]

Entscheidender Vorteil eines Grundeinkommens wäre auch, daß in einem solchen System die soziale Sicherung von der Erwerbsarbeit zumindest teilweise entkoppelt würde. Eine generelle Umverteilung der vorhandenen Erwerbsarbeit, eine Verkürzung der Gesamtarbeitszeit und eine Flexibilisierung von Arbeitszeiten und Arbeitsformen, die die Zeitsouveränität von Arbeitnehmerinnen und Arbeitnehmern erhöht, sind erste Schritte auf dem Weg zu einer neuen Gestaltung des Arbeitslebens. Ein Grundeinkommen könnte es den einzelnen erleichtern, sich bewußt für eine Arbeit im offiziellen Erwerbssektor zu entscheiden oder lieber im eigenen Bereich Arbeit zu verrichten. Dazu gehört auch ein Umdenken in der Bewertung der Erwerbsarbeit, die bislang zumeist noch im Mittelpunkt des täglichen Lebens steht.

Anmerkungen

1 Kloepfer, 1992, S. 204f.
2 Weizsäcker (Hrsg.), 1994, BUND/Misereor, 1996. Zu einer Ökologisierung des Gatt/der WTO siehe Kulessa, 1995, Helm, 1995.
3 Vgl. Kaufer, 1970, sowie die Diskussion um die Neo-Schumpeter-Hypothesen in Schmidt/Elßer, 1990.
4 Schumpeter 1993/1950, S. 138 und 140.
5 Bartling, 1980, S. 60.
6 «Ordnungspolitisch sensibler werden», SZ-Gespräch mit Dieter Wolf, Präsident des Bundeskartellamtes, Süddeutsche Zeitung, 27. Dezember 1995, S. 23.
7 Bartling, 1995, S. 195.
8 Industrie will Klarheit über Batterie-Verwertung, in: Süddeutsche Zeitung, 4. Januar 1996, S. 19.
9 Zu einer wettbewerblichen Reform des Energiesektors siehe die Vorschläge des Öko-Instituts, die einen direkten Wettbewerb auf Erzeugerseite und eine Trennung von Stromerzeugung, -transport und -verteilung vorsehen, vgl. Enquete-Kommission «Schutz der Erdatmosphäre» (Hrsg.), 1995, S. 1167. Vgl. auch Müller/Hennicke, 1995.
10 McGovern, 1995, S. 4.
11 Prittwitz spricht im ersten Fall von einer Belastungs-Reaktionsthese (auch Problemdruckthese), wonach ein Zusammenhang zwischen Umweltbelastung und politischem Druck vermutet wird. Auch Beck geht von einer vergleichbaren Motivation für umweltpolitische Willensbildung aus. Daß Umweltpolitik vor allem erst bei entsprechenden Handlungskapazitäten möglich ist, nennt Prittwitz die «Kapazitätsthese»; Prittwitz, 1990, S. 103ff.
12 Erinnert sei hier an den Zyklus der Umweltpolitik von Frey, vgl. Abschnitt 5.2.
13 Prittwitz, 1993.
14 McGovern, 1995, S. 5.
15 Messner, 1994, S. 587f.
16 Reich, zitiert nach: «In den Hintern treten. Der ostdeutsche Bürgerrechtler über Demokratiefrust und die Notwendigkeit einer Ökodiktatur», in: Der Spiegel, Nr. 14, 1995, S. 42ff.
17 Kloepfer, 1992, S. 204.
18 Z.B. Schmidt-Bleek/Tischner, 1995, Stahel, 1991, Weizsäcker et al., 1995.
19 Vgl. die Kapazitätsthese nach Volker von Prittwitz; Prittwitz, 1990, S. 103ff.
20 Vgl. Stewen, 1996, Hinterberger et al., 1996.
21 Siehe z.B. Johnson/McKay/Smith, 1990, Meier/Walter, 1991, DIW/Greenpeace, 1994.
22 Zum Grundeinkommen siehe z.B. Hüther, 1990, 1991, Kress, 1994, DIW, 1994, Hinterberger, 1991, 1994d.

12 Zusammenfassung: Ökologische Wirtschaftspolitik in einer komplexen Welt

Unsicherheit ist ein wesentliches Merkmal der komplexen Welt, die uns umgibt. Diese Unsicherheit darf aber nicht – wie Hans Jonas formuliert – «vom Handeln abraten», sondern sollte «zu ihm auffordern». Richtig mit Unsicherheit umzugehen, den «Mut zur Verantwortung» zu haben, ist entscheidend für die Zukunft. Erst zu handeln, wenn es schon zu spät ist, sichert vielen Menschen in den Industrieländern vielleicht noch einige Jahre des unhinterfragten «Weiter-so», aber langfristig höchstwahrscheinlich kein Weiterleben in einer Weise, die aus heutiger Sicht wünschenswert erscheint. Wir haben in diesem Buch das Konzept der Dematerialisierung unserer Wirtschaft vorgestellt. Dieses Konzept kann, entsprechend ausgestaltet und demokratisch legitimiert, als Leitbild und Leitplanke dienen für einen sicheren Kurs zwischen «Scylla» (der Gefahr einer Ökodiktatur) und «Charybdis» (den zunehmenden Gefahren durch ökologische Katastrophen).

Eine Dematerialisierung erscheint uns notwendig, um den Umweltverbrauch in einer solchen Art und Weise zu senken, daß sowohl die ökologischen als auch die sozioökonomischen Bedingungen für eine zukunftsfähige Entwicklung erfüllt werden. Nachfolgend rekapitulieren wir noch einmal die Grundzüge des Konzeptes der Dematerialisierung und die Chancen, die ein solches Konzept bietet, Chancen für eine innovative, Freiräume schaffende, demokratische und soziale Wirtschaftspolitik und Lebensweise.

Dematerialisierung heißt, über eine deutliche Erhöhung der Ressourcenproduktivität in allen Bereichen der Wirtschaft die globalen Stoffströme so zu reduzieren, daß die Lebensqualität in den reicheren Teilen der Welt dauerhaft erhalten und in den Ländern des Südens gleichzeitig deutlich gesteigert werden kann. Die Steigerung der Ressourcenproduktivität alleine reicht aber nicht aus, wenn das Wachstum der Wirtschaft diese Produktivitätsgewinne zunichte macht. Notwendig ist daher auch eine Umorientierung hinsichtlich dessen, was wir unter Lebensqualität verstehen. Um beides zu erreichen, eine Steigerung der Ressourcenproduktivität und eine Erhöhung der Lebensqualität, ist ein gewaltiges Ausmaß an technischen und sozialen Innovationen notwendig. Dies alles kann dann gelingen, wenn eine ökologische Wirtschaftspolitik ökologische Leitplanken so aufstellt, daß sie dem Konzept der Dematerialisierung entsprechen. Solche Leitplanken werden aber nur dann den gewünschten Erfolg erzielen, wenn auch das entsprechende Leitbild in der Gesellschaft akzeptiert und verankert ist.

Daß etwas gewünscht wird, bedeutet noch nicht, daß es auch erreichbar ist. Insbesondere die Umweltpolitik ist mit einem doppelten Komplexitätsproblem konfrontiert, das die Erreichbarkeit ihrer Ziele erschwert. Zum einen führt die Komplexität der natürlichen Umwelt dazu, daß die Folgen aller anthropogenen Eingriffe letztlich unkalkulierbar sind. Zum anderen sind sozioökonomische Strukturen und Prozesse ebenfalls so komplex, daß diese genausowenig «einfach gesteuert» werden können, ohne daß unerwünschte Effekte auftreten. Sozioökonomische und ökologische Systeme lassen sich nicht befehligen – auch nicht durch wohlmeinende Experten. Gerade die Tatsache und die Einsicht, daß diese Systeme zu komplex sind, als daß sie durchschaut, geschweige denn gelenkt werden könnten, ist der Grund dafür, daß wir eine weitgehende Dematerialisierung für unser Wirtschafts- und Gesellschaftssystem vorschlagen. Dieses Konzept der Dematerialisierung weist einen zukunftsfähigen Pfad und stößt innovative Entwicklungen an.

Die Zusammenführung üblicherweise einander ausschließender wirtschaftstheoretischer Ansätze unter Berücksichtigung anderer sozialwissenschaftlicher Erkenntnisse scheint uns notwendig, um zu praktischen und problemadäquaten Handlungsempfehlungen zu kommen. Nur so kann der notwendigen Eindämmung externer Effekte ebenso Rechnung getragen werden, wie der Unterstützung des Marktes als «Entdeckungsverfahren» für ökologisch und ökonomisch erfolgversprechende Innovationen.

Eine auflagen- und verordnungsorientierte Umweltpolitik, wie wir sie heute kennen, kann wenig zu einer zukunftsfähigen Entwicklung beitragen. Die Funktion der Dematerialisierung als Leitbild und als Leitplanke, wie wir sie hier vorschlagen, erscheint uns als eine demokratiefähige Basis für eine ökologische Wirtschaftspolitik. Sie bietet langfristig mehr Freiräume als eine Umweltpolitik, die immer neue Umweltprobleme mit immer neuen Vorschriften zu «beheben» versucht. Unsere Sicht des wirtschaftlichen Prozesses bedeutet auch, daß es in einer komplexen Gesellschaft sehr wohl einen Raum für Staatseingriffe gibt, aber nicht im Sinne des mechanistischen Steuerns bestimmter ökonomischer Variablen. Die Erkenntnis, daß sich ein Strukturwandel nicht planen läßt, führt uns keineswegs zu einem umweltpolitischen Laissez-faire. Von alleine werden sich die ökologischen Probleme nicht lösen. Wenn aber andererseits ein ökologischer Strukturwandel ohne funktionierende Märkte nicht möglich ist, bedarf es der richtigen *Rahmenbedingungen* und institutioneller Veränderungen. Dazu trägt auch die *langfristige* Orientierung dieser Politik bei, eine Orientierung, die geeignet ist, die Glaubwürdigkeit staatlicher Rahmensetzung zu erhöhen und die Erwartungen der wirtschaftlich handelnden Akteure zu stabilisieren. Die Politik kann diese Aufgabe besser lösen, wenn sie akzeptiert, daß sie dabei weder die Ergebnisse noch die ablaufenden Prozesse im einzelnen steuern oder auch nur vorhersagen kann.

Darüber hinaus ist es wichtig, den Diskurs über geeignete Leitbilder zu beschleunigen. Das Konzept der Dematerialisierung ist nicht nur mit einer pluralistisch-demokratischen Vorstellung von gesellschaftlichem Zusammenleben kompatibel, es kann darüber hinaus bei entsprechenden flankierenden Maßnahmen zu einer Öffnung neuer Handlungsspielräume beitragen: Es kann *wirtschaftliche* Anreize geben zu verstärkten Innovationen, getragen von Unternehmen und Konsumenten – eine Politik, die diese Freiräume fördert, vorausgesetzt. Es kann zu einem Abbau bestehender umweltpolitischer Regulierungen führen und neue *politische* Freiräume eröffnen. Verbunden mit einer Reform des Sozialsystems bietet eine ökologische Wirtschaftspolitik zusätzlich die Chance, Ungerechtigkeiten abzubauen und *soziale* Aspekte schon bei der Ausgestaltung ökologischer Politik zu integrieren. Daß der Umweltverbrauch der industrialisierten Länder gesenkt werden muß, halten wir für unabdingbar. Mit diesem Buch stellen wir die Grundlagen einer Strategie zur Diskussion, die zur Erreichung dieses Zieles beitragen kann. Der gesellschaftliche Diskurs darüber wird zeigen, ob diese Strategie auch durchsetzbar ist.

Fest steht: Um eine zukunftsfähige Entwicklung zu erreichen, sind enorme Anstrengungen vonnöten. Gebraucht werden Phantasie und demokratische Auseinandersetzung, das verstreute Wissen vieler einzelner – und Rahmenbedingungen, in denen sich dieses Wissen entfalten kann. Schon heute gibt es in vielen Bereichen der Gesellschaft Ansätze, die in diese Richtung gehen: «grüne» Unternehmen, ökologische Verbraucherinitiativen, neue Diskussionsforen in Parteien, Gewerkschaften und Kirchen. Mehr denn je notwendig ist ein Leitbild, das von vielen akzeptiert werden kann und handlungsleitend ist, sowie ökologische Leitplanken, die stark genug sind, um das Schiff weder Scylla noch Charybdis anheimfallen zu lassen – ohne dabei jedoch den Navigationsspielraum zu sehr einzuschränken. Langfristig vorausschauendes Handeln tut not – denn im Gegensatz zum Boot des Odysseus «schwimmt» die Gesellschaft *auf Dauer* durch diese Meerenge. Der Diskurs über die Dematerialisierung unserer Wirtschaftsweise hat längst begonnen, und dieses Buch ist ein Beitrag dazu. Die Augen und Ohren zu öffnen, die Gefahren überhaupt sehen und hören zu wollen, ist ein erster wichtiger Schritt. Wenn weder ein optimistisches «Weiter-so» noch ein naiver Steuerungsglaube dominieren, erscheint ein solcher Weg zwischen Scylla und Charybdis möglich.

Wir werden uns in nächster Zeit weiterhin an dem Diskurs über die Dematerialisierung beteiligen und konkretere Vorschläge erarbeiten, wie eine ökologische Wirtschaftspolitik, die auf den hier erarbeiteten Gedanken beruht, ausgestaltet und umgesetzt werden kann und welche Auswirkungen sie auf die verschiedenen wirtschaftlichen und gesellschaftlichen Bereiche haben kann. Insofern schließt dieses Buch einen ersten Diskussionsprozeß ab, dessen Ergebnisse wir hiermit einer breiteren Öffentlichkeit vorgestellt haben. Wir freuen uns auf einen spannenden und phantasievollen Diskurs.

Die Autoren

Friedrich Hinterberger, geb. 1959, Dr. rer. pol., Mag.rer.soc.oec., Studium an der Johannes-Kepler-Universität Linz, Promotion an der Justus-Liebig-Universität Gießen. Forschungsaufenthalte an den Universitäten von Rom und Florenz sowie der New School for Social Research und der New York University. Arbeitsschwerpunkte: Ökonomie der Stoffströme, evolutorische Ökonomik, Umweltpolitik.

Fred Luks, geb. 1965, Dipl.-Volkswirt, Dipl.-Sozialökonom. Studium an der Hochschule für Wirtschaft und Politik Hamburg und der University of Hawaii at Manoa. Forschungsaufenthalte in Kuala Lumpur (Malaysia) sowie an der New York University und der University of California at Berkeley. Doktorand an der Hochschule für Wirtschaft und Politik. Arbeitsschwerpunkte: Sustainable Development; Wachstum und Umweltprobleme; Ökonomie der Stoffströme; Umwelt und «Entwicklung».

Marcus Stewen, geb. 1969, Dipl.-Volkswirt. Studium an der Johannes-Gutenberg-Universität Mainz sowie der University of Glasgow. Doktorand an der Johannes-Gutenberg-Universität Mainz. Arbeitsschwerpunkte: Umweltökonomik, Umweltpolitik, Ökonomie der Stoffströme, Umwelt und Verteilung.

Literatur

Hans Albert: Das Werturteilsproblem im Lichte der logischen Analyse, in: Gérard Gäfgen: Grundlagen der Wirtschaftspolitik. 3. Aufl., Köln und Berlin 1970, S. 25–52

Armen A. Alchian: Uncertainty, evolution and economic theory, in: Journal of Political Economy, Vol. 50, 1950

Kerstin Altendorf: Umweltpolitik in der Demokratie. Diplomarbeit an der Johannes-Gutenberg-Universität Mainz. Mainz 1995

Günther Altner: Überlebenskrise in der Gegenwart. Darmstadt 1988

Elmar Altvater: Die Zukunft des Marktes. Münster 1991

Elmar Altvater: Kapitalismus ohne Alternative? Gespräch mit Elmar Altvater, in: Neue Gesellschaft/Frankfurter Hefte 1/1996, S. 18–25

Arbeitsgruppe Alternative Wirtschaftspolitik: Memorandum '94. Köln 1994

Robert U. Ayres und Udo E. Simonis (Hrsg.): Industrial Metabolism. Restructuring for Sustainable Development. Tokyo und New York 1992

Peter Bacchini und H. Brunner: Metabolism of the Anthrosphere. Berlin 1991

Stefan Baron: Mut und Lust, in: Wirtschaftswoche Nr. 47, 16.11.1995, S. 3

Hartwig Bartling: Leitbilder der Wettbewerbspolitik. München 1980

Hartwig Bartling: Grüner Punkt: Reformbedarf wettbewerblicher Rahmenbedingungen, in: Wirtschaft und Wettbewerb, Jg. 45, 3/1995, S. 183–196

Hermann Bartmann: Wachstum und Umwelt, in: Jahrbuch für Sozialwissenschaft, Vol. 45, 1994, S. 171–184

Hermann Bartmann und Henning Borchers: Umweltökonomie. 4. Aufl., St. Gallen 1993

Hermann Bartmann und Klaus-Dieter John: Ökonomische Unsicherheit, individuelle Erwartungen und die Rolle des Staates bei Keynes und den Postkeynesianern, in: Georg Zinn (Hrsg.): Keynes aus nachkeynesscher Sicht. Wiesbaden 1988, S. 17–38

William J. Baumol und Wallace E. Oates: The Use of Standards and Prices for Protection of the Environment, in: Swedish Journal of Economics, Band 73, 1971, S. 42–54 (deutsch in: Horst Siebert (Hrsg.): Umwelt und wirtschaftliche Entwicklung. Darmstadt 1979)

William J. Baumol und Wallace E. Oates: The theory of environmental policy. 2. Aufl. Cambridge/Mass. 1988

Ulrich Beck: Risikogesellschaft – Auf dem Weg in eine andere Moderne. Frankfurt 1986

Ulrich Beck: Gegengifte – Die organisierte Unverantwortlichkeit. Frankfurt 1988

Ulrich Beck: Von der Vergänglichkeit der Industriegesellschaft, in: Ulrich Beck (Hrsg.), Politik in der Risikogesellschaft. Frankfurt 1991, S. 33–66

Ulrich Beck: Die Erfindung des Politischen. Frankfurt 1993

Ulrich Beck: Was Shell mit Chirac verbindet, in: Die Zeit, 8.9.1995, S. 9

Frank Beckenbach (Hrsg.): Die ökologische Herausforderung für die ökonomische Theorie. Marburg 1992

Frank Beckenbach und Hans Diefenbacher (Hrsg.): Zwischen Entropie und Selbstorganisation. Perspektiven einer ökologischen Ökonomie. Marburg 1994

Egon Becker, Thomas Jahn und Peter Wehling: Revolutionäre Inszenierungen – Konzepttransfer und Wissenschaftsdynamik, in: Prokla 88, September 1992, S. 434–450

Klaus Dietrich Bedau: Die Einkommensverteilung nach Haushaltsgruppen in Deutschland seit der Mitte der achtziger Jahre, in: Vierteljahreshefte zur Wirtschaftsforschung, Heft 3/4, 1993, S. 150–171

Ralf Behrensmeier und Stefan Bringezu: Zur Methodik der volkswirtschaftlichen Material-Intensitäts-Analyse: Der bundesdeutsche Umweltverbrauch nach Bedarfsfeldern. Wuppertal Institut, Wuppertal Papers Nr. 46, November 1995a

Ralf Behrensmeier und Stefan Bringezu: Zur Methodik der volkswirtschaftlichen Material-Intensitäts-Analyse: Ein quantitativer Vergleich des Umweltraums der bundesdeutschen Produktionssektoren. Wuppertal Institut, Wuppertal Papers Nr. 34, April 1995b

Wolfgang Benkert, Jürgen Bunde und Bernd Hansjürgens: Umweltpolitik mit Öko-Steuern? Ökologische und finanzpolitische Bedingungen für neue Umweltabgaben. Marburg 1991

Ted Benton: Adam Smith and the limits to growth, in: Stephen Copley und Kathryn Sutherland (Hrsg.): Adam Smith's Wealth of Nations. New interdisciplinary essays. Manchester und New York 1995, S. 144–170

Jeroen van den Berg und Jan van der Straaten (Hrsg.): Concepts, Methods, and Policy Toward Sustainable Development. Washington D.C., 1994

Peter Bernholz: Grundlagen der Politischen Ökonomie. Bd. 2, Tübingen 1975

Peter Bernholz: Die Entwicklung der Neuen Politischen Ökonomie und ihre Probleme als Teil der Sozialwissenschaften, in: Jahrbuch für Neue Politische Ökonomie, Vol. 1, 1982, S. 1–10

Bevölkerungsfonds der Vereinten Nationen (UNFPA) und Deutsche Gesellschaft für die Vereinten Nationen e.V. (DGVN): Weltbevölkerung. Kurzinformation. Bonn 1994

Willy Bierter: Wege zum ökologischen Wohlstand. Berlin, Basel und Boston 1995

Willy Bierter und Uta von Winterfeld: Jenseits von Arbeit und Konsum? Annäherung an eine Ökologie von Zeit und Lebensstil, in: Politische Ökologie Special, Sept./Okt. 1993, S. 20–23

Bernd Biervert und Martin Held (Hrsg.): Das Menschenbild der ökonomischen Theorie. Zur Natur des Menschen. Frankfurt/M. und New York 1991

Bernd Biervert und Martin Held (Hrsg): Das Naturverständnis der Ökonomik – Beiträge zu einer Ethikdebatte in den Wirtschaftswissenschaften. Frankfurt/M. und New York 1994

Bernd Biervert und Joseph Wieland: Gegenstandsbereich und Rationalitätsform der Ökonomie und der Ökonomik, in: Bernd Biervert, Klaus Held und Josef Wieland (Hrsg.): Sozial-philosophische Grundlagen ökonomischen Handelns. Frankfurt/M. 1990, S. 7–32

Hans Christoph Binswanger: Geld und Natur. Das wirtschaftliche Wachstum im Spannungsfeld zwischen Ökonomie und Ökologie. Stuttgart und Wien 1991

Hans Christoph Binswanger et al.: Arbeit ohne Umweltzerstörung. Strategien einer neuen Wirtschaftspolitik. Frankfurt/M. 1983

Mathias Binswanger: Information und Entropie – Ökologische Perspektiven des Übergangs zu einer Informationsgesellschaft. Frankfurt/M. 1992

Mathias Binswanger: Monetäre Dynamik und Nachhaltigkeit, in: IÖW/VÖW-Informationsdienst, Nr. 5–6/1995a, S. 9–11

Mathias Binswanger: Sustainable Development: Utopie in einer wachsenden Wirtschaft?, in: Zeitschrift für Umweltpolitik und Umweltrecht, Heft 1/1995b, S. 1–19

Dieter Birnbacher: Verantwortung für zukünftige Generationen. Stuttgart 1988

Raimund Bleischwitz und Helmut Schütz: Unser trügerischer Wohlstand - Ein Beitrag zur deutschen Ökobilanz. Wuppertal Texte 1. 2. Aufl., Wuppertal 1993

Stefanie Böge und Uta von Winterfeld: Aus dem Rhythmus? Über den Konsum von Lebensmitteln in zeitlicher und räumlicher Perspektive, in: Politische Ökologie, Sonderheft 8, 1995

Holger Bonus: Eine Lanze für den Wasserpfennig. Wider die Vulgärform des Verursacherprinzips, in: Wirtschaftsdienst, Jg. 66, 1986

Kenneth E. Boulding: What is evolutionary economics?, in: Journal of Evolutionary Economics, Vol. 1, 1991

Stefan Bringezu: Mesuring Sustainability of Economies: A Conceptional Approach to Regional Material Flow Accounts, in: Franz Moser (Hrsg.): Sustainability – where do we stand? Proceedings of the International Symposium. Graz 13.-14. 7. 1993a

Stefan Bringezu: Towards increasing resource productivity: How to measure the total material consumption of regional or national economies?, in: Fresenius Environmental Bulletin, No. 8, 1993b, S. 437–442

Stefan Bringezu (Hrsg.): Neue Ansätze der Umweltstatistik – Ein Wuppertaler Werkstattgespräch. Berlin, Basel und Boston 1995

Stefan Bringezu: Wohin mit dem ökologischen Rucksack? Probleme und Perspektiven unserer Durchflußgesellschaft, in: K. Burmeister, W. Canzler und M. Kalinowski (Hrsg.): Zukunftsfähige Gesellschaft. Berlin 1996

Rolf Bronner: Komplexität, in: Erich Frese (Hrsg.): Handwörterbuch der Organisation. Stuttgart 1992, Sp. 1121–1130

Dieter Brümmerhof: Finanzwissenschaft. 6. Aufl., München und Wien 1992

Sander M. de Bruyn, Jeroen C.J.M. van den Bergh und Johannes B. Opschoor: Structural Change, Growth and Dematerialisation. An empirical analysis, erscheint in: Jan van der Straaten und Jeroen C.J.M. van den Bergh: Economies and ecosystems in change. Washington D.C. 1996

BUND/Misereor (Hrsg.): Zukunftsfähiges Deutschland. Ein Beitrag zu einer nachhaltigen Entwicklung. Studie des Wuppertal Instituts. Basel, Boston und Berlin 1996

Christiane Busch-Lüty: Nachhaltigkeit als Leitbild des Wirtschaftens, in: Christiane Busch-Lüty/Hans-Peter Dürr/H. Langer: Ökologisch nachhaltige Entwicklung von Regionen. Politische Ökologie, Sonderheft 4, Sept. 1992, S. 6–12

Christiane Busch-Lüty und Hans-Peter Dürr, Ökonomie und Natur: Versuch einer Annäherung im interdisziplinären Dialog, in: Heinz König (Hrsg.): Umweltverträgliches Wirtschaften als Problem von Wissenschaft und Politik. Berlin, 1993, S. 13–44

Dieter Cansier: Umweltökonomie. Stuttgart und Jena 1993

Ronald H. Coase: The Problem of Social Cost, in: Journal of Law and Economics, Vol. 3, 1960

Clifford Cobb, Tel Halstead und Jonathan Rowe: If the economy is up, why is America down?, in: The Atlantic Monthly, Oktober 1995

Robert Costanza (Hrsg.): Ecological Economics. The Science and Management of Sustainability. New York und Oxford 1991

Robert Costanza, Herman E. Daly und Joy A. Bartholomew: Goals, Agenda and Policy Recommendations for Ecological Economics, in: Robert Costanza (Hrsg.): Ecological Economics. The Science and Management of Sustainability. New York und Oxford 1991, S. 1–20

Maureen L. Cropper und Wallace E. Oates: Environmental Economics: A Survey, in: Journal of Economic Literature, Vol. 30, June 1992, S. 675–740

J.H. Dales: Pollution, Property and Prices. Toronto 1968

Herman E. Daly: Elements of Environmental Macroeconomics, in: Robert Costanza (Hrsg.): Ecological Economics. The Science and Management of Sustainability, New York und Oxford 1991, S. 32–46

Herman E. Daly: Vom Wirtschaften in einer leeren Welt zum Wirtschaften in einer vollen Welt. Wir haben einen historischen Wendepunkt in der Wirtschaftsentwicklung erreicht, in: Robert Goodland et al. (Hrsg.): Nach dem Brundtland-Bericht: Umweltverträgliche wirtschaftliche Entwicklung. Bonn 1992, S. 29–39

Herman E. Daly und J.B. Cobb Jr.: For the Common Good: Redirecting the Economy toward Community, the Environment, and a Sustainable Future. 2. Aufl., Boston 1994

Richard Dawkins: The Blind Watchmaker. New York 1976

Frank Decker, Ökologie und Verteilung – Eine Analyse der sozialen Folgen des Umweltschutzes, in: Aus Politik und Zeitgeschehen, Heft B49, 1994, S. 22–32

Deutsche Bundesbank, Monatsbericht. Frankfurt/M., Oktober 1993.

Dietrich Dickertmann und Klaus Dieter Dille: Subventionsabbau, in: Wirtschaftswissenschaftliches Studium (WiSt), Heft 11, Jg. 19, 1990, S. 538–544

Alwin Diemer und Ivo Frenzel (Hrsg.): Philosophie, Frankfurt/M. 1958

Wouter van Dieren (Hrsg.): Mit der Natur rechnen. Der neue Club-of-Rome-Bericht: vom Bruttosozialprodukt zum Ökosozialprodukt. Basel, Boston und Berlin 1995

Frank Dietz und Jan van der Straaten: Umweltökonomie auf dem Prüfstand: das fehlende Glied zwischen ökonomischer Theorie und Umweltpolitik, in: Frank Beckenbach (Hrsg.): Die ökologische Herausforderung für die ökonomische Theorie. Marburg 1992, S. 239–256

Hoimar von Ditfurth: Wir sind nicht nur von dieser Welt. Naturwissenschaft, Religion und die Zukunft des Menschen. München 1981

DIW (Deutsches Institut für Wirtschaftsforschung) (Hrsg.): Bürgergeld. Keine Zauberformel, in: DIW-Wochenbericht, Jg. 61, Nr. 41, 1994

DIW und Greenpeace: Ökosteuer – Sackgasse oder Königsweg? Wirtschaftliche Auswirkungen einer ökologischen Steuerreform. Berlin 1994

Dietrich Dörner: Die Logik des Mißlingens – Strategisches Denken in komplexen Situationen. Reinbek bei Hamburg 1992

Dietrich Dörner: Anatomie von Denken und Handeln. Der Mensch in komplexen Situationen, in: Karl-Heinz Erdmann und Jürgen Nauber (Hrsg.), Beiträge zur Ökosystemforschung und Umwelterziehung II, MAB-Mitteilungen. Bonn 1993, S. 141–147

Giovanni Dosi et al. (Hrsg.): Technical Change and Economic Theory. London, New York 1988

Anthony Downs: Ökonomische Theorie der Demokratie. Tübingen 1968

Anthony Downs: Up and down with Ecology – «The Issue-Attention-Cycle», in: Public Interest, Vol. 28, 1972, S. 38–50

Faye Duchin: The second stage of ecological economics, erscheint in: Olman Segura et al. (Hrsg.): Getting Down to Earth: Practical Applications of Ecological Economics. Washington D.C. 1996

Hans-Peter Dürr: Sie müssen ein Gebirge aus Wissen besteigen, Interview in der Süddeutschen Zeitung vom 27.4.1995

William H. Durham: Coevolution. Genes, Culture, and Human Diversity. Stanford/California 1991

Freimut Duve: Zur Einführung in Wolfgang Harichs «Kommunismus ohne Wachstum?», in: Wolfgang Harich: Kommunismus ohne Wachstum? Babeuf und der Club of Rome. Sechs Interviews mit Freimut Duve und Briefe an ihn. Reinbek bei Hamburg 1975, S. 7–11

Walther Eckstein: Einleitung zur «Theorie der ethischen Gefühle», in: Adam Smith: Theorie der ethischen Gefühle. Leipzig 1926

Kai Eicker-Wolf, Ralf Käpernick, Torsten Niechoj, Sabine Reiner und Jens Weiß (Hrsg.): Wirtschaftspolitik im theoretischen Vakuum?, Marburg 1996

Paul Ehrlich und Anne Ehrlich, The Population Explosion. London 1990

Paul Ekins, Grundorientierungen auf dem Weg zur Nachhaltigkeit, in: Wolfgang Sachs (Hrsg.), Der Planet als Patient – Über die Widersprüche globaler Umweltpolitik. Berlin, Basel und Boston 1994, S. 153–170

Alfred Endres: Umwelt- und Ressourcenökonomie. Darmstadt 1985

Enquete-Kommission «Schutz der Erdatmosphäre» des Deutschen Bundestages (Hrsg.): Mehr Zukunft für die Erde – Nachhaltige Energiepolitik für dauerhaften Klimaschutz. Bonn 1995

Enquete-Kommission «Schutz des Menschen und der Umwelt» des Deutschen Bundestages (Hrsg.): Die Industriegesellschaft gestalten – Perspektiven für einen nachhaltigen Umgang mit Stoff- und Materialströmen. Bonn 1994

Ludwig Erhard: Wohlstand für alle. 8. Aufl., Düsseldorf und Wien 1964

Klaus Eßer, Wolfgang Hillebrand, Dirk Messner und Jörg Meyer-Stamer: Systemische Wettbewerbsfähigkeit: Neue Anforderungen an Unternehmen und Politik, in: Vierteljahreshefte zur Wirtschaftsforschung, Heft 2, Jg. 64, 1995, S. 186–198

Walter Eucken: Grundsätze der Wirtschaftspolitik. Tübingen 1990 (Erstveröffentlichung 1952)

Malte Faber und Reiner Manstetten: Der Ursprung der Volkswirtschaftslehre als Bestimmung und Begrenzung ihrer Erkenntnisperspektive, in: Schweizerische Zeitschrift für Volkswirtschaft und Statistik, Heft 2, Jg. 124, 1988

Factor 10 Club: Carnoules Declaration. Wuppertal Institute, Wuppertal 1994

Peter Fleißner: What to do with Marx: Zehn Thesen zu seiner Hinterlassenschaft, in: Frank Beckenbach (Hrsg.): Die ökologische Herausforderung für die ökonomische Theorie. Marburg 1992, S. 201–220

A. Myrick Freeman III: Distribution of environmental quality, in: A.V. Kneese und B.T. Brower (Hrsg.): Environmental quality analysis. London 1972, S. 243–278

Bruno S. Frey: Umweltökonomie. Göttingen 1985

Milton Friedman: Essays in Positive Economics. Chicago und London 1953

Friends of the Earth Europe (Hrsg.): Towards Sustainable Europe. The Study. Brüssel 1995

Silvio O. Funtowicz: Post-normal Science: A new epistemology for global issues, in: J.C. Dragan, Eberhard K. Seifert und M.C. Demetrescu (Hrsg.): Entropy and Bioeconomics. Mailand 1993

Silvio O. Funtowicz und Jerome R. Ravetz: A New Scientific Methodology for Global Environmental Issues, in: Robert Costanza (Hrsg.): Ecological Economics. New York 1991

Silvio O. Funtowicz und Jerome R. Ravetz: Science for the post-normal age, in: Futures, September 1993

Silvio O. Funtowicz und Jerome R. Ravetz: Emergent complex systems, in: Futures, Juni 1994

Silvio O. Funtowicz und Jerome R. Ravetz: The worth of a songbird: ecological economics as a post-normal science, in: Ecological Economics, Vol. 10, 1994

Erik Gawel: Die mischinstrumentelle Strategie in der Umweltpolitik: Ökonomische Betrachtungen zu einem neuen Politikmuster, in: Jahrbuch für Sozialwissenschaft, Vol. 43, 1992, S. 267–286

Erik Gawel: Ökonomie der Umwelt – Ein Überblick über neuere Entwicklungen, in: Zeitschrift für angewandte Umweltforschung, Heft 1, Jg. 7, 1994, S. 37–84

Rainer Geißler: Politische Ungleichheit: Soziale Schichtung und Teilnahme an Herrschaft, in: Reiner Geißler (Hrsg.): Soziale Schichtung und Lebenschancen in der Bundesrepublik Deutschland, 2. Aufl., Stuttgart 1994, S. 74–110

Nicolas Georgescu-Roegen: The Entropy Law and the Economic Process. Cambridge/Mass. 1971

Nicolas Georgescu-Roegen: Energy and Economic Myths. Institutional and Analytical Economic Essays. Cambridge/Mass. 1976

Doris Gerking: Eine ökologisch orientierte Subventionspolitik für eine zukunftsfähige Wirtschaft. Wuppertal Institut, Wuppertal Papers Nr. 28, Februar 1995

Doris Gerking und Maria J. Welfens: Ökologisch zukunftsfähige Subventionspolitik. Manuskript, Wuppertal 1995

Herbert Giersch: Allgemeine Wirtschaftspolitik – Grundlagen. Wiesbaden 1961

Katrin Gillwald: Ökologisierung von Lebensstilen. Argumente, Beispiele, Einflußgrößen, Diskussionspapier des Wissenschaftszentrums Berlin, FS III. Berlin 1995, 95–408

Arnim von Gleich: Sanfte Chemie – Eine Innovationsperspektive für die chemische Industrie, in: Universitas, August 1994, S. 729–741

Anselm Görres, Henner Ehringhaus und Ernst U. von Weizsäcker: der Weg zur ökologische Steuerreform. München 1994

John M. Gowdy: Bioeconomics and post Keynesian economics: a search for common ground, in: Ecological Economics, 3, 1991, S. 77–87

Greenpeace (Hrsg.): Der Preis der Energie – Plädoyer für eine ökologische Steuerreform. München 1995

Michael Th. Greven: Die Pluralisierung politischer Gesellschaften: Kann die Demokratie bestehen? In: Thomas Jäger und Dieter Hoffmann (Hrsg.): Demokratie in der Krise? Zukunft der Demokratie. Opladen 1995

Herbert Gruhl: Ein Planet wird geplündert. Frankfurt/M. 1975

Jürgen Habermas: Erkenntnis und Interesse. 4. Aufl., Frankfurt/M. 1977

Jürgen Habermas: Philosophisch-politische Profile. 3. Aufl., Frankfurt/M. 1984

Ulrich Hampicke: Ökologische Ökonomie, in: Martin Junkernheinrich, Paul Klemmer und Gerd R. Wagner (Hrsg.): Handbuch zur Umweltökonomie. Berlin 1995, S. 138–144

Walter Hanesch et al.: Armut in Deutschland. Reinbek bei Hamburg 1994

Wolfgang Harich: Kommunismus ohne Wachstum? Babeuf und der Club of Rome. Sechs Interviews mit Freimut Duve und Briefe an ihn. Reinbek bei Hamburg 1975

Volker Hauff (Hrsg.): Unsere gemeinsame Zukunft. Der Brundtland-Bericht der Weltkommission für Umwelt und Entwicklung. Greven 1987

Friedrich A. von Hayek: The Results of Human Action but not of Human Design, in: Friedrich A. von Hayek: Studies in Philosophy, Politics and Economics. Chicago 1967

Friedrich A. von Hayek: The Fatal Conceit. The Errors of Socialism. Chicago 1991 (Erstveröffentlichung 1988)

Johannes Heister, Peter Michaelis et al.: Umweltpolitik mit handelbaren Emissionsrechten. Möglichkeiten zur Verringerung der Kohlendioxid- und Stickoxidemissionen. Tübingen 1991

Carsten Helm: Sind Freihandel und Umweltschutz vereinbar? Ökologischer Reformbedarf des GATT/WTO-Regimes. Berlin 1995

Peter Hennicke und Ralf Becker: Ist Anpassen billiger als Vermeiden? Anmerkungen zur Aussagefähigkeit globaler Kosten-Nutzen-Analysen von Klimaänderungen, in: Peter Hennicke (Hrsg.): Klimaschutz: Die Bedeutung von Kosten-Nutzen-Analysen. Berlin, Basel und Boston 1995

Philipp Herder-Dorneich: Demiurg und Autopoiesis – Transistoren und Verzweigungen als Ansatzpunkte für systemgestaltendes Eingreifen, in: Joachim Klaus, Paul Klemmer (Hrsg.): Wirtschaftliche Strukturprobleme und soziale Frage – Analysen und Gestaltungsaufgaben. Berlin 1988, S. 25–40

Friedrich Hinterberger: Monetäre Verteilungspolitik. Zur Begründung und Bewertung verteilungspolitischer Maßnahmen am Beispiel Österreichs und der Bundesrepublik Deutschland (Volkswirtschaftliche Schriften; Heft 408). Berlin 1991

Friedrich Hinterberger: Biological, Cultural, and Economic Evolution and the Economy-Ecology-Relationship, in: Jeroen C.J.M. van den Bergh und Jan van der Straaten (Hrsg.): Toward Sustainable Development Concepts, Methods and Policy: Criticims and New Approaches. Washington D.C. 1994a

Friedrich Hinterberger: (Ko-?)Evolution von Natur, Kultur und Wirtschaft – einige modelltheoretische Überlegungen, in: Frank Beckenbach und Hans Diefenbacher (Hrsg.): Zwischen Entropie und Selbstorganisation. Perspektiven einer ökologischen Ökonomie. Marburg 1994b

Friedrich Hinterberger: On the Evolution of Open Socio-Economic-Systems, in: R.K. Mishra, D. Maass und E. Zwierlein (Hrsg.): On Self-Organization. Berlin, Heidelberg 1994c

Friedrich Hinterberger: Für eine differenzierte *und* konsistente Sozialpolitik, in: Jürgen Wahl (Hrsg.): Sozialpolitik in der ökonomischen Diskussion. Marburg 1994

Friedrich Hinterberger: Hayek, Selbstorganisation und Evolution. Theoretische Überlegungen und politische Schlußfolgerungen, in: Birger P. Priddat und Gerhard Wegner (Hrsg.): Zwischen Evolution und Institution. Neue Ansätze in der ökonomischen Theorie. Marburg 1996

Friedrich Hinterberger und Michael Hüther: Von Smith zu Hayek und zurück, in: Jahrbücher für Nationalökonomie und Statistik, Heft 211/3–4, 1993

Friedrich Hinterberger und Fred Luks: Ecological Sustainability, Economic Growth, Individual Well-Being ... and Eco-Policy. Manuskript. Wuppertal 1995

Friedrich Hinterberger, Fred Luks und Reuben Deumling: The Economics of Limited Material Throughput. Vortrag anläßlich der Jahrestagung der Nationalökonomischen Gesellschaft. Wien 1995

Friedrich Hinterberger, Fred Luks und Friedrich Schmidt-Bleek: What is «Natural Capital»?, Wuppertal Paper Nr. 29, Wuppertal 1995

Friedrich Hinterberger, Fred Luks und Marcus Stewen: Ökologische Wirtschaftspolitik in einer komplexen Welt, in: Kai Eicker-Wolf et al. (Hrsg.): Wirtschaftspolitik im theoretischen Vakuum?, Marburg 1996

Friedrich Hinterberger und Walter Stahel (Hrsg.): Eco-Efficient Services. Dordrecht 1996 (in Vorbereitung)

Friedrich Hinterberger und Gerhard Wegner: Limited Knowledge and the Precautionary Principle: On the Feasibility of Environmental Policies, in: Jan van der Straaten/Jeroen van den Bergh (Hrsg.): Economy and Ecosystems in Change: Analytical and Historical Approaches. Washington D.C. 1996

Friedrich Hinterberger und Maria Welfens: Stoffpolitik und ökologischer Strukturwandel, in: Wirtschaftsdienst, Heft 8/1994

Fred Hirsch: Die sozialen Grenzen des Wachstums. Eine ökonomische Analyse der Wachstumskrise. Reinbek bei Hamburg 1980

Geoffrey M. Hodgson, Warren J. Samuels and Marc R. Tool (Hrsg.): The Elgar Companion to Institutional and Evolutionary Economics. Aldershot 1994

Jens Horbach: Neue Politische Ökonomie und Umweltpolitik. Frankfurt/M. 1992

Ulrike Horst: Fächerübergreifender Unterricht in der kaufmännischen Berufsschule – eine Antwort auf die zunehmende, durch die neuen Technologien bedingte Komplexität der Arbeitswelt. Diplomarbeit. Mainz 1995

Joseph Huber: Nachhaltige Entwicklung – Strategien für eine ökologische und soziale Erdpolitik. Berlin 1995

Ernst-Ulrich Huster: Reichtum in Deutschland, in: WSI-Mitteilungen 10 /1994, S. 635–644.

Michael Hüther: Integrierte Steuer-Transfer-Systeme für die Bundesrepublik Deutschland. Normative Konzeptionen und empirische Analyse. Berlin 1990

Michael Hüther: Zum aktuellen Integrationsbedarf in der deutschen Steuer- und Sozialpolitik, in: Jahrbuch für Sozialwissenschaft, Vol. 42, 1991

IFO (Institut für Wirtschaftsforschung) (Hrsg.): Identifizierung umweltpolitisch kontraproduktiver Einzelregelungen innerhalb des Steuersystems. München 1994

Hans Immler und Wolfdietrich Schmied-Kowarzik: Marx und die Naturfrage. Ein Wissenschaftsstreit. Hamburg 1984

R. Inglehardt: The Silent Revolution in Europe: Intergenerational change in post-industrial societies, in: American Economic Review, Vol. 65, 1971, S. 991–1017

IPCC (Intergovernmental Panel on Climate Change): Climate Change, The IPCC Scientific Assessment. New York et al. 1991

ISB (Staatsinstitut für Schulpädagogik und Bildungsforschung): Modellversuch «Fächerübergreifender Unterricht in der Berufsschule». München 1995

Michael Jacobs: The Green Economy – Environment, Sustainable Development and the Politics of the Future. London und Boulder/Colorado 1991

Franz Jaeger: Natur und Wirtschaft. Ökonomische Grundlagen einer Politik des qualitativen Wachstums. Zürich 1993

Martin Jänicke: Ökologische Modernisierung – Optionen und Restriktionen präventiver Umweltpolitik, in: Udo E. Simonis (Hrsg.): Präventive Umweltpolitik. Frankfurt/M. und New York 1988, S. 13–26

Martin Jänicke, Harald Mönch und Manfred Binder (Hrsg.), Umweltentlastung durch industriellen Strukturwandel? Eine explorative Studie über 32 Industrieländer (1970 bis 1990). Berlin 1992

Zoltan Jakli: Vom Marshallplan zum Kohlepfennig. Grundriß der Subventionspolitik in der Bundesrepublik Deutschland 1948–1982. Opladen 1990

AnnMari Jannsson, M. Hammer, C. Folke und R. Costanza (Hrsg.): Investing in Natural Capital. The Ecological Economics Approach to Sustainability. Washington D.C. 1994

Leo Jansen: The challenge of Factor 10 – obstacles and options, Beitrag zum Meeting des Factor 10 Clubs. Carnoules 1995

Jan Jarre: Die verteilungspolitische Bedeutung von Umweltschäden. Göttingen 1976

W.A. Jöhr: Schätzungsurteil und Werturteil, in: Norbert Kloten et al. (Hrsg.): Systeme und Methoden in den Wirtschafts- und Sozialwissenschaften, Tübingen 1964

Klaus Dieter John: Möglichkeiten und Grenzen von Marktlösungen in der Umweltpolitik. Grundgedanken und die Erfahrungen mit Kompensationsregelungen in der Luftreinhaltepolitik, in: Peter Oberender und Manfred Streit (Hrsg.), Soziale und ökologische Ordnungspolitik in der Marktwirtschaft. Baden-Baden 1990, S. 137–158

Peter Johnson, Steve McKay und Stephen Smith: The Distributional Consequences of Environmental Taxes. London 1990

Hans Jonas: Das Prinzip Verantwortung. Versuch einer Ethik für die technologische Zivilisation. Frankfurt/M. 1984

K. William Kapp: Soziale Kosten der Marktwirtschaft. Frankfurt/M. 1988 (Erstveröffentlichung 1963)

Erich Kaufer: Patente, Wettbewerb und technischer Fortschritt. Bad Homburg v.d.H. 1970

John M. Keynes: Allgemeine Theorie der Beschäftigung, des Zinses und des Geldes. Berlin 1983 (Erstveröffentlichung 1936)

Daniel Kiwit und Stefan Voigt: Überlegungen zum institutionellen Wandel unter Berücksichtigung des Verhältnisses interner und externer Institutionen. Diskussionsbeitrag des Max-Planck-Instituts zur Erforschung von Wirtschaftssystemen 2/1995 (erschienen auch in: Ordo, Band 46, 1995)

Guy Kirsch: Neue Politische Ökonomie. Düsseldorf 1983

Guy Kirsch: Prävention und menschliches Handeln, in: Udo E. Simonis (Hrsg.), Präventive Umweltpolitik. Frankfurt/M. und New York 1988, S. 255–265

Joachim Klaus und Jens Horbach: Umweltpolitik aus Sicht der Neuen Politischen Ökonomie, in: WIST, Heft 8, August 1991, S. 400–407

Holger Klattenhoff: Soziologie und Umwelt(zerstörung). Duisburg 1994

Paul Klemmer: Ressourcen – und Umweltschutz um jeden Preis?, in: G. Voss: Sustainable Development – Leitziel auf dem Weg in das 21. Jahrhundert. Köln 1994, S. 22–57

Paul Klemmer: Ecological Economics – Ökonomieverträglichkeit einer Stoffpolitik, in: IÖW/VÖW-Informationsdienst, 5–6/1995, S. 7–9

Michael Kloepfer: Auf dem Weg zur Ökodiktatur?, in: Günther Altner et. al. (Hrsg.): Jahrbuch Ökologie 1993. München 1992

Sascha Kranendonk und Stefan Bringezu: Major material flows associated with orange juice consumption in Germany, in: Fresenius Environmental Bulletin, No. 8, 1993

Jan A. Kregel: Die Erneuerung der Politischen Ökonomie – Eine Einführung in die postkeynesianische Ökonomie. Marburg 1988

U. Kress: Die negative Einkommenssteuer. Arbeitsmarktwirkungen und sozialpolitische Bedeutung. Ein Literaturbericht, in: MittAB, Nr. 3, 1995.

W. Kroeber-Riel: Konsumentenverhalten. 5. Aufl., München 1992

Jürgen Kromphardt: Konzeptionen und Analysen des Kapitalismus. 3. Aufl., Göttingen 1991

Thomas S. Kuhn: Die Struktur wissenschaftlicher Revolutionen. Frankfurt/M. 1967

Margareta E. Kulessa: Umweltpolitik in einer offenen Volkswirtschaft. Zum Spannungsverhältnis von Freihandel und Umweltschutz. Baden-Baden 1995

Peter Kunzmann, Franz-Peter Burkhard und Franz Wiedmann: dtv-Atlas zur Philosophie. 2. Aufl., München 1992

Robert Lamb: Adam Smith's Concept of Alienation, in: Oxford Economic Papers 25, 1973, S. 275–285

Harry Lehmann und Torsten Reetz: Zukunftsenergien – Strategien einer neuen Energiepolitik. Berlin, Basel, Boston 1995

Christian Leipert: Die Aufnahme der Umweltproblematik aus ökonomischer Sicht. 2. Aufl., Frankfurt/M. 1989

Klaus Leisinger: Zeit der Entscheidung. Chancen einer menschengerechten Bevölkerungspolitik, in: Politische Ökologie Nr. 38, Pille statt Brot?, Jg. 12, 1994, S. 42–46

Andreas Lemmer: Material-Input-Zertifikate als Instrument zur Reduktion von Stoffströmen. Manuskript, Wuppertal 1996

Christa Liedtke, Christopher Manstein, Heinz Bellendorf und Sascha Kranendonk: Öko-Audit und Ressourcenmanagement. Wuppertal Institut, Wuppertal Papers Nr. 18, Juni 1994

R.G. Lipsey und R.K. Lancaster: The General Theory of Second Best, in: The Review of Economic Studies, Vol. 24, 1956/57

Albrecht Lorenz und Ludwig Trepl: Das Avocado-Syndrom, in : Politische Ökologie Special, Grün Heil! Ökologie als Trojanisches Pferd der Neuen Rechten, Nov./Dez. 1993, S. S17–S24

Beatrice Lorenz (Hrsg.): Konrad Lorenz. Denkwege. Ein Lesebuch. München und Zürich 1992

Konrad Lorenz: Die Rückseite des Spiegels. Versuch einer Naturgeschichte menschlichen Erkennens. München 1973

Reinhard Loske: Naturgrenzen akzeptieren und Chancen nutzen, in: Frankfurter Rundschau, 22.3.1994, S. 6

Robert E. Lucas: Expectations and the neutrality of money, in: Journal of Economic Theory, Nr. 4, 1972, S. 103–124

Niklas Luhmann: Komplexität, in: Erwin Grochla (Hrsg.): Handwörterbuch der Organisation. Stuttgart 1980

Niklas Luhmann: Ökologische Kommunikation, 3. Auflage, Opladen 1990

Niklas Luhmann: Die Wirtschaft der Gesellschaft. Frankfurt/M. 1994

Fred Luks: Post-Normal Science und Dematerialisierung – Über den (wirtschafts-) wissenschaftlichen Umgang mit Umweltproblemen. Manuskript, 1995

Fred Luks: Scale,Throughput and Material input. Manuskript, 1996a

Fred Luks: The Rhetoric of Ecological Economics. Aufsatz in Vorbereitung, 1996b

Gerhard Maier-Rigaud: Die Herausbildung der Umweltökonomie. Zwischen axiomatischem Modell und normativer Theorie, in: Frank Beckenbach (Hrsg.): Die ökologische Herausforderung der ökonomischen Theorie. Marburg 1992

Christopher Manstein: Quantifizierung und Zurechnung anthropogener Stoffströme im Energiebereich. Diplomarbeit an der Universität/Gesamthochschule Wuppertal, Wuppertal 1995

Christopher Manstein: Das Elektrizitätsmodul im MIPS-Konzept. Wuppertal Institut, Wuppertal Papers Nr. 51, Februar 1996

Juan Martínez-Alier: The environment as a luxury good or «to poor to be green»?, in: Ecological Economics, Vol. 13, 1995, No.1, S. 1–10

A.H. Maslow: Motivation and Personality. New York et al. 1954

Mohssen Massarat: Auf Kosten Dritter?, in: Politische Ökologie, Nr. 42, Juli/August 1995, S. 40–42

Humberto Maturana: Was ist Erkennen?, München 1994

Humberto Maturana und Francisco Varela: Autopoiesis and Cognition: The Realization of the Living. Dordrecht 1980

Arnold Mayer-Faje und Peter Ulrich (Hrsg.): Der andere Adam Smith. Bern et al. 1992

D.M. McCloskey: The Rhetoric of Economics. Madison 1985

D.M. McCloskey: If you're so smart: The Narrative of Economic Expertise. Chicago 1990

D.M. McCloskey: Knowledge and persuasion in economics. Cambridge/New York 1994

Karsten McGovern: Politische Steuerung ökologisch verträglicher Wirtschaftsentwicklung. Einige Merkposten für ambitionierte Reformkonzepte. Manuskript, 1995

Dennis Meadows et al.: Die Grenzen des Wachstums. Stuttgart 1972

Dennis Meadows, Donella Meadows und Jørgen Randers: Beyond the Limits. Confronting Global Collapse, Envisioning a Sustainable Future. Post Mills/Vermont 1992

Rüdi Meier und Felix Walter: Umweltabgaben für die Schweiz. Chur et al. 1991

Thomas Merten, Christa Liedtke und Friedrich Schmidt-Bleek: Materialintensitätsanalysen von Grund-, Werk- und Baustoffen (1). Die Werkstoffe Beton und Stahl. Wuppertal Institut, Wuppertal Papers, Nr. 27, Januar 1995

Dirk Messner: Fallstricke und Grenzen der Netzwerksteuerung, in: PROKLA 97, 24. Jg., Nr. 4, 1994, S. 563–596

Andreas Metzner: Die ökologische Krise und die Differenz von System und Umwelt, in: Das Argument 178, 1989, S. 871–886

Klaus Michael Meyer-Abich: Aufstand für die Natur – Von der Umwelt zur Mitwelt. München und Wien 1990

Klaus Michael Meyer-Abich: Im gemeinsamen Boot? Gewinner und Verlierer beim Klimawandel, in: Wolfgang Sachs (Hrsg.): Der Planet als Patient – Über die Widersprüche globaler Umweltpolitik. Berlin, Basel und Boston 1994, S. 184–210

Arnold Meyer-Faje und Peter Ulrich (Hrsg.): Der andere Adam Smith. Beiträge zur Neubestimmung von Ökonomie als Politischer Ökonomie, Bern und Stuttgart 1991

Milieudefensie und Institut für Sozial-ökologische Forschung (Hrsg.): Sustainable Netherlands – Aktionsplan für eine nachhaltige Entwicklung der Niederlande. Frankfurt/M. 1994

Joel Mokyr: The Lever of Riches. Technological Creativity and Economic Progress. Oxford 1990

Jacques Monod: Zufall und Notwendigkeit. Philosophische Fragen der modernen Biologie. München 1991 (Erstveröffentlichung 1970)

Michael Müller und Peter Hennicke: Wohlstand durch Vermeiden. Mit der Ökologie aus der Krise. Darmstadt 1994

Michael Müller und Peter Hennicke: Mehr Wohlstand mit weniger Energie. Darmstadt 1995

Alfred Müller-Armack: Genealogie der Sozialen Marktwirtschaft. Bern 1974

Alfred Müller-Armack: Wirtschaftsordnung und Wirtschaftspolitik. 2. Aufl., Bern 1976

Tobias Mündemann: Knete den Palästen!, in: Die Zeit, 5. März 1993, S. 15–18

Richard L. Musgrave, Peggy B. Musgrave und Lore Kullmer: Die öffentlichen Finanzen in Theorie und Praxis. Bd. 1, 4., durchgesehene Auflage, Tübingen 1994

Gunnar Myrdal: Objektivität in der Sozialforschung. Frankfurt/M. 1971

Wolf-Dieter Narr: Begriffslose Politik und politikarme Begriffe – Zusätzliche Notizen zu Becks «Erfindung des Politischen», in: Leviathan – Zeitschrift für Sozialwissenschaft, Jg. 23, Heft 3, 1995, S. 437–444

R.R. Nelson und S.G. Winter: An Evolutionary Theory of Economic Change. Cambridge/Mass. 1982

Heinz-Ulrich Nennen: Ökologie im Diskurs. Zu Grundfragen der Anthropologie und Ökologie und zur Ethik der Wissenschaften. Opladen 1991

W. Niskanen: Bureaucracy and Representative Government. Chicago 1971

Sylke Nissen: Umweltpolitik in der Beschäftigungsfalle. Marburg 1993

William Nordhaus: Reflections on the Concept of Sustainable Economic Growth, in: Luigi L. Pasinetti und Robert Solow (Hrsg.): Economic Growth and the Structure of Long-Term Development. New York 1994

Richard B. Norgaard: Development betrayed. The end of progress and a coevolutionary revisioning of the future, London und New York 1994

Douglass C. North: Institutions, Institutional Change and Economic Performance. Cambridge 1990

Franz Nuscheler: Lern- und Arbeitsbuch Entwicklungspolitik. 4. Aufl., Bonn 1995

Hans G. Nutzinger: Verteilungsfragen und intergenerationelle Gerechtigkeit in der Ökologischen Ökonomie, in: IÖW/VÖW-Informationsdienst, 5–6/1995, S. 17–18

Hans G. Nutzinger und Angelika Zahrndt (Hrsg.): Für eine ökologische Steuerreform, Frankfurt/M. 1990

Martin O'Connor: Complexity and Coevolution. Methodology for a positive treatment of indeterminacy, in: Futures 26 (6), 1994, S. 610–615

Martin O'Connor (Hrsg.): Is Capitalism Sustainable? Political Economy and the Politics of Ecology. New York 1994

OECD (Hrsg.): Climate Change. Designing a Tradeable Permit System. Paris 1992

Österreichische Bundesregierung (Hrsg.): Nationaler Umweltplan. Wien 1995

Mancur Olson Jr.: Die Logik des kollektiven Handelns. Tübingen 1968

Johannes B. Opschoor: Institutional Chance and Development towards Sustainability. Free University Amsterdam, Diskussionsbeitrag, November 1994

Johannes B. Opschoor und Jan van der Straaten: Sustainable Development: an institutional approach, in: Ecological Economics, Nr. 7, 1993, S. 203–222

Karl-Heinz Paqué: How far is Vienna from Chicago? An Essay on the Methodology of two schools of dogmatic liberalism, in: Kyklos, Vol. 38, 1985, S. 412–434

Markus Pasche: Ansätze einer evolutorischen Umweltökonomik, in: Frank Bekkenbach und Hans Diefenbacher (Hrsg.): Zwischen Entropie und Selbstorganisation. Perspektiven einer ökologischen Ökonomie, Marburg 1994

Markus Pasche: Evolutorische Ökonomik und Ecological Economics, in: IÖW/VÖW-Informationsdienst, 5–6/1995, S. 12–14

David W. Pearce und R. Kerry Turner: Economics of natural resources and the environment, New York et al. 1990

David W. Pearce, A. Markandya und E. Barbier: Blueprint for a green economy. London 1989

Reinhard Penz und Holger Wilkop (Hrsg.): Zeit der Institutionen – Thorstein Veblens evolutorische Ökonomik. Marburg 1996

Udo Perina: Ein falscher Verdacht, in: Die Zeit, 29.9.95, S. 21

Hans-Georg Petersen: Finanzwissenschaft I. Grundlegung – Haushalt – Aufgaben und Ausgaben – Allgemeine Steuerlehre. 2., überarbeitete Aufl., Stuttgart et al. 1988

Christian Pfister (Hrsg.): Das 1950er Syndrom – der Weg in die Konsumgesellschaft. Bern 1995

Reinhard Pfriem: Ökologische Wirtschaftsforschung, Strukturwandel und gesellschaftliche Informationsverarbeitung, in: Frank Beckenbach und Michaele Schreyer (Hrsg.), Zur Theorie der gesellschaftlichen Folgekosten – Was kostet unsere Wirtschaftspolitik?, Frankfurt/M. und New York 1988, S. 117–127

Arthur C. Pigou: Divergenzen zwischen dem sozialen und privaten Nettogrenzprodukt, in: Horst Siebert (Hrsg.): Umwelt und wirtschaftliche Entwicklung. Darmstadt 1979 (Übersetzung aus: The Economics of Welfare. London 1920)

Dennis Pirages: Sustainability as an Evolving Process, in: Futures 26 (2), 1994, S. 197–205

Christoph Preimesberger: Die Materialintensität pro Dienstleistungseinheit als ökologische Schadschöpfungseinheit der betrieblichen Stoffflußwirtschaft. Diplomarbeit, Johannes Keppler Universität Linz, Halstatt 1994

Birger P. Priddat: Ökonomie und Geschichte: Zur Theorie der Institutionen bei D.C. North, in: Eberhard Seifert und Birger P. Priddat (Hrsg.), Neuorientierungen in der ökonomischen Theorie. Zur moralischen, institutionellen und evolutorischen Dimension des Wirtschaftens, Marburg 1995, S. 205–239

Ilya Prigogine und Isabelle Stengers: Dialog mit der Natur. Neue Wege naturwissenschaftlichen Denkens. 7. Aufl., München 1993

Volker von Prittwitz: Das Katastrophen-Paradoxon. Elemente einer Theorie der Umweltpolitik. Opladen 1990

Volker von Prittwitz: Reflexive Modernisierung und öffentliches Handeln, in: Volker von Prittwitz (Hrsg.): Umweltpolitik als Modernisierungsprozeß – Politikwissenschaftliche Umweltforschung und -lehre in der Bundesrepublik. Opladen 1993

Gilbert J.B. Probst: Regeln des systemischen Denkens, in: Gilbert J.B. Probst und Hans Siegwart (Hrsg.): Integriertes Management – Bausteine des Systemorientierten Managements, Bern und Stuttgart 1985, S. 181–204

D.D. Raphael und A.L. Macfie: Einführung zur «Theory of Moral Sentiments», in: Adam Smith: The Theory of Moral Sentiments (Erstveröffentlichung 1756), herausgegeben von D.D. Raphael und A.L. Macfie. Oxford 1976, S. 1–52

Fritz Reußwig: Die Gesellschaft der Lebensstile, in: Politische Ökologie Special, Lebensstil oder Stilleben, Sept./Okt. 1993, S. 6–9

Fritz Reußwig: Kultur des Zweifels, in: Politische Ökologie, Nr. 39, Nov./Dez. 1994, S. 76–78

Norbert Reuter: Der Institutionalismus. Geschichte und Theorie der evolutionären Ökonomie. Marburg 1994

Rudolf Richter: Institutionen ökonomisch analysiert. Tübingen 1994
Rupert Riedl: Evolution und Erkenntnis - Antworten auf die Fragen aus unserer Zeit. München 1985
Hajo Riese: Ordnungsidee und Ordnungspolitik – Kritik einer wirtschaftspolitischen Konzeption, in: Kyklos, Vol. 25, 1972, S. 24–48
Inge Røpke: Sustainability and Structural Change, in: Université Panthéon-Sorbonne C3E/afcet, Models of Sustainable Development – Exclusive or Complementary Approaches of Sustainability? International Symposium Paris 16.-18. 3. 94, Vol. II, Paris 1994a
Inge Røpke: Technology Optimism in the Perspective of Distribution, Beitrag zur III. Internationalen Konferenz der ISEE, San José 1994b
Holger Rohn, Christopher Manstein und Christa Liedtke: Materialintensitätsanalysen von Grund-, Werk- und Baustoffen (2): Der Werkstoff Aluminium. Wuppertal Institut, Wuppertal Papers Nr. 37, Juni 1995
Kurt W. Rothschild: Einführung in die Ungleichgewichtstheorie. Berlin, Heidelberg und New York 1981
Malcolm Rutherford: The Old and the New Institutionalism: Can Bridges be built?, in: Journal of Economic Issues, Vol. XXIX, No. 2, June 1995, S. 443–451
Wolfgang Sachs: Die vier E's. Merkposten für einen maßvollen Wirtschaftsstil, in: Politische Ökologie Special. Sept./Okt. 1993a, S. 69–72
Wolfgang Sachs (Hrsg.): Wie im Westen so auf Erden. Ein polemisches Handbuch zur Entwicklungspolitik. Reinbek bei Hamburg 1993b
Wolfgang Sachs (Hrsg.): Der Planet als Patient. Über die Widersprüche globaler Umweltpolitik, Berlin et al. 1994
Wolfgang Sachs: Zählen oder Erzählen? Natur- und geisteswissenschaftliche Argumente in der Studie «Zukunftsfähiges Deutschland», in: Wechselwirkung, Dezember 1995
Nafis Sadik: Die Wurzel aller Freiheiten, in: Politische Ökologie Nr. 38, Pille statt Brot?, Jg. 12, 1994, S. 47–50
Paul A. Samuelson: The Theory of Public Expenditure, in: Review of Economics and Statistics, Vol. 36, 1954, S. 386–389
Hans Georg Schachtschabel: Wirtschaftspolitische Konzeptionen. 3. Aufl., Stuttgart 1976
Claus Schäfer: «Armut» und «Reichtum» sind die verteilungspolitischen Aufgaben. Zur Entwicklung der Einkommensverteilung 1992, in: WSI-Mitteilungen, Jg. 46, Oktober 1993, S. 634
Claus Otto Scharmer: Strategische Führung im Kräftedreieck Wachstum – Beschäftigung – Ökologie, in: Zeitschrift für Betriebswirtschaftslehre, Jg. 65, 1995, S. 633–661
Gerhard Scherhorn: Die Notwendigkeit der Selbstbestimmung, in: Politische Ökologie Special, Lebensstil oder Stilleben?, Sept./Okt. 1993, S. 6–9
Stefan Schieren: Armut im Reichtum – Besteuerungswirklichkeit in Deutschland, in: Soziale Sicherheit, 43. Jahrgang, Heft 6, Juni 1994, S. 201–211
Ingo Schmidt und Stefan Elßer: Innovationsoptimale Unternehmensgrößen und Marktstrukturen – Die Neo-Schumpeter-Hypothesen, in: Wirtschaftswissenschaftliches Studium (WiSt), Heft 11, 1990, S. 556–562
Manfred G. Schmidt: Demokratietheorien. Opladen 1995

Friedrich Schmidt-Bleek: MIPS re-visited, in: Fresenius Environmental Bulletin, No. 8, 1993a

Friedrich Schmidt-Bleek: Revolution in resource productivity for a sustainable economy – A new research agenda, in: Fresenius Environmental Bulletin, No. 8, 1993b

Friedrich Schmidt-Bleek: Wieviel Umwelt braucht der Mensch? MIPS – Das Maß für ökologisches Wirtschaften. Birkhäuser Verlag, Basel, Boston und Berlin 1994

Friedrich Schmidt-Bleek (Hrsg.): MAIA-Einführung in die Materialintensitäts-Analyse nach dem MIPS-Konzept. Wuppertal Institut, Wuppertal 1996 (in Vorbereitung)

Friedrich Schmidt-Bleek und Christa Liedtke: Kunststoffe. Ökologische Werkstoffe der Zukunft? Symposium Kunststoff, Frankfurt/M. 1995a

Friedrich Schmidt-Bleek und Christa Liedtke: Umweltpolitische Stichworte. Wuppertal Institut, Wuppertal Papers Nr. 30, März 1995b

Friedrich Schmidt-Bleek und Ursula Tischner: Produktentwicklung, Nutzen gestalten – Natur schonen (Schriftenreihe des Wirtschaftsförderungsinstituts Österreichs, Nr. 270). Wien 1995

Hans Schuh: Hektik hilft niemandem, in: Die Zeit, 10. März 1995

Gerhard Schulze: Die Erlebnisgesellschaft. Frankfurt/M. 1992

Joseph A. Schumpeter: Kapitalismus, Sozialismus und Demokratie. 7. Aufl., Tübingen und Basel 1993 (Erstveröffentlichung 1950)

Gesine Schwan: Zurück zum Krieg aller gegen alle?, in: Die Zeit Nr. 39, 22.9.1995, S. 12

Andreas Seel: Zur Effizienz der Umweltpolitik: Die Sicht der ökonomischen Theorie der Politik. München 1993

Olman Segura et al.: Getting Down to Earth: Practical Applications of Ecological Economics. Washington D.C. 1996 (im Erscheinen)

Salah El Serafy: The Proper Calculation of Income from Depletable Natural Resources, in: Ahmad et al. (Hrsg.): Environmental Accounting for Sustainable Development: A UNDP -World Bank Symposium. Washington D.C. 1989

Eberhard Seifert und Birger P. Priddat: Neuorientierungen in der ökonomischen Theorie – Zur moralischen, institutionellen und evolutorischen Dimension des Wirtschaftens, in: Eberhard Seifert und Birger P. Priddat (Hrsg.): Neuorientierungen in der ökonomischen Theorie. Zur moralischen, institutionellen und evolutorischen Dimension des Wirtschaftens. Marburg 1995, S. 7–54

Horst Siebert: Economics of the Environment. 3. Aufl., Berlin und Heidelberg 1992

Herbert Simon: Models of Man. New York 1957

Udo Ernst Simonis (Hrsg.): Präventive Umweltpolitik. Frankfurt/M. und New York 1988

Udo E. Simonis: Von der Natur lernen? Über drei Bedingungen zukunftsfähiger Wirtschaftsentwicklung, in: E. Zwierlein (Hrsg.): Natur als Vorbild. Idstein 1993

Andrew S. Skinner: A System of Social Science. Oxford 1979

Adam Smith: Der Wohlstand der Nationen. 6. Aufl., München 1993 (Übersetzung von Horst C. Recktenwald, Erstveröffentlichung 1776)

Fritz Söllner: Neoklassik und Umweltökonomie, in: Zeitschrift für angewandte Umweltforschung, Heft 4, 1993

Birgit Soete: Ecological Economics: Zur Einführung, in: IÖW/VÖW-Informationsdienst, 5–6/1995, S. 2–3

Joachim Spangenberg: Ein zukunftsfähiges Europa. Zusammenfassung einer Studie aus dem Wuppertal Institut im Auftrag von Friends of the Earth Europe. Wuppertal Institut, Wuppertal Papers 1995a

Joachim Spangenberg: Indikatoren für eine nachhaltige Entwicklung, in: Ökologische Briefe 44/1995b

Joachim Spangenberg: Towards Sustainability – Kriterien und grundlegende Instrumente, in: ISPW Jahrbuch 1995, Dortmund 1996

Elke Staehelin-Witt: Konflikte und Widerstände, in: René L. Frey, Elke Staehelin-Witt und Hans Blöchinger (Hrsg.): Mit Ökonomie zur Ökologie. Basel und Frankfurt/M. 1991

Walter Stahel: Langlebigkeit und Materialrecycling. Essen 1991

Walter R. Stahel: Handbuch Abfall. Allgemeine Kreislauf- und Rückstandswirtschaft. Herausgegeben von der Landesanstalt für Umweltschutz Baden-Württemberg. Bd. 1 und 2, Karlsruhe 1995

Marcus Stewen: Neue Gedanken zum ethischen und ökonomischen Konzept Adam Smiths Beiträge zur Wirtschaftsforschung Nr. 43. Mainz 1994

Marcus Stewen: Besteuerung des Materialeinsatzes als Instrument einer nachhaltigen Reduktion anthropogener Stoffströme?, Manuskript, Wuppertal 1995

Marcus Stewen: On the interdependence of allocation, distribution, and scale – A comment on Herman E. Daly's extension of neoclassical economics. Aufsatz in Vorbereitung, 1996

Frank Stille: Umweltpolitische Auswirkungen staatlicher Subventionspolitik, in: Staatliche Politik als Umweltzerstörung (Schriftenreihe des IÖW; Nr. 37). Berlin 1990

Hartmut Stiller: Materialintensitätsanalysen von Transportleistungen (1). Seeschiffahrt. Wuppertal Institut, Wuppertal Papers Nr. 40, September 1995a

Hartmut Stiller: Materialintensitätsanalysen von Transportleistungen (2). Binnenschiffahrt. Wuppertal Institut, Wuppertal Papers Nr. 41, September 1995b

Hans Joachim Störig: Kleine Weltgeschichte der Philosophie. Frankfurt/M. 1992

Erich Streissler: Das Problem der Internalisierung, in: Hans König (Hrsg.): Umweltverträgliches Wirtschaften als Problem von Wissenschaft und Politik. Berlin 1993, S. 87–110

Manfred E. Streit: Theorie der Wirtschaftspolitik. 4. Aufl., Düsseldorf 1991

Manfred E. Streit: Ordnungsökonomik – Versuch einer Standortbestimmung. Diskussionsbeitrag des Max-Planck-Instituts zur Erforschung von Wirtschaftssystemen 4/1995.

SVR (Sachverständigenrat zur Begutachtung der gesamtwirtschaftlichen Entwicklung): Den Aufschwung sichern - Arbeitsplätze schaffen. Jahresgutachten 1994/95. Bonn 1994

SVR (Sachverständigenrat zur Begutachtung der gesamtwirtschaftlichen Entwicklung): Im Standortwettbewerb. Jahresgutachten 1995/96. Bonn 1995
James A. Swaney: A Coevolutionary Model of Structural Change, in: Journal of Economic Issues, Vol. XX, No. 2, June 1986, S. 393–401
James A. Swaney: Building Instrumental Environmental Control Instruments, in: Journal of Economic Issues, Vol. XXI, No. 1, March 1987a, S. 295–308
James A. Swaney, Elements of a Neoinstitutional Environmental Economics, in: Journal of Economic Issues, Vol. XXI, No. 4, December 1987b, S. 1739–1779
Klaus Tischler: Umweltökonomie. München und Wien 1994
R. Kerry Turner und David W. Pearce: Sustainable Economic Development and Ethical Principles, in : E.B. Barbier: Economics and Ecology – New Frontiers and Sustainable Development. London 1993, S. 177–194
Stephen Toulmin: Kosmopolis. Die unerkannten Aufgaben der Moderne. Frankfurt/M. 1994
Jakob von Uexküll: Theoretische Biologie. 3. Aufl., Berlin 1973 (Erstveröffentlichung 1920)
Edna Ullmann-Margalit: Invisible Hand Explanations, in: Synthese, Vol. 39, 1978
Hans Ulrich: Plädoyer für ganzheitliches Denken. St. Gallen 1985
Frederic Vester: Unsere Welt – ein vernetztes System. 8. Aufl., München 1993
Peter A. Victor: Indicators of sustainable development: some lessons from capital theory, in: Ecological Economics, Vol. 4, 1991
Jacob Viner: Adam Smith and Laissez Faire, in: J.M. Clark et al. (Hrsg.), Adam Smith 1776–1926, Chicago 1928, S. 116–155
Fritz Vorholz: Die Lunte brennt schon, in: Die Zeit, 10. März 1995
Günther Vornholz: Zur Konzeption einer ökologisch tragfähigen Entwicklung. Marburg 1993
Gerhard Voss: Der anonyme Staat als Zuteilungsmaschine, in: Frankfurter Rundschau vom 22.3.1994a, S. 6
Gerhard Voss (Hrsg.): Sustainable Development. Leitziel auf dem Weg in das 21. Jahrhundert. Köln 1994b.
Gerhard Voss: Der Irrtum des Verzichts, in: Die Zeit Nr. 45, 3.11.1995
James F. Voss: Das Lösen schlecht strukturierter Probleme, in: Unterrichtswissenschaften, Heft 18, 1990, S. 313–337
Mathias Wackernagel und William Rees: Our Ecological Footprint. Reducing Human Impact on the Earth. Gabriola Island und Philadelphia, 1996
Hartwig Walletschek: Mensch und Umwelt, in: Hartwig Walletschek und Jochen Graw (Hrsg.): Ökolexikon. München 1988, S. 13–22
Paul Watzlawick: Wie wirklich ist die Wirklichkeit? Wahn, Täuschung, Verstehen. München und Zürich 1976
Paul Watzlawick und Peter Krieg (Hrsg.): Das Auge des Betrachters. Beiträge zum Konstruktivismus. Festschrift für Heinz von Foerster. München 1991
Max Weber: Gesammelte Aufsätze zur Wissenschaftslehre. Tübingen 1973
Gerhard Wegner: Marktkonforme Umweltpolitik zwischen Dezisionismus und Selbststeuerung. Tübingen 1994
Gerhard Wegner: Innovation, Komplexität und Erfolg. Zu einer ökonomischen Theorie des Neuen, in: Eberhard K. Seifert und Birger P. Priddat (Hrsg.):

Neuorientierungen in der ökonomischen Theorie. Zur moralischen, institutionellen und evolutorischen Dimension des Wirtschaftens. Marburg 1995
Gerhard Wegner: Wirtschaftspolitik zwischen Selbst- und Fremdsteuerung – ein neuer Ansatz. Baden-Baden 1996a
Gerhard Wegner: Zur Pathologie wirtschaftspolitischer Lenkung. Eine neue Betrachtungsweise, in: Birger P. Priddat und Gerhard Wegner (Hrsg.): Zwischen Evolution und Institution. Neue Ansätze in der ökonomischen Theorie. Marburg 1996b
Jochen Weimann: Umweltökonomik – Eine theoretische Einführung. 3. Aufl., Berlin et al. 1995
Christine von Weizsäcker und Ernst Ulrich von Weizsäcker: Fehlerfreundlichkeit als Evolutionsprinzip und Kriterium der Technikbewertung, in: Universitas, Jg. 41, 1986
Ernst Ulrich von Weizsäcker: Geringere Risiken durch fehlerfreundliche Systeme, in: Mathias Schütz (Hrsg.), Risiko und Wagnis. Die Herausforderung der industriellen Welt. 1990, S. 107–118
Ernst Ulrich von Weizsäcker, Jochen Jesinghaus, Samuel Mauch, Rolf Iten: Ökologische Steuerreform. Europäische Ebene und Fallbeispiel Schweiz. Chur und Zürich 1992
Ernst Ulrich von Weizsäcker (Hrsg.): Umweltstandort Deutschland. Argumente gegen die ökologische Phantasielosigkeit. Berlin, Basel und Boston 1994
Ernst Ulrich von Weizsäcker, Amory B. Lovins und L. Hunter Lovins: Faktor Vier. Doppelter Wohlstand – halbierter Naturverbrauch. Der neue Bericht an den Club of Rome. München 1995
Maria J. Welfens, Doris Gerking, Michael Hokkeler und Hartmut Stiller: «Schattensubventionen» im Bereich des PKW-Verkehrs. Wuppertal Institut, Wuppertal Paper Nr. 33, April 1995
Georg Werner: Subventionsabbau – gesetzliche Zwänge schaffen. Wiesbaden 1995
R.A.P.M. Weterings und Johannes B. Opschoor: The Ecocapacity as a Challenge to Technological Development, Advisory Council for Research on Nature and Environment, Publication RMNO Nr. 74a, Rijswijk 1992
Lutz Wicke: Umweltökonomie. 4. Aufl., München 1993
Klaus Wiesenhügel: Sind sozial-ökologische Reformen mit den Gewerkschaften möglich?, Redemanuskript, Hattingen, 22.11.1995
Oliver E. Williamson: Markets and Hierarchies. New York 1975
Edward O. Wilson: Sociobiology. The New Synthesis. Cambridge/Mass. und London 1975
Thomas Wilson: Sympathy and Self-interest, in: Thomas Wilson und Andrew S. Skinner (Hrsg.): The Market and the State. Oxford 1976, S. 73–99
Uta von Winterfeld: Über die Kunst des richtigen Verhaltens. Ökologisch Handeln in falschen Strukturen? In: Politische Ökologie Special. Sept./Okt. 1993, S. 45–47
Uta von Winterfeld: Aus dem Rhythmus? Über Alltagsrhythmen und Naturrhythmen, in: Jürgen P. Rinderspacher (Hrsg.): Zeitinvestitionen für die Zukunft. Berlin 1996
Ulrich Witt: Individualistische Grundlagen der evolutorischen Ökonomik. Tübingen 1987

Manfred Wöhlke: Umweltflüchtlinge. München 1992

Harald Woeste: Einige ordnungspolitische Gedanken zu einem ökologischen Rahmen – Ökologische Leitplanken. Wuppertal Paper, Wuppertal 1996 (in Vorbereitung)

Harald Woeste: Ökologische Industriepolitik. Diplomarbeit an der Universität/Gesamthochschule Wuppertal. Wuppertal 1995

Werner Zohlnhöfer: Umweltschutz in der Demokratie, in: Erik Boettcher et al. (Hrsg.): Jahrbuch für Neue Politische Ökonomie, Bd. 3, 1984, S. 101–121